"十二五"职业教育国家规划教材

经全国职业教育教材审定委员会审定

# 食品质量安全管理

余奇飞 主 编

丁原春 主 审

·北京·

本书以"项目教学"为依据，设计相应的学习内容和形式，介绍了食品企业 QS 管理体系、GMP 管理体系、SSOP 管理体系、HACCP 管理体系、ISO 22000 食品安全管理体系、ISO 9001 质量管理体系、ISO 14000 环境管理体系的建立与实施。

本书将食品质量安全管理方面的新标准、新规范写进教材中，使之更加符合国家现行的相关标准要求，体现了先进性、科学性。同时，以"案例引导"引出学习内容，以"学习引导"引导学生自主学习，使学生能够"做中学、学中做"，并且编写了相应的"思考问题"和"学习拓展"等，使得教材在体例上呈现了创新性、示范性。每个"模块"均配有适量的实训项目，适合于组织"理实一体化"的教学。

本书可供高职高专食品加工技术、食品营养与检测等食品类专业，生物食品技术及应用、生物农业技术及应用等生物类专业作为教材使用；也可作为食品质量安全培训机构和食品企业内部培训时的培训教材。

### 图书在版编目（CIP）数据

食品质量安全管理/余奇飞主编. —北京：化学工业出版社，2016.2（2024.11重印）
"十二五"职业教育国家规划教材
ISBN 978-7-122-25900-4

Ⅰ.①食… Ⅱ.①余… Ⅲ.①食品安全-质量管理-高等职业教育-教材 Ⅳ.①TS201.6

中国版本图书馆 CIP 数据核字（2015）第 307405 号

---

责任编辑：梁静丽　迟　蕾　　　　　　文字编辑：李　瑾
责任校对：边　涛　　　　　　　　　　装帧设计：张　辉

出版发行：化学工业出版社（北京市东城区青年湖南街13号　邮政编码100011）
印　　刷：北京云浩印刷有限责任公司
装　　订：三河市振勇印装有限公司
787mm×1092mm　1/16　印张16　字数416千字　2024年11月北京第1版第8次印刷

购书咨询：010-64518888　　　　　　　　售后服务：010-64518899
网　　址：http://www.cip.com.cn
凡购买本书，如有缺损质量问题，本社销售中心负责调换。

---

定　　价：42.00元　　　　　　　　　　　　　　　　　版权所有　违者必究

# 《食品质量安全管理》编审人员

主　　编：余奇飞
副 主 编：武爱群　胡炜东　许月明　包永华
编写人员（按姓名汉语拼音排序）
　　　　　崔俊林（重庆三峡职业学院）
　　　　　包永华（浙江经贸职业技术学院）
　　　　　胡炜东（内蒙古农业大学职业技术学院）
　　　　　柯旭清（贵州轻工职业技术学院）
　　　　　李　臣（浙江农业商贸职业学院）
　　　　　李　扬（许昌职业技术学院）
　　　　　林解本（福建立兴食品有限公司）
　　　　　马长路（北京农业职业学院）
　　　　　宋　娜（郑州职业技术学院）
　　　　　田　洁（河南农业职业学院）
　　　　　武爱群（安徽粮食工程职业学院）
　　　　　许月明（芜湖职业技术学院）
　　　　　杨兆艳（山西药科职业学院）
　　　　　叶丽珠（厦门海洋职业技术学院）
　　　　　余奇飞（漳州职业技术学院）
　　　　　赵瑞兰（烟台职业学院）
　　　　　张良彬（福建金之榕食品工业有限公司）
主　　审：丁原春（黑龙江职业学院）

# 前　言

　　食品安全是社会关心的热点问题，如何保证食品安全是食品企业重要的工作。食品质量安全管理就是为解决食品企业对食品安全的管理控制而采取的管理措施，食品质量安全管理课程已成为高职食品类人才培养中重要的课程之一。食品安全管理是操作性很强的，然而，在教学中，面对枯燥的标准、法规条文，如何增强操作性训练、提高学生学习积极性，编者希望通过本教材的编写做一点探索和尝试。

　　本教材是在 14 所高职院校授课教师多年来的教学实践与经验基础上，联合食品企业安全管理一线的技术与管理人员，按照"工学结合"的思路联合编写的。编写时，编者认真领会《教育部关于"十二五"职业教育教材建设的若干意见》文件的精神与要求，力求使本教材体现以下几个特点。

　　1. 项目教学，体现创新性、示范性。以食品企业食品安全管理体系的建立与实施为载体，设计相应的学习情境，通过本教材引导学生自主学习，使学生能够"做中学、学中做"，将"教、学、做"、"理实一体化"融入教学全过程。

　　2. 突出"实践性"和"应用性"。本教材以现行的国家标准（如食品安全管理体系 QS、HACCP 等标准）为依据，力求通俗易懂、深入浅出地介绍"食品安全管理"体系的建立与运行，突出实践性和应用性。

　　3. 体现先进性、科学性。由于近年来国家法规不断地修改完善，相关的国家标准相继修订发布，因此，将食品安全管理方面的新标准、新规范写进教材中，使教材中的内容符合国家相关标准要求，体现先进性、科学性。

　　4. 适合中高职衔接。教材中编写了"必需，够用"的基本理论知识，使得从"中职"升到"高职"学习的学生能够获得相应的基本理论和基本能力，对学生的可持续发展、职业素养、职业能力的养成起到支撑作用。

　　感谢福建立兴食品有限公司林解本董事长、福建金之榕食品工业有限公司张良彬董事长以及在食品质量安全管理一线工作的人员在本书编写过程中的指导。同时，本教材在编写过程中，参考和引用了同行专家的文献资料，在此对相关作者和单位致以诚挚的谢意。

　　鉴于编写水平有限，书中疏漏之处在所难免，敬请各位同行、广大读者批评指正。

编者<br>2015 年 9 月

# 目 录

## 模块一　食品企业质量安全管理体系的认识与识别 … 1
【学习目标】 … 1
【案例引导】 … 1
项目一　食品企业质量安全管理体系建立的意义 … 1
项目二　食品企业常选择的质量安全管理体系 … 3
项目三　食品企业质量安全管理体系的认证 … 5
【学习引导】 … 11
【思考问题】 … 11
【实训项目】 … 11
 实训一　识别食品企业实施的质量安全管理体系 … 11
 实训二　编写食品企业食品质量安全体系认证计划 … 12
学习拓展 … 12

## 模块二　食品企业 QS 管理体系的建立与实施 … 13
【学习目标】 … 13
【案例引导】 … 13
项目一　QS 管理体系的内容与要求 … 13
项目二　食品企业的内部整改 … 20
项目三　QS 管理文件的编写 … 24
项目四　QS 管理体系认证 … 32
项目五　QS 管理体系现场审查 … 35
【学习引导】 … 42
【思考问题】 … 42
【实训项目】 … 42
 实训一　编写 QS 质量管理手册 … 42
 实训二　编写 QS 程序文件 … 43
 实训三　填写《食品生产许可证申请书》 … 44
 实训四　模拟食品生产企业必备条件现场审查 … 44
 实训五　撰写食品企业 QS 认证的《审查报告》 … 45
 实训六　剖析一种食品的生产许可证（QS）审查细则 … 45
学习拓展 … 46

## 模块三　食品企业 GMP、SSOP 管理体系的建立与实施 … 47
【学习目标】 … 47
【案例引导】 … 47
项目一　GMP 体系的内容与要求 … 47

项目二　SSOP 体系的内容与要求 ································································· 50
　　项目三　GMP 体系、SSOP 体系文件编写 ······················································· 55
　　项目四　GMP 体系、SSOP 体系现场审查 ······················································· 68
　　项目五　GMP 体系、SSOP 体系的实施 ··························································· 71
　【学习引导】······················································································ 80
　【思考问题】······················································································ 80
　【实训项目】······················································································ 80
　　实训一　绘制并描述某种食品生产工艺流程图 ············································· 80
　　实训二　绘制食品企业厂区平面图 ······························································ 81
　　实训三　绘制食品企业车间平面图 ······························································ 82
　　实训四　编写洗手消毒程序 ········································································ 82
　学习拓展························································································· 83

## 模块四　食品企业 HACCP 管理体系的建立与实施 ·········································· 84
　【学习目标】······················································································ 84
　【案例引导】······················································································ 84
　　项目一　HACCP 管理体系的内容与要求 ······················································ 84
　　项目二　HACCP 管理体系文件编写 ····························································· 93
　　项目三　HACCP 管理体系认证 ····································································· 98
　　项目四　HACCP 管理体系现场审核 ···························································· 102
　　项目五　HACCP 管理体系的实施 ································································ 107
　【学习引导】··················································································· 112
　【思考问题】··················································································· 112
　【实训项目】··················································································· 112
　　实训一　绘制食品生产工艺流程图 ····························································· 112
　　实训二　分析食品生产工序存在的潜在危害 ················································ 113
　　实训三　确定关键控制点（CCP） ······························································ 113
　　实训四　编写 HACCP 计划表 ······································································ 114
　学习拓展····················································································· 114

## 模块五　食品企业 ISO 22000 食品安全管理体系的建立与实施 ················· 115
　【学习目标】··················································································· 115
　【案例引导】··················································································· 115
　　项目一　ISO 22000 食品安全管理体系的内容与要求 ···································· 115
　　项目二　ISO 22000 食品安全管理体系文件编写 ··········································· 136
　　项目三　ISO 22000 食品安全管理体系认证 ·················································· 141
　　项目四　ISO 22000 食品安全管理体系文件审核 ··········································· 144
　　项目五　ISO 22000 食品安全管理体系的实施 ··············································· 146
　【学习引导】··················································································· 147
　【思考问题】··················································································· 147
　【实训项目】··················································································· 147
　　实训一　食品安全方针与目标的制定 ··························································· 147
　　实训二　食品企业质量管理体系纠正措施程序文件编制 ································ 148

实训三　HACCP 在食品生产中的应用 ·············································· 148
　学习拓展 ·············································································································· 149

## 模块六　食品企业 ISO 9001 质量管理体系的建立与实施 ············· 150
　【学习目标】 ········································································································ 150
　【案例引导】 ········································································································ 150
　项目一　ISO 9001 质量管理体系的内容和要求 ············································· 150
　项目二　ISO 9001 质量管理体系文件编写 ····················································· 160
　项目三　ISO 9001 质量管理体系认证 ······························································ 168
　项目四　ISO 9001 质量管理体系现场审查 ····················································· 172
　项目五　ISO 9001 质量管理体系的实施 ·························································· 179
　【学习引导】 ········································································································ 183
　【思考问题】 ········································································································ 183
　【实训项目】 ········································································································ 183
　　实训一　编写 ISO 9001 质量管理手册 ······················································ 183
　　实训二　编制食品企业 ISO 9001 质量管理体系的审核细则 ················· 184
　　实训三　模拟 ISO 9001 质量管理体系现场审查 ······································ 184
　学习拓展 ·············································································································· 185

## 模块七　食品企业 ISO 14000 环境管理体系的建立与实施 ············ 186
　【学习目标】 ········································································································ 186
　【案例引导】 ········································································································ 186
　项目一　ISO 14000 环境管理体系的内容与要求 ··········································· 186
　项目二　ISO 14000 环境管理体系文件编写 ··················································· 191
　项目三　ISO 14000 环境管理体系认证 ···························································· 195
　项目四　ISO 14000 环境管理体系审核 ···························································· 198
　项目五　ISO 14000 环境管理体系的实施 ······················································· 204
　【学习引导】 ········································································································ 207
　【思考问题】 ········································································································ 207
　【实训项目】 ········································································································ 207
　　实训一　编写 ISO 14001 环境管理手册 ···················································· 207
　　实训二　编写 ISO 14001 程序文件 ···························································· 208
　　实训三　识别环境因素 ················································································· 208
　学习拓展 ·············································································································· 209

## 模块八　食品企业 QS、ISO 22000、ISO 9001、ISO 14000 整合管理体系的建立与实施 ·············· 210
　【学习目标】 ········································································································ 210
　【案例引导】 ········································································································ 210
　项目一　QS、ISO 22000、ISO 9001、ISO 14000 整合管理体系内容与要求 ········ 210
　项目二　QS、ISO 22000、ISO 9001、ISO 14000 整合管理体系文件编写 ·········· 213
　项目三　QS、ISO 22000、ISO 9001、ISO 14000 整合管理体系的实施 ·············· 224
　【学习引导】 ········································································································ 225

【思考问题】 225
　　【实训项目】 226
　　　　实训　食品企业 QS、ISO 22000、ISO 9001、ISO 14000 整合管理手册的调查与编写 226
　　学习拓展 226

## 模块九　食品质量安全管理体系内部审核 227
　　【学习目标】 227
　　【案例引导】 227
　　项目一　食品质量安全管理体系内部审核计划 227
　　项目二　食品质量安全管理体系内部审核准备 231
　　项目三　食品安全管理体系内部审核的实施 235
　　【学习引导】 242
　　【思考问题】 243
　　【实训项目】 243
　　　　实训一　编写食品企业内部审核的《年度审核日程计划》 243
　　　　实训二　编写食品企业内部审核的《实施计划》 243
　　　　实训三　编制食品企业内部审核某一部门的《部门审核检查表》 244
　　　　实训四　模拟食品企业内部审核的"首次会议" 244
　　　　实训五　撰写食品企业内部审核的《不符合项报告》 245
　　　　实训六　模拟食品企业内部审核的"末次会议" 245
　　　　实训七　撰写食品企业内部审核的《内部审核报告》 246
　　　　实训八　模拟食品企业内部现场审核 246
　　学习拓展 247

## 参考文献 248

# 模块一
# 食品企业质量安全管理体系的认识与识别

【学习目标】
1. 会识别常见的食品质量安全管理体系标志。
2. 会讲述食品质量安全管理体系建立的意义。
3. 会讲述食品质量安全管理体系认证的依据。
4. 会讲述食品质量安全管理体系认证的流程。

## ※【案例引导】

20世纪80年代中后期英国疯牛病爆发，出现了十几万名疯牛病的受害者，为此英国损失了60亿美元。而且疯牛病在向欧洲、亚洲、北美扩散，在捷克、日本和美国均发现了患有疯牛病的牛。1999年比利时"二噁英"事件发生后，1000万只肉鸡和蛋鸡被销毁，直接损失达3.55亿欧元，2000年6～7月份，日本大阪的雪印牌牛奶厂因生产的低脂高钙牛奶被金黄色葡萄球菌肠毒素污染，造成14500多人中毒，180人住院，70余年积累的信誉丧失殆尽，21家分厂停业整顿。2008年三鹿奶粉"三聚氰胺"事件导致住院治疗的婴幼儿累计达5万多名，使我国乳制品产业损失数亿元。瘦肉精、假牛肉（用牛肉膏让猪肉变牛肉）、一滴香、染色馒头、漂白大米、地沟油、毒韭菜、毒生姜等等，面对种种食品安全事件，如何消除食品安全隐患？

## 项目一　食品企业质量安全管理体系建立的意义

食品的不安全因素贯穿于食品供应的全过程，无论是加工食品还是农畜产品，从生产（生长）、加工、包装、流通到消费，其中的每一个环节都有可能受到不同程度的污染，一些有害物质会进入动、植物体内或直接进入食品，进而引起食品安全问题，威胁人体健康。因此，食品质量安全管理体系的建立与实施，对保障食品安全具有广泛而深远的意义。

### 一、食品质量安全管理体系的作用

食品安全管理体系作为一种崭新的食品安全保障模式，具有如下的具体作用。
(1) 食品安全管理体系是一种结构严谨的控制体系，它能够及时地识别出可能发生的危害（包括生物、化学和物理危害），并且是建立在科学基础上的预防性措施。
(2) 食品安全管理体系是保证生产安全食品最有效、最经济的方法。

（3）食品安全管理体系能通过预测潜在的危害，以及提出控制措施使新工艺和新设备的设计与制造更加容易和可靠，有利于食品企业的发展与改革。

（4）食品安全管理体系为食品生产企业和政府监督管理机构，提供了一种最理想的食品安全监测和控制方法，使食品质量管理与监督管理体系更完善、管理过程更科学。

（5）食品安全管理体系已经被政府监督管理机构、媒介和消费者公认为是目前最有效的食品安全控制体系，可以增加人们对产品的信心，提高产品在消费者中的置信度，保证食品工业和商业的稳定性。

（6）食品外贸上重视食品安全管理体系审核可减少对成品实施繁琐的检验程序。

## 二、食品企业质量安全管理体系建立的意义

食品企业建立实施食品质量安全管理体系，对食品加工企业、消费者、政府三个方面，具有很现实的意义。

**1. 对食品加工企业的意义**

推行食品安全管理体系对于食品企业来说具有以下意义。

（1）提高企业管理水平　企业取得食品安全管理体系认证，意味着该企业已经建立起一套完善的食品质量安全管理体系。良好的质量管理，有利于企业提高效率、降低成本、提供优质产品和服务，增强顾客满意度。

（2）增强消费者和政府的信心　食用不洁食品将对消费者的消费信心产生沉重的打击，而食品安全事故的发生将同时动摇政府对企业食品安全保障的信心。

（3）减少法律和保险支出　如果消费者因食用食品而致病，可能会向企业投诉或向法院起诉，这不仅影响消费者的信心，而且将增加企业的法律和保险支出。

（4）增加市场机会　质量是企业拓展市场的首要战略，有了质量信誉才会赢得市场，良好的产品质量将不断增强消费者信心，有了市场就会获得效益。良好的企业形象，将受到消费者的青睐。

（5）降低生产成本　推行食品安全管理体系将大大减少产品的不合格率，如果食品不合格，使企业频繁回收其产品，会提高企业生产费用。

（6）提高产品质量的一致性　食品安全管理体系的实施使生产过程更规范，在提高产品安全性的同时，也大大提高了产品质量的均匀性。

（7）提高员工对食品安全的参与　食品安全管理体系的实施使生产操作更规范，并促进员工对提高公司产品安全的全面参与。

（8）降低商业风险　日本雪印公司金黄色葡萄球菌中毒事件使全球牛奶巨头日本雪印公司从此一蹶不振，这一事例充分说明了食品安全是食品生产企业的生存保证。

**2. 对消费者的意义**

（1）减少食源性疾病的危害　良好的食品质量可显著提高食品安全的水平，更充分地保障公众健康。

（2）增强卫生意识　食品安全管理体系的实施和推广，可提高公众对食品安全体系的认识，并增强其食品卫生意识和自我保护意识。

（3）增强对食品供应的信心　食品安全管理体系的实施，使公众更加了解食品企业所建立的食品安全体系，对社会的食品供应和保障更有信心。

（4）提高生活质量　良好的公众健康对提高大众生活质量，促进社会经济的良性发展具有重要意义。

**3. 对政府的意义**

（1）改善公众健康　食品安全管理体系的实施将使政府在提高和改善公众健康方面，发挥更积极的影响。

（2）更有效和更有目的地进行食品监控　食品安全管理体系的实施将改变传统的食品监管方式，使政府从被动的市场抽检，变为政府主动地参与企业食品安全管理体系的建立，促进企业更积极地实施安全控制的手段。并将政府对食品安全的监管，从市场转向企业。

（3）减少公众健康支出　公众良好的健康，将减少政府在公众健康上的支出，使资金能流向更需要的地方。

（4）确保贸易畅通　非关税壁垒已成为国际贸易中重要的手段。为保障贸易的畅通，对国际上其他国家已强制性实施的管理规范，需学习和掌握，并灵活地加以应用，避免其成为国际贸易的障碍。

（5）提高公众对食品供应的信心　因为政府的参与，更加能提高公众对食品供应的信心，增强国内企业竞争力。

我国食品行业的特点决定了在我国推行食品安全管理体系具有特殊意义，为我国食品企业的大发展提供了更有利的契机。

# 项目二　食品企业常选择的质量安全管理体系

## 一、食品安全管理体系（ISO 22000）

食品安全管理体系（ISO 22000）最初起源于 HACCP 体系，为了协调 HACCP 体系与 ISO 9000 体系之间的关系，有机整合各体系在食品行业的管理需要，国际标准化组织（ISO）食品技术委员会（ISO/TC 34）于 2000 年开始制定全球统一的食品安全管理体系，并于 2005 年 9 月 1 日正式发布 ISO 22000 系列标准，于 2006 年 7 月 1 日实施。ISO 22000 将 ISO 9001 与 HACCP 体系和实施步骤有机地整合，将 HACCP 计划与前提方案（PRPs）相结合，是在原有 HACCP 体系基础上发展起来的一种科学、合理且专业性又很强的先进的食品安全质量控制体系。食品安全管理体系标志见彩图 1-1。

ISO 22000 是适合于所有食品加工企业的标准，它通过对食品链中任何组织在生产（经营）过程中可能出现的危害（指产品）进行分析，确定关键控制点，将危害降低到消费者可以接受的水平。其使用范围覆盖了食品链全过程，即种植、养殖、初级加工、生产制造、分销，一直到消费者使用，其中也包括餐饮。另外，与食品生产密切相关的行业也可以采用这个标准建立食品安全管理体系，如杀虫剂、兽药、食品添加剂、储运、食品设备、食品清洁服务、食品包装材料等。

（1）食品良好操作规范（GMP）认证　"GMP"是英文 good manufacturing practice 的缩写，中文的意思是"良好作业规范"或是"优良制造标准"。它是一套适用于制药、食品等行业的强制性标准，要求企业从原料、人员、设施设备、生产过程、包装运输、质量控制等方面按照国家有关法规达到卫生质量要求，形成一套可操作的作业规范，帮助企业改善企业卫生环境，及时发现生产过程中存在的问题并加以改善。食品良好操作规范（GMP）是政府强制性的食品生产、贮存卫生法规，它要求食品生产企业应具备良好的生产设备、合理的生产过程、完善的质量管理和严格的检测系统，确保最终产品的质量（包括食品安全卫生)符合法规要求。GMP标志见彩图1-2。

在农业生产上,有良好农业规范(GAP)认证。良好农业规范(good agricultural practice,简称GAP),是一套主要针对初级农产品生产的操作规范,强化农业生产经营管理行为,实现对种植、养殖的全过程控制,从源头上控制农产品的质量安全。GAP标志见彩图1-3。

GAP通过规范种植/养殖、采收、清洗、包装、贮藏和运输过程管理,鼓励减少农用化学品和药品的使用,实现保障初级农产品的质量安全、可持续发展、环境保护、员工健康安全以及动物福利等目标。GAP认证涉及作物种植、畜禽养殖、水产养殖等各农业领域。

(2) HACCP认证　"HACCP"是英语hazard analysis and critical control point的缩写,被译为"危害分析关键控制点"。HACCP是生产(加工)安全食品的一种控制手段。通过对原料、关键生产工序及影响产品安全的人为因素进行分析,确定加工过程中的关键环节,建立、完善监控程序和监控标准,采取规范的纠正措施,而建立起来的一种鉴别、评价和控制对食品安全至关重要的危害管理体系。它可应用于从初级生产到最终消费的所有食品加工环节,包括从种植和(或)养殖、收获或采摘、加工、生产、发运、贮存和销售等,到消费者食用的整个过程,以确保消费者健康。HACCP标志见彩图1-4。

(3) ISO 9001质量体系　依据ISO 9001—2008(GB/T 19001—2008)《质量管理体系要求》标准,经认可的第三方认证机构认证,食品企业的质量管理体系符合ISO 9001—2008标准要求者,发放ISO 9001—2008认证证书。ISO族标准作为国际通行的质量管理标准,其质量认证原理被世界贸易组织普遍接受,而ISO 9001—2008标准在原有的基础上,增强了与ISO 14001—2004的兼容性。ISO 9001标志见彩图1-5。

## 二、其他认证

QS认证:通常将食品企业申请获得QS标志的行为称为QS认证,但事实上这种说法是不准确的。这里的QS认证实际上是一种依托食品生产许可证制度的食品质量安全市场准入制度,或者说是一种行政许可制度,并不等同于前文所提及的具有典型第三方独立客观性的食品安全认证制度。

这里的"QS"是企业食品"生产许可"(qiyeshipin shengchanxuke)的缩写,带有QS标志的产品就代表着是经过国家批准允许生产的。所有的食品生产企业都必须经过强制性的检验,合格者允许其生产,且在最小销售单元的食品包装上标注食品生产许可证编号并加印"QS"标志后才能出厂销售。未经检验或检验不合格的食品不准出厂销售。凡不具备保证产品质量必备条件的企业不得从事食品生产加工。

QS是英文quality safety(质量安全)的缩写,获得食品质量安全生产许可证的企业,其生产加工的食品经出厂检验合格的,在出厂销售之前,必须在最小销售单元的食品包装上标注由国家统一制定的食品质量安全生产许可证编号并加印或者加贴食品质量安全市场准入标志"QS"。食品质量安全市场准入标志的式样和使用办法由国家质检总局统一制定,该标志由"QS"和"质量安全"中文字样组成。标志主色调为蓝色,字母"Q"与"质量安全"四个中文字样为蓝色,字母"S"为白色,使用时可根据需要按比例放大或缩小,但不得变形、变色。加贴(印)有"QS"标志的食品,即意味着该食品符合了质量安全的基本要求。QS标志见彩图1-6。

自2004年1月1日起,我国首先在大米、食用植物油、小麦粉、酱油和醋五类食品行业中实行食品质量安全市场准入制度,然后,对第二批十类食品肉制品、乳制品、方便面、速冻面米食品、冷冻饮品、膨化食品、调味品(糖和味精)、饮料、饼干、罐头实行市场准入制度。

# 项目三　食品企业质量安全管理体系的认证

我国有一句谚语叫做"民以食为天",随着社会的发展和人民生活水平的不断提高,人们在告别了食品短缺之后,越来越重视食品质量安全。近几年发生的瘦肉精事件、三氯氰胺奶粉事件等,使人们对食品质量安全的信任度降低;一些食源性疾病,严重威胁了人类的健康和生命的安全。而认证认可制度的建立和完善,确保了食品质量的安全,维护了消费者的健康。

## 一、认证的概念和分类

**1. 认证的概念**

认证,是一种信用保证形式。根据《中华人民共和国认证认可条例》,认证是指由认证机构证明产品、服务、管理体系符合相关技术规范、相关技术规范的强制性要求或者标准的合格评定活动。认证的英文为"certification",其原意是出具证明文件的一种行动。也就是与第一方和第二方之间在业务上没有任何利益关系的独立的一方——即第三方,依据相关技术规范、相关技术规范的强制性要求或者标准,对第一方(制造商与/或供应商)生产的产品或提供的服务或管理体系符合规范标准的程度进行判定,因此第三方既要对第一方负责,又要对第二方(采购商与/或用户)负责,不偏不倚,出具的证明要能获得双方的信任,这样的活动就叫做"认证"。

认证具有以下几个特征:①认证是一种合格评定活动,并由第三方的认证机构进行;②认证的对象包括产品、管理体系和服务等;③认证的依据是相关技术规范、相关技术规范的强制性要求或者标准;④认证的内容是证明产品、管理体系和服务等符合相关技术规范、相关技术规范的强制性要求或者标准;⑤认证的结果,通过认证机构颁发"认证证书"和"认证标志"予以表示。

**2. 认证的分类**

(1) 按强制程度分类　认证按强制程度分类可分为强制性认证和自愿性认证两种。强制性产品认证即部分指定的产品需要获得认证证书后才可在市场上销售、进口或用于任何其他商业行为。如我国的3C认证、欧盟的CE认证、美国的UL认证等都属于强制认证。自愿性产品认证是组织根据组织本身或其顾客、相关方的要求自愿申请的认证。如有机产品认证、无公害农产品认证、绿色食品认证、食品质量认证、绿色市场认证等等。

(2) 按认证对象分类　认证按认证对象分类可分为产品、管理体系和服务认证三种。

产品认证如有机产品认证、绿色食品认证、无公害农产品认证、食品质量认证(酒类)等。

管理体系认证是由西方的品质保证活动发展起来的。如ISO 9001认证、ISO 14000认证、HACCP认证、ISO 22000认证等。

服务认证是认证机构按照一定程序规则证明服务符合相关的服务质量标准要求的合格评定活动,这是在市场经济条件下为适应宏观管理需要专为服务行业设立的一项新的认证制度,是继产品、体系认证之后开展的一种新型的认证形式。如商品售后服务评价体系认证。

## 二、认可的概念和分类

### 1. 认可的概念

认可是指由认可机构对认证机构、检查机构、实验室以及从事评审、审核等认证活动人员的能力和执业资格，予以承认的合格评定活动；也是对从业者和从业单位专业性的肯定。认可的英文为"accreditation"，有"确认"、"授权"、"官方认可"的意思。

实行认可制度是为了确保认证结果的公正性和可信性，有利于获得国际上的承认。我国目前由"中国合格评定国家认可委员会"（英文缩写为CNAS）统一负责。

### 2. 认可的分类

一般情况下，认可按照认可对象分类可以分为认证机构认可、实验室及相关机构认可和检查机构认可等。

（1）认证机构认可　认证机构认可是指认可机构依据法律法规和相应的国家标准，对管理体系认证机构进行评审，证实其是否具备开展管理体系认证活动的能力；或者对人员认证机构进行评审，证实其是否具备开展人员认证活动的能力。

（2）实验室及相关机构认可　实验室及相关机构认可是指认可机构依据法律法规和相应的国家标准，对有关的实验室和相关机构是否具备某种活动能力的一种证实。例如，对检测或校准实验室进行评审，证实其是否具备开展检测或校准活动的能力；对医学实验室进行评审，证实其是否具备开展医学检测活动的能力等等。

（3）检查机构认可　检查机构认可是指认可机构依据法律法规和相应的国家标准，对检查机构进行评审，证实其是否具备开展检查活动的能力。

## 三、认证认可制度的发展历程

### 1. 认证认可制度的起源和发展

认证制度起源于19世纪下叶，最初的认证是对产品质量进行评价的质量认证。1903年由英国工程标准委员会首创开始使用第一个质量标志——风筝标志，证明符合英国BS标准，这是国家认证制度的先例。随着商品生产和交换的发展，此后各国开始了在政府领导下开展认证工作的规范性活动。

第二次世界大战以后，认证得以迅速发展。到20世纪50年代，认证认可基本上已普及到所有工业发达国家。为了保护消费者的消费安全还开始推行安全认证。一些国家的政府为规范本国认证机构和从业人员的行为，决定设立国家认可机构，通过国家认可机构对认证机构的能力和行为等进行监督管理，形成了国家的认可制度。

随着国际经济交往的发展，各国间的产品需要相互承认，这推动了世界范围内的产品认证。20世纪90年代以来，国际上建立了相应的国际组织和国际互认制度，认证认可活动进入了国际化发展阶段。

如今，认证认可已广泛存在于商品和服务的形成与生产、流通、管理的各个环节，渗透到经济、政治、社会生活、国家安全等各个方面。认证认可已成为人们生活中不可或缺的保障理念，认证证书已成为企业签订贸易合同、招投标、申请贷款的"通行证"。认证范围也从单纯的工业产品认证发展到质量管理体系、环境管理体系、职业健康安全管理体系、食品卫生管理体系以及农产品、信息技术产品和网络安全运作等领域。

### 2. 认证认可制度的发展趋势

随着世界经济的快速发展以及标准化水平的不断提高，认证认可活动已经在世界范围内广泛开展，它促进了产品质量和服务的不断提升，维护了公众的健康和安全。今后认证认可制度的发展主要体现在两个方面：一是认证认可工作的规范化。更多法律和法规的制定发布，将为认证认可工作的规范化起到十分重要的作用，保证认证认可工作的有序有效发展。二是认证认可的国际化。随着经济全球化和贸易自由化，各国的关税壁垒逐步弱化，但以技术法规、标准、合格评定、认证等为表现的"技术壁垒"表现得更为突出。发达国家凭借其在科技、标准、管理等方面的优势，不断推出新的认证要求和标准；一些发展中国家则逐步规范本国的认证法规，想要进入这些市场，同样也必须取得相应认证。目前，认证认可方面的国际组织、区域性合作组织做了大量努力，他们制定了国际通用的标准和指南，推动了国际互认的发展。这些组织在促进国际互认和国际贸易方面正在发挥积极的作用。

### 四、中国的认证认可体系

#### 1. 认证认可制度的建立

我国的认证认可工作始于20世纪70年代。1978年9月，我国加入ISO（国际标准化组织），开始了解到认证认可是国际通行的质量监督制度；1981年4月，中国电子元器件质量认证委员会（QCCECC）正式成立，标志着中国质量认证工作开始起步；1991年5月国务院正式颁布了《中华人民共和国产品质量认证管理条例》，标志着我国的质量认证工作由试点进入到全面推行的新阶段；2001年4月，为履行我国加入世界贸易组织的承诺，国务院决定成立国家认证认可监督管理委员会，负责统一管理、监督和综合协调全国认证认可工作，并建立了认证认可部际联席会议制度，我国的统一认证认可制度正式建立。

目前我国已初步建立了既符合国家规则，又具有中国特色的认证认可管理体制。目前认证认可已涵盖了产品认证、质量管理体系认证、环境管理体系认证、职业健康安全管理体系认证、食品卫生管理体系认证、认证从业机构认可、实验室认可和认证人员注册等众多领域。

随着我国认证认可制度的建立和发展，我国食品安全认证也已经具备了一定的规模和影响力，食品安全认证的相关制度内容也在不断发展完善。食品安全认证的法律法规及标准框架基本形成，主要由一系列规范食品安全认证认可活动的法律、行政法规、部门规章、行政规范性文件和技术标准等五个层次组成。

（1）法律　陆续颁布了《食品安全法》、《产品质量法》、《进出口商品检验法》、《标准化法》和《计量法》等法律。

（2）行政法规　国务院制定发布《认证认可条例》、《进出口商品检验法实施条例》、《计量法实施准则》三个重要文件。

（3）部门规章　涉及食品安全认证的部门规章如《无公害农产品管理办法》、《有机产品认证管理办法》、《进口食品国外生产企业卫生注册管理规定》、《出口食品企业卫生注册管理规定》、《认证证书和认证标志管理办法》、《认证培训机构管理办法》、《认证违法行为处罚暂行规定》等文件。

（4）行政规范性文件　由国家认监委制定发布的如《绿色市场认证管理办法》、《无公害产地认定和认证程序》、《无公害农产品标志管理办法》、《认证技术规范管理办法》、《HACCP管理体系认证管理规定》、《认证认可申述、投诉处理办法》等规定和办法。

（5）技术标准　包括规范食品安全认证活动的技术标准类文件和食品安全认证活动所依据的技术标准类文件等。如国际通行的ISO 9001、ISO 14000标准，我国颁布的GB/T 20938—2007《罐头食品企业良好操作规范》、GB/T 27342—2009《危害分析与关键控制点（HACCP）体系——乳制品生产企业要求》以及NY/T 1570—2007《乳制品加工HACCP

准则》等。

**2. 中国食品产品认证**

我国目前的食品产品认证主要包括有机产品认证、绿色食品认证、无公害农产品认证、食品质量认证（酒类）等。

（1）有机产品认证　有机产品是指生产、加工、销售过程符合有机产品国家标准的供人类消费、动物食用的产品。加工有机产品的全过程中都必须遵循自然规律和生态学原理，不使用化学合成的农药、化肥、生长调节剂、饲料添加剂等物质。

有机产品认证是指认证机构按照有机产品国家标准和有关规定对有机产品生产和加工过程进行评价的活动。

有机产品认证涉及的范围较广，但主要集中于食品领域，如粮食、油料、蔬菜、水果、茶叶、奶制品、蜂蜜、调料、水产品、禽畜产品等等。

（2）绿色食品认证　绿色食品是遵循可持续发展原则，按照特定生产方式生产，经专门机构认证，许可使用绿色食品标志的无污染、无公害、安全、优质、营养类食品。

绿色食品又分为A级绿色食品和AA级绿色食品。其中A级绿色食品在生产中允许限量使用化学合成物质，而AA级绿色食品则较为严格地要求在生产过程中不使用化学合成的肥料、农药、饲料添加剂、食品添加剂和其他有害于环境和健康的物质。

（3）无公害农产品认证　无公害农产品是指产地环境、生产过程、产品质量符合国家有关标准和规范的要求，经认证合格获得认证证书并允许使用无公害农产品标志的未经加工或初加工的食用农产品。

无公害农产品在生产过程中允许限量、限品种、限时间地使用人工合成的化学农药、兽药、渔药、饲料添加剂和化学肥料等，但是农药残留、重金属等有害物质的残留必须符合有关国家标准，并且不会对人体健康造成损害。

无公害是对食品质量的最基本和最必需的低层次要求。无公害农产品认证作为一种基础性的认证制度，认证机构实施认证时不收取认证费用。

图1-1为食品安全信息认证金字塔。图中分别列出了有机食品、绿色食品和无公害农产品的认证标志。该图还表明了食品安全标准的等级。有机食品处于食品安全信息认证金字塔的最高端，它相对于绿色食品和无公害产品，对产品要求更加严格。

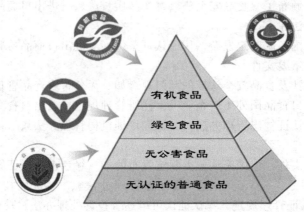

图1-1　食品安全信息认证金字塔

（4）食品质量认证（酒类）　2005年9月国家认监委会同商务部共同制定、发布了《食品质量认证实施规则——酒类》，该规则对生产企业的良好操作规范（GMP）认证、良好卫生规范（GHP）认证、危害分析和关键控制点（HACCP）认证方面提出了不同的层次要求,而且其产品还必须符合有关国家标准规定的等级要求。认证结果根据评审和检测结果分为一级、二级和优级。彩图1-7为食品质量认证（酒类）认证标志。

**3. 食品质量安全管理体系认证**

目前,食品企业管理体系认证主要是:食品安全管理体系（ISO 22000）认证、食品良好操作规范（GMP）认证、HACCP认证、ISO 9001质量体系认证,以及常说的QS体系认证,实际上是食品市场准入制度。

**4. 认证的内容和方法**

目前食品的认证工作主要是产品认证和质量体系认证,其中最为广泛的是产品质量的认证。

(1) 产品质量认证 典型的产品认证制度包括4个基本要素:型式检验、质量体系检查评定、监督检验和监督检查。前两个要素是取得认证资格必须具备的基本条件,后两个要素是认证后的监督措施。

① 型式检验 型式检验就是对要认证的产品查明是否能够满足技术规范全部要求所进行的检验。型式检验的依据是产品标准。检验所需样品的数量由认证机构确定。

② 质量体系检查评定 质量体系检查评定是一种通过检查评定企业的质量体系,来证明该企业具有持续稳定地生产符合标准要求的产品的能力。即依据相应的质量体系标准,对申请产品认证的生产企业检查其质量体系运行状况,评判其符合标准要求的程度,这是一种经济有效的方法。

③ 监督检验 监督检验就是定期对认证产品进行监督检验。即从生产企业的最终产品中或者从市场抽取样品,由认可的独立检验机构进行产品检验,如果检验结果证明产品符合标准的要求,则允许继续使用认证标志;如果不符合,则需根据具体情况采取必要的措施,防止在不符合标准的产品上使用认证标志。监督检验的周期一般为每年2~4次,目的是评价产品通过认证以后,是否能继续保持产品质量的稳定性,确保出厂的产品持续符合标准的要求。

④ 监督检查 监督检查是对产品通过认证的生产企业的质量保证能力进行定期的检查。目的是使企业坚持实施已经建立起来的质量体系,从而保证产品质量的稳定。

(2) 质量体系认证 质量体系认证包括提出申请、体系审核、审批发证、监督管理四个阶段。

① 提出申请 企业向其自愿选择的某个体系认证机构提出申请,按照该机构要求提交书面申请文件,包括企业质量手册等。体系认证机构在提交书面申请的60天内,根据企业提交的申请文件,决定是否受理申请,并书面通知企业。

② 体系审核 体系认证机构指派审核组（由国家注册审核人员组成）对申请人的质量体系进行文件审查和现场审核。文件审查主要是审查申请者提交的质量手册的规定是否满足所申请的质量保证标准的要求,只有当文件审查通过后方可进行现场审核。现场审核的主要目的是通过收集客观证据检查评定质量体系的运行与质量手册的规定是否一致,证实其符合质量保证标准的要求,做出审核结论,向体系认证机构提交审核报告。

③ 审批发证 体系认证机构根据审核组提交的审核报告,对符合标准要求的批准认证,向申请者颁发体系认证证书,并将企业的有关情况注册公布,准予企业以一定方式使用体系认证标志,证书有效期通常为3年;对不符合规定要求的亦应书面通知申请者。

④ 监督管理 在证书有效期内,体系认证机构对证书持有者的质量体系每年至少进行一次监督检查,以使其质量体系继续保持。如果证实其体系不符合规定要求时,则视其不符合的严重程度,由体系认证机构决定暂停使用认证证书和标志或撤销认证资格,收回其体系

认证证书。

### 五、食品企业质量安全管理体系实施认证

食品企业质量安全管理体系实施认证的步骤如下。

**1. 认证前的准备工作**

（1）编制体系认证工作计划　为了有计划地进行体系认证工作，食品企业质量管理部门要在调查和收集有关体系认证信息的基础上，对体系认证工作进行全面策划，编制"食品企业质量安全管理体系认证工作计划"，进行总体安排。"计划"应包括体系认证应做好的工作（项目）、主要工作内容和要求、完成时间、责任部门、部门负责人和企业主管领导等。"计划"编好后，应经企业主管认证工作的领导批准，由质量管理部门印发。

（2）选定认证机构　根据所掌握的认证机构信息，选择认证机构。应选择那些收费合理并具有合法性、公正性和权威性的认证机构。选定的认证机构关键看其合法性和权威性。然后与选定的认证机构洽谈，签订认证合同或协议。根据领导决策（批准的报告），质量管理部门与选定的认证机构进行初次洽谈，提出申请体系认证的意向，了解申请体系认证的程序，商讨认证总体时间安排，以及认证费用等。

（3）做好检查前准备　认证企业应做好现场检查迎检的准备工作，主要包括资料准备、

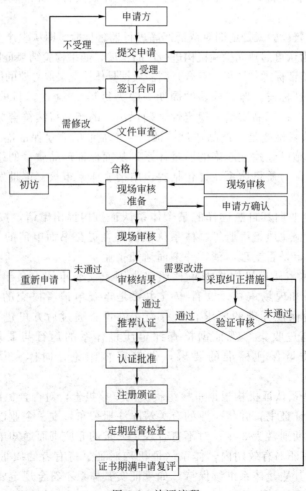

图1-2　认证流程

人员准备、成立迎接检查的组织机构、编制认证计划等工作。

**2. 体系认证的实施步骤**

（1）认证申请　食品企业向其自愿选择的某个体系认证机构提出申请，按该机构要求提交申请文件，包括企业质量手册等材料。体系认证机构根据企业提交的申请文件，决定是否受理申请，并通知企业。按惯例，体系认证机构不能无故拒绝企业的申请。

（2）体系审核　体系认证机构指派数名国家注册审核人员实施审核工作，包括审查企业的质量手册，到企业现场查证实际执行情况，提交审核报告。

（3）审批与注册发证　体系认证机构根据审核报告，经审查决定是否批准认证。对批准认证的企业颁发体系认证证书，并将该企业的有关情况注册公布，准予企业以一定方式使用体系认证标志。证书有效期通常为3年。

（4）监督　在认证证书有效期内，体系认证机构每年应对食品企业进行至少1次的监督检查，查证所认证的食品企业有关质量安全管理体系的保持情况，一旦发现企业有违反有关规定的事实证据，即对该食品企业采取相应措施，暂停或撤销企业的体系认证。认证流程如图1-2所示。

## ※【学习引导】

1. 食品质量安全管理体系对食品企业有什么作用？
2. 食品企业建立实施食品质量安全管理体系有什么意义？
3. 通常有哪些食品质量安全管理体系？分别称为什么？
4. 讲述认证及认证的分类。
5. 讲述认可及认可的分类。
6. 讲述认证认可制度的起源和发展。
7. 讲述我国食品产品认证的种类，各有什么特点？
8. 讲述认证的内容和方法。
9. 讲述食品企业质量安全管理体系实施认证的步骤。

## ※【思考问题】

1. 食品质量安全管理体系的建立与食品安全有什么关系？
2. 食品企业建立实施食品质量安全管理体系有什么经济价值？

## ※【实训项目】

## 实训一　识别食品企业实施的质量安全管理体系

【实训准备】
1. 学习本任务中与食品质量安全管理体系有关的内容。
2. 利用各种搜索引擎，查找阅读各类食品质量安全管理体系。

【实训目的】
通过对食品质量安全管理体系的学习与识别，让学生认识食品企业通常执行的食品质量安全管理体系，认识食品企业实施质量安全管理体系的实际意义。

【实训安排】
1. 根据班级学生情况进行分组，一般每小组5～8人。

2. 通过学习和网络查找资料，每组分别编写出一份《食品质量安全管理体系识别表》。

3. 分组汇报和讲评本组的《食品质量安全管理体系识别表》，学生和老师共同进行提问评价。

4. 教师和企业专家共同点评《食品质量安全管理体系识别表》的优劣。

【实训成果】

提交一份食品企业的《食品质量安全管理体系识别表》。

【实训评价】

由学生、教师和企业专家共同评价，权重建议分别为20%、40%、40%。具体评价表格和权重，请各位老师自行设计。

## 实训二　编写食品企业食品质量安全体系认证计划

【实训准备】

1. 学习本任务中有关的食品企业食品质量安全管理体系认证的相关内容。

2. 利用各种搜索引擎，查找阅读食品企业食品质量安全管理体系认证的相关案例。

【实训目的】

通过编写食品企业食品质量安全管理体系认证计划，让学生学习食品质量安全管理体系认证的过程。

【实训安排】

1. 根据班级学生人数进行分组，一般每小组5~8人。

2. 根据食品企业食品质量安全管理体系认证的步骤和要求，通过学习和网络查找资料，每组分别编写出一份某一具体食品企业准备进行"食品质量安全管理体系认证"的计划书。

3. 分组汇报和讲解本组的《食品质量安全管理体系认证计划书》，学生和老师共同进行讨论、提问、评价。

4. 教师和企业专家共同点评《食品质量安全管理体系认证计划书》的编写质量。

【实训成果】

提交一份食品企业的《食品质量安全管理体系认证计划书》。

【实训评价】

由学生、教师和企业专家共同评价，权重建议分别为20%、40%、40%。具体评价表格和权重，请各位老师自行设计。

---

**学习拓展**

通过各种搜索引擎查阅食品企业进行"食品质量安全管理体系认证"的案例，以当地典型的食品企业为载体，选定一种食品质量安全管理体系的建立与实施为例子，进行体系认证。

# 模块二 食品企业QS管理体系的建立与实施

【学习目标】

1. 会讲述食品质量安全市场准入制度（QS）的具体要求。
2. 会识别QS标志中的编号，会讲述QS编号的含义。
3. 会讲述"食品生产加工企业必备条件"的主要项目和要求。
4. 会讲述QS认证的程序。
5. 会讲述食品生产许可证的产品种类和认证单元。
6. 会讲述QS审核的主要内容和判定原则。
7. 会编写食品生产许可证申报所需要的资料。

## ※【案例引导】

1998年1月26日，在山西省文水县发生了震惊全国的"1.26"假酒案，当时假酒致死22人。据调查，文水的白酒市场大多以散装形式销售，一直没有自己的品牌，因此可以随意仿造别人的品牌，哪种酒卖得快，就仿造哪种酒。有些作坊为了省钱，用的是脏脏不堪的旧瓶子，所谓消毒也就是把瓶子在热水里涮一下，有些作坊不酿酒，专门买原料酒勾兑来卖，他们根本不具有设备和技术来检验原料酒里是否含有致命的甲醇。

这一事件引起了政府的高度重视，也成为中国酒类市场监管的分水岭，随后强制实行了酒类生产许可证制度。

## 项目一 QS管理体系的内容与要求

"QS"是我国的食品市场准入标志。食品市场准入制度也称为食品质量安全市场准入制度，是指为保证食品的质量安全，具备规定条件的生产者才允许进行生产经营活动，具备规定条件的食品才允许生产销售的监管制度。因此，实行食品质量安全市场准入制度是一种政府行为，是一项行政许可制度。

### 一、食品质量安全市场准入制度概述

为了防止资源配置低效或过度竞争，确保规模经济效益、范围经济效益和提高经济

效率，政府职能部门通过批准和注册，对食品企业的市场准入进行管理。实行食品质量安全市场准入制度，是从我国的实际情况出发，为保证食品的质量安全所采取的一项重要措施。

食品生产许可证制度是工业产品许可证制度的一个组成部分，是为保证食品的质量安全，由国家主管食品生产领域质量监督工作的行政部门制定并实施的一项旨在控制食品生产加工企业生产条件的监控制度。该制度规定：从事食品生产加工的公民、法人或其他组织，必须具备保证产品质量安全的基本生产条件，按规定程序获得《食品生产许可证》，方可从事食品的生产。没有取得《食品生产许可证》的企业不得生产食品，任何企业和个人不得销售无证食品。

我国从2004年1月1日起开始实施食品质量安全市场准入制度，首批强制性实施食品质量安全市场准入制度的有小麦粉、大米、食用植物油、酱油、食醋等五大类食品。

从2006年7月1日起，对肉制品、乳制品、饮料、调味品（糖、味精）、方便面、饼干、罐头、冷冻饮品、速冻面米食品和膨化食品10类食品必须加贴"QS"标志才能上市销售，否则依法进行查处。

2007年1月1日开始对茶叶、糖果制品、葡萄酒及果酒、啤酒、黄酒、酱腌菜、蜜饯、炒货食品、蛋制品、可可制品、焙炒咖啡、水产加工品、淀粉及淀粉制品等13类食品，未取得食品生产许可证的生产企业进行查处。

食品质量安全市场准入制度的基本内容包括以下三项制度。

（1）食品生产许可证制度　食品生产许可证制度是工业产品许可证制度的一个组成部分，对于具备基本生产条件、能够保证食品质量安全的企业，发放《食品生产许可证》，准予生产获证范围内的产品；未取得《食品生产许可证》的企业不准生产食品。这就从生产条件上保证了企业能生产出符合质量安全要求的产品。

（2）强制检验制度　要求食品企业必须检验其生产的食品，履行法律义务，确保出厂销售的食品检验合格，未经检验或经检验不合格的食品不准出厂销售。要求食品企业必须具备出厂检验能力，对于不具备自检条件的生产企业强令建立自己的实验室，否则将取消其QS标志。

（3）市场准入标志（即QS标志）制度　对检验合格的食品要加印（贴）市场准入标志——QS标志，没有加贴QS标志的食品不准进入市场销售。这样做，便于广大消费者识别和监督，便于有关行政执法部门监督检查，同时，也有利于促进生产企业提高对食品质量安全的责任感。

企业在取得"食品生产许可证"后，直接将QS标志印刷在食品最小销售单元的包装和外包装上，以便于消费者识别。对检验合格的食品加贴市场准入标志，向社会做出"质量安全"承诺。

QS标志只是实行食品市场准入制度的一个方面，它代表三个内容。

（1）企业声明　该企业获得食品生产许可证，该产品经过国家核定，有市场准入资格。

（2）企业证明　这个产品是经过检验合格的产品。

（3）企业承诺　食用该产品出现质量问题，企业承担法律责任。

因此，消费者在购买产品的时候只要购买加贴有QS标志的产品，就是获得国家认定的放心食品。

## 二、实行食品质量安全市场准入制度的意义

食品企业实行食品质量安全市场准入制度，通过QS的认证获得入市资格，是产品进入

市场的有效通行证。

**1. 实行食品质量安全市场准入制度是保证消费者安全健康的需要**

食品是一种特殊商品，它最直接地关系到每一位消费者的身体健康和生命安全。为了防止食品质量安全问题的发生，保障人民群众的安全和健康，从食品生产加工的源头上确保食品质量安全，必须制定一套符合社会主义市场经济要求、运行有效、与国际通行做法一致的食品质量安全监督制度，市场准入制度就是在这样一个背景中产生的。

**2. 实行食品质量安全市场准入制度是强化食品生产法制管理的需要**

我国食品工业的生产技术水平与国际先进技术还有一定的差距。有些食品生产加工企业的加工设备较简陋，环境条件较差，技术力量薄弱，质量意识淡薄，难以保证食品的质量安全。有时还存在添加剂滥用、原料采购随意等管理混乱现象。市场准入制度是规范食品质量实体——食品生产企业的一套完整的制度，能够实现食品生产法制管理的效果。并且促进保证和提高产品质量的主体食品企业，依照产品良好生产操作规程规范产品的生产过程。

**3. 实行食品质量安全市场准入制度是适应改革开放，创造良好经济运行环境的需要**

在我国的食品生产加工和流通领域中，降低标准、偷工减料、以次充好、以假充真等违法活动时有发生。为了规范市场经济秩序，维护公平竞争，适应加入WTO后我国社会经济进一步开放的形势，保护消费者的合法权益，也必须实行食品质量安全市场准入制度。

**4. 实行食品质量安全市场准入制度是提高产品质量的需要**

食品企业通过质量体系的建立和有效运行，对产品实现全过程的实施控制，减少质量波动和不合格品，从而有效地保证产品质量，提高产品质量的稳定性。

**5. 实行食品质量安全市场准入制度是提高管理水平、降低成本的需要**

食品企业通过规范化管理，对每一项生产活动实施控制，将大大提高企业的管理水平。通过管理体系文件的制定，规范每一位员工的行为，科学、合理地运用资源，减少返工，降低成本，进而提高企业的效益。

### 三、QS 标志的含义

**1. QS 标志**

食品市场准入标志（彩图 1-6）主色调为蓝色，字母"Q"与"生产许可"四个中文字样为蓝色，字母"S"为白色。取得食品生产许可证的企业在使用食品市场准入标志时，不能变色，并标注食品生产许可证证书编号。

QS 标志使用时可根据需要按比例放大或缩小，但不得变形、变色。食品外包装加贴（印）有 QS 标志，即意味着该食品的生产加工企业已经通过了保证食品质量安全的必备条件审查，取得了食品生产许可证，企业具备生产合格食品的基本要求，并符合国家的有关规定和要求；同时也表明该食品出厂已经经过检验合格，食品各项指标均符合国家有关标准规定的要求。

在印制 QS 标志时，要注意必须按照规定的颜色、严格按照规定的尺寸进行同比例缩放；图案必须准确，QS 标志图案的外框也是 QS 标志图案的一个组成部分。

**2.《食品生产许可证》编号**

《食品生产许可证》是《全国工业产品生产许可证》的俗称。《食品生产许可证》（QS）的编号采用英文字母 QS 加 12 位阿拉伯数字编号方法。编号前 4 位为受理机关编号，中间 4 位为产品类别编号，后 4 位为企业序号。凡取得生产许可证的产品，企业必须在产品的包装和标签上标注生产许可证编号。含义见图 2-1。

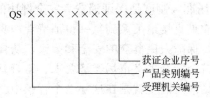

图 2-1 QS 编号的含义

(1) 受理机关编号 参照 GB/T 2260—2007《中华人民共和国行政区划代码》的有关部门规定，受理机关编号由阿拉伯数字组成，前 2 位代表省、自治区、直辖市，由国家质检总局统一确定；后 2 位代表各市（地）由省级质量技术监督部门确定，并上报国家质检总局产品质量监督司备案。前 2 位编号代表的城市见表 2-1。

表 2-1 受理机构前两位编号代表城市

| 城市 | 编号 | 城市 | 编号 | 城市 | 编号 | 城市 | 编号 |
|---|---|---|---|---|---|---|---|
| 北京 | 11 | 天津 | 12 | 河北 | 13 | 山西 | 14 |
| 内蒙古 | 15 | 辽宁 | 21 | 吉林 | 22 | 黑龙江 | 23 |
| 上海 | 31 | 江苏 | 32 | 浙江 | 33 | 安徽 | 34 |
| 福建 | 35 | 江西 | 36 | 山东 | 37 | 河南 | 41 |
| 湖北 | 42 | 湖南 | 43 | 广东 | 44 | 广西 | 45 |
| 海南 | 46 | 重庆 | 50 | 四川 | 51 | 贵州 | 52 |
| 云南 | 53 | 西藏 | 54 | 陕西 | 61 | 甘肃 | 62 |
| 青海 | 63 | 宁夏 | 64 | 新疆 | 65 | | |

(2) 产品类别编号 产品类别编号由阿拉伯数字组成，位于 QS 代码第 5 位至第 8 位，编号由国家质检总局统一确定。具体类别编号见表 2-2。

表 2-2 食品生产许可证目录

| 序号 | 大类 | 小类 | 产品单元 | 编号 | 细则 |
|---|---|---|---|---|---|
| 1 | 粮食加工品 | 小麦粉 | 小麦粉(通用、专用) | 0101 | 小麦粉生产许可证审查细则 |
| | | 大米 | 大米(分装) | 0102 | 大米生产许可证审查细则 |
| | | 挂面 | 挂面(普通挂面、花色挂面、手工面) | 0103 | 挂面生产许可证审查细则 |
| | | 其他粮食加工品 | 其他粮食加工品(谷物加工品)(分装) | 0104 | 其他粮食加工品生产许可证审查细则 |
| | | | 其他粮食加工品(谷物碾磨加工品)(分装) | | |
| | | | 其他粮食加工品(谷物粉类制成品) | | |
| 2 | 食用油、油脂及其制品 | 食用植物油 | 食用植物油(半精炼、全精炼)(分装) | 0201 | 食用植物油生产许可证审查细则 |
| | | 食用油脂制品 | 食用油脂制品[食用氢化油、人造奶油(人造黄油)、起酥油、代可可脂等] | 0202 | 食用油脂制品生产许可证审查细则 |
| | | 食用动物油脂 | 食用动物油脂(猪油、牛油、羊油等) | 0203 | |

续表

| 序号 | 大类 | 小类 | 产品单元 | 编号 | 细则 |
|---|---|---|---|---|---|
| 3 | 调味品 | 酱油 | 酿造酱油、配制酱油 | 0301 | 酱油生产许可证审查细则 |
| | | 食醋 | 酿造食醋、配制食醋 | 0302 | 食醋生产许可证审查细则 |
| | | 味精 | 味精[谷氨酸钠(99%味精)、味精](分装) | 0304 | 味精生产许可证审查细则 |
| | | 鸡精 | 鸡精 | 0305 | 鸡精调味料生产许可证审查细则 |
| | | 酱 | 酱 | 0306 | 酱生产许可证审查细则 |
| | | 调味料 | 调味料(液体) | 0307 | 调味料产品生产许可证审查细则 |
| | | | 调味料(半固态) | | |
| | | | 调味料(固态) | | |
| | | | 调味料(调味油) | | |
| 4 | 肉制品 | 肉制品 | 肉制品(腌腊肉制品) | 0401 | 肉制品生产许可证审查细则 |
| | | | 肉制品(酱卤肉制品) | | |
| | | | 肉制品(熏烧烤肉制品) | | |
| | | | 肉制品(熏煮香肠火腿制品) | | |
| | | | 肉制品(发酵肉制品) | | |
| 5 | 乳制品 | 乳制品 | 乳制品[液体乳(巴氏杀菌乳、高温杀菌乳、灭菌乳、酸牛乳)] | 0501 | 乳制品生产许可证审查细则 |
| | | | 乳制品[乳粉(全脂乳粉、脱脂乳粉、全脂加糖乳粉、调味乳粉、特殊配方乳粉、牛初乳粉)] | | |
| | | | 乳制品[其他乳制品(炼乳、奶油、干酪、固态成型产品)] | | |
| | | 婴幼儿配方乳粉 | 婴幼儿配方乳粉(湿法工艺、干法工艺)(分装) | 0502 | 婴幼儿配方乳粉生产许可证审查细则 |
| 6 | 饮料 | 饮料 | 饮料[瓶(桶)装饮用水类(饮用天然矿泉水、饮用纯净水、其他饮用水)] | 0601 | 饮料产品生产许可证审查细则 |
| | | | 饮料[碳酸饮料(汽水)类] | | |
| | | | 饮料(茶饮料类) | | |
| | | | 饮料(果汁及蔬菜汁饮料类) | | |
| | | | 饮料(蛋白饮料类) | | |
| | | | 饮料(固体饮料类) | | |
| | | | 饮料(其他饮料类) | | |
| 7 | 方便食品 | 方便食品 | 方便食品(方便面) | 0701 | 方便面生产许可证审查细则 |
| | | | 方便食品(其他方便食品) | | 其他方便食品生产许可证审查细则 |
| 8 | 饼干 | 饼干 | 饼干 | 0801 | 饼干生产许可证审查细则 |
| 9 | 罐头 | 罐头 | 罐头(畜禽水产罐头) | 0901 | 罐头食品生产许可证审查细则 |
| | | | 罐头(果蔬罐头) | | |
| | | | 罐头(其他罐头) | | |
| 10 | 冷冻饮品 | 冷冻饮品 | 冷冻饮品(冰淇淋、雪糕、雪泥、冰棍、食用冰、甜味冰) | 1001 | 冷冻饮品生产许可证审查细则 |

续表

| 序号 | 大类 | 小类 | 产品单元 | 编号 | 细则 |
|---|---|---|---|---|---|
| 11 | 速冻食品 | 速冻食品 | 速冻食品(速冻面米食品) | 1101 | 速冻食品生产许可证审查细则 |
| | | | 速冻其他食品(速冻肉制品、速冻果蔬制品、速冻其他类制品) | | |
| 12 | 薯类和膨化食品 | 膨化食品 | 膨化食品 | 1201 | 膨化食品生产许可证审查细则 |
| | | 薯类食品 | 薯类食品[干制薯类、冷冻薯类、薯泥(酱)类、薯粉类、其他薯类] | 1202 | 薯类食品生产许可证审查细则 |
| 13 | 糖果制品 | 糖果制品 | 糖果制品(糖果)(分装) | 1301 | 糖果制品生产许可证审查细则 |
| | | | 糖果制品(巧克力及巧克力制品、代可可脂巧克力及代可可脂巧克力制品)(分装) | | 巧克力及巧克力制品生产许可证审查细则 |
| | | 果冻 | 果冻 | 1302 | 果冻生产许可证审查细则 |
| 14 | 茶叶及相关制品 | 茶叶 | 茶叶(绿茶、红茶、乌龙茶、黄茶、白茶、黑茶、花茶、袋泡茶、紧压茶)(分装) | 1401 | 茶叶生产许可证审查细则 |
| | | 边销茶 | 边销茶(黑砖茶、花砖茶、茯砖茶、康砖茶、金尖茶、青砖茶、米砖茶等) | | 边销茶生产许可证审查细则 |
| | | 含茶制品和代用茶 | 含茶制品(速溶茶类、调味茶类) | 1402 | 含茶制品生产许可证审查细则 |
| | | | 代用茶[叶类、花类、果(实)根茎类、混合类] | | 代用茶产品生产许可证审查细则 |
| 15 | 酒类 | 白酒 | 白酒,白酒(原酒)、白酒(液态) | 1501 | 白酒生产许可证审查细则 |
| | | 葡萄酒及果酒 | 葡萄酒及果酒(原酒、加工罐装) | 1502 | 葡萄酒及果酒生产许可证审查细则 |
| | | 啤酒 | 啤酒(熟啤酒、生啤酒、鲜啤酒、特种啤酒) | 1503 | 啤酒生产许可证审查细则 |
| | | 黄酒 | 黄酒、黄酒(加工灌装) | 1504 | 黄酒生产许可证审查细则 |
| | | 其他酒 | 其他酒(配制酒) | 1505 | 其他酒生产许可证审查细则 |
| | | | 其他酒(其他蒸馏酒) | | |
| | | | 其他酒(其他发酵酒) | | |
| 16 | 蔬菜制品 | 酱腌菜 | 酱腌菜 | 1601 | 酱腌菜生产许可证审查细则 |
| | | 蔬菜干制品 | 蔬菜干制品(自然干制蔬菜、热风干燥蔬菜、冷冻干燥蔬菜、蔬菜脆片、蔬菜粉及制品)(分装) | | 蔬菜干制品生产许可证审查细则 |
| | | 食用菌制品 | 食用菌制品(干制食用菌、腌渍食用菌)(分装) | 1602 | 食用菌制品生产许可证审查细则 |
| | | 其他蔬菜制品 | 其他蔬菜制品 | | 无 |
| 17 | 蜜饯及水果制品 | 蜜饯 | 蜜饯(分装) | 1701 | 蜜饯生产许可证审查细则 |
| | | 水果制品 | 水果制品(水果干制品)(分装) | 1702 | 水果制品生产许可证审查细则 |
| | | | 水果制品(果酱)(分装) | | |
| 18 | 炒货食品及坚果制品 | 炒货食品及坚果制品 | 炒货食品及坚果制品(烘炒类、油炸类、其他类)(分装) | 1801 | 炒货食品及坚果制品生产许可证审查细则 |

续表

| 序号 | 大类 | 小类 | 产品单元 | 编号 | 细则 |
|---|---|---|---|---|---|
| 19 | 蛋制品 | 蛋制品 | 蛋制品(再制蛋类、干蛋类、冰蛋类、其他类) | 1901 | 蛋制品生产许可证审查细则 |
| 20 | 可可及焙炒咖啡制品 | 可可制品 | 可可制品 | 2001 | 可可制品生产许可证审查细则 |
| | | 焙炒咖啡(分装) | 焙炒咖啡(分装) | 2101 | 焙炒咖啡生产许可证审查细则 |
| 21 | 食糖 | 糖 | 糖(白砂糖、绵白糖、赤砂糖、冰糖、方糖、冰片糖等)(分装) | 0303 | 糖生产许可证审查细则 |
| 22 | 水产制品 | 水产加工品 | 水产加工品(干制水产品)(分装) | 2201 | 干制水产品生产许可证审查细则 |
| | | | 水产加工品(盐渍水产品)(分装) | | 盐渍水产品生产许可证审查细则 |
| | | | 水产加工品[鱼糜制品(即食类、非即食类)] | | 鱼糜制品生产许可证审查细则 |
| | | 其他水产加工品 | 其他水产加工品(水产调味品) | 2202 | 其他水产加工品生产许可证审查细则 |
| | | | 其他水产加工品(水生动物油脂及制品) | | |
| | | | 其他水产加工品(风味鱼制品) | | |
| | | | 其他水产加工品(生食水产品) | | |
| | | | 其他水产加工品(水产深加工品) | | |
| 23 | 淀粉及淀粉制品 | 淀粉及淀粉制品 | 淀粉及淀粉制品(淀粉)(分装) | 2301 | 淀粉及淀粉制品生产许可证审查细则 |
| | | | 淀粉及淀粉制品(淀粉制品)(分装) | | |
| | | 淀粉糖 | 淀粉糖(葡萄糖、饴糖、麦芽糖、异构化糖等)(分装) | 2302 | 淀粉糖生产许可证审查细则 |
| 24 | 糕点 | 糕点 | 糕点(烘烤类糕点、油炸类糕点、蒸煮类糕点、熟粉类糕点、月饼) | 2401 | 糕点生产许可证审查细则 |
| 25 | 豆制品 | 豆制品 | 豆制品(发酵性豆制品) | 2501 | 豆制品生产许可证审查细则 |
| | | | 豆制品(非发酵性豆制品) | | |
| | | | 豆制品(其他豆制品) | | 其他豆制品生产许可证审查细则 |
| 26 | 蜂产品 | 蜂产品 | 蜂产品(蜂蜜)(分装) | 2601 | 蜂产品生产许可证审查细则 |
| | | | 蜂产品[蜂王浆(含蜂王浆冻干品)](分装) | | |
| | | | 蜂产品(蜂花粉)(分装) | | 蜂花粉及蜂产品制品生产许可证审查细则 |
| | | | 蜂产品(蜂产品制品)(分装) | | |
| 27 | 特殊膳食食品 | 婴幼儿及其他配方谷粉 | 婴幼儿及其他配方谷粉(婴幼儿配方谷粉) | 2701 | 婴幼儿及其他配方谷粉产品生产许可证审查细则 |
| | | | 婴幼儿及其他配方谷粉(其他配方谷粉) | | |
| 28 | 其他食品 | | | 2801 | |

注：1. 产品种类是指实施食品生产许可证管理的产品种类，如大米、肉制品和饮料等。
2. 认证单元(即申请认证的单元)是指在产品种类内，生产工艺、生产设备、检验手段等生产条件相近的产品组。

### 四、QS 标志的使用

QS 标志是食品质量安全市场准入制度专用标志，食品生产加工企业在其生产的食品上使用 QS 标志，必须符合以下条件。

（1）按照国家规定程序公布的实行食品质量安全准入制度的食品。
（2）从事该食品生产的企业已经取得《食品生产许可证》，并在有效期内。
（3）出厂的食品已经检验合格。

取得《食品生产许可证》的食品生产加工企业，出厂食品经自行检验合格的，须加印（贴）食品质量安全市场准入标志——QS 标志后方可出厂销售。QS 标志应加印（贴）在最小销售单元的食品包装上，QS 标志的图案、颜色必须正确，并按照国家规定的式样放大或缩小。裸装食品和最小销售单元包装表面面积小于 $10cm^2$ 的食品可以只在其出厂的大包装上加印（贴）QS 标志。

在《产品质量法》第二十七条中规定：产品或者其包装上必须有"产品质量检验合格证明"，即必须有产品合格证或合格印章。对于纳入食品质量安全市场准入制度管理范围内的食品来讲，其产品在具有产品质量检验合格证的同时，还须在其外包装上加印（贴）QS 标志。

# 项目二　食品企业的内部整改

国家质检总局（总局令第 129 号）第三条规定：企业未取得食品生产许可，不得从事食品生产活动。第六条规定：设立食品生产企业，应当在工商部门预先核准名称后依照食品安全法律法规和本办法有关要求取得食品生产许可。并且根据《食品生产加工企业质量安全监督管理实施细则（试行）》（国家质检总局第 79 号令）中第二章第九条"食品生产加工企业应当符合法律、行政法规及国家有关政策规定的企业设立条件"，食品企业设立必须具备基本条件，如获得《食品卫生许可证》、废水废气排放要达标等。

食品企业在申请 QS 前，要按照第 79 号令第二章"食品生产加工企业必备条件"中的要求进行内部整改，主要从两个方面开展，即硬件改造和软件细化。

### 一、食品企业的环境条件要求

依据第 79 号令中第二章第十条："食品生产加工企业必须具备和持续满足保证产品质量安全的环境条件和相应的卫生要求。"

企业整改措施：依照本企业相关的卫生规范逐项进行整改。

要有《××××企业卫生规范》、《厂区平面布置图》、《车间平面布置图》、《企业卫生管理制度》、《企业卫生检查记录》等材料。

### 二、食品企业的生产设备条件要求

依据第 79 号令中第二章第十一条："食品生产加工企业必须具备保证产品质量安全的生产设备、工艺装备和相关辅助设备，具有与产品质量安全相适应的原料处理、加工、包装、贮存和检验等厂房或者场所。生产加工食品需要特殊设备和场所的，应当符合有关法律法规和技术规范规定的条件。"

企业整改措施：企业可以按照《××××食品生产许可证审查细则》规定的必备生

产设备进行配备,并对设备进行定期的维护保养,以保证生产质量好、对消费者是安全的合格的产品。设施方面原辅料库、产品库、卫生设施等要与企业的生产规模和能力相适应。

要有《××××食品生产许可证审查细则》、《设备管理制度》、《设备一览表》、《设备保养记录》等材料。

**1. 做好硬件配置**

① 车间至少设两个出入口,做到人货分流。
② 车间内至少安装紫外线灯。
③ 成品装入容器的车间至少安装一盏紫外线灯。
④ 原材料和成品仓库应分离。
⑤ 车间门窗要严密,车间入口、原辅料仓库和产品仓库入口应该设置不低于30cm高的挡鼠板;车间窗口应有纱网等防蝇虫设施;各车间入口应安置灭蝇灯。
⑥ 下水道要畅通,不能用明沟,要用暗沟。
⑦ 缝隙要用水泥、泡沫塑料、橡胶等填充。

**2. 控制好工人的个人卫生条件**

(1) 更衣室的设施要求　根据上班员工数量设置相应数量的衣帽柜和鞋柜,如图2-2和图2-3所示。

图2-2　更衣室的鞋柜

图2-3　更衣室

(2) 洗手室的设施要求　如图2-4所示。

图2-4　洗手消毒室

① 设计一个洗手池和一个消毒池,放置洗手液和配置消毒液(浓度为100mg/L的次氯酸钠溶液)。
② 根据上班员工数量设置相应数量的非手动开关的水龙头和干手器。
③ 设计一个鞋靴消毒池,消毒液为浓度200mg/L的次氯酸钠溶液。

④ 进入车间前放置一个洒有消毒水的地毯。

**3. 食品设备要求**

设备中食品接触的表面全部配置为不锈钢材料，和食品接触的工器具应该及时清洗消毒。且直接接触食品及原料的设备和容器的结构设计合理，边角圆滑、无死角、不漏隙，便于拆卸，不易积垢，便于清理、消毒。生产过程中禁止使用竹木器具和棉麻制品。

### 三、食品生产加工企业的原材料、添加剂要求

依据第79号令中第二章第十二条："食品生产加工企业生产加工食品所用的原材料、食品添加剂（含食品加工助剂，下同）等应当符合国家有关规定。不得违反规定使用过期的、失效的、变质的、污秽不洁的、回收的、受到其他污染的食品原材料或者非食用的原辅料生产加工食品。使用的原辅材料属于生产许可证管理的，必须选购获证企业的产品。"

企业整改措施：首先企业要有自己的原材料和添加剂的采购要求（应该识别有关法律法规的要求），其次要做好合格供方的管理。

准备材料：GB 2760《食品添加剂使用标准》、相应原辅材料卫生标准，《原材料检验作业指导书》、《采购管理制度》、《供方能力审查表》、《合格供方一览表》、《采购计划》、《采购合同》、《进料检验报告》、《企业用水的检验报告》等。

### 四、食品企业的生产工艺管理要求

依据第79号令中第二章第十三条："食品生产加工企业必须采用科学、合理的食品加工工艺流程，生产加工过程应当严格、规范，防止生物性、化学性、物理性污染，防止待加工食品与直接入口食品、原料与半成品、成品交叉污染，食品不得接触有毒有害物品或者其他不洁物品。"

企业整改措施：生产工艺流程布置时严格按照从生到熟、从原料到成品的顺序将各工序划分开，杀菌操作和成品包装要有严格的卫生保障措施，针对关键控制工序要编写相应的作业指导书。预防生产过程中生物性污染的方法有：生产现场工作环境尤其是空气和水的控制，生产工人的卫生意识和卫生操作培训等。预防生产过程中化学性污染的方法有：原、副材料包括食品添加剂的控制和有毒、有害化学品的管理。

要有《车间卫生管理制度》、《关键工序的作业指导书》、《个人卫生检查记录》、《有毒、有害化学物品一览表》和《生产工艺流程图》等材料。

### 五、食品企业的产品标准要求

依据第79号令中第二章第十四条："食品生产加工企业必须按照有效的产品标准组织生产。依据企业标准生产实施食品质量安全市场准入管理食品的，其企业标准必须符合法律法规和相关国家标准、行业标准要求，不得降低食品质量安全指标。"

企业整改措施：食品企业的产品生产必须执行相关国家标准、行业标准、地方标准，或备案有效的企业标准。企业执行的标准要高于国家标准、行业标准、地方标准。

要有：国家标准、行业标准、地方标准，或备案有效的企业标准；产品检验报告、《定量包装商品计量监督规定》等材料。

### 六、食品企业的人员要求

依据第79号令中第二章第十五条："食品生产加工企业必须具有与食品生产加工相适应

的专业技术人员、熟练技术工人、质量管理人员和检验人员。从事食品生产加工的人员必须身体健康、无传染性疾病和影响食品质量安全的其他疾病，并持有健康证明；检验人员必须具备相关产品的检验能力，取得从事食品质量检验的资质。食品生产加工企业人员应当具有相应的食品质量安全知识，负责人和主要管理人员还应当了解与食品质量安全相关的法律法规知识。"

企业整改措施：食品企业要配备一定数量的技术人员和管理检验人员，企业技术人员应该了解公司产品质量安全方面的法律法规，应该具备一定的知识、检验和技能并能够胜任工作。直接从事食品生产加工的人员（包括质量管理人员）必须身体健康，不得患有有碍食品安全的疾病。

要有：《员工能力一览表》、《岗位人员名册》、《人员培训管理制度》、《年度培训计划》、《培训考核记录》、《健康证》等材料。

### 七、食品企业的检验设备要求

依据第79号令中第二章第十六条："食品生产加工企业应当具有与所生产产品相适应的质量安全检验和计量检测手段，检验、检测仪器必须经计量检定合格或者经校准满足使用要求并在有效期限内方可使用。企业应当具备产品出厂检验能力，并按规定实施出厂检验。"

企业整改措施：一是必须依据相应的《食品生产许可证审查细则》，配备"审查细则"中所列出的每一件检验设备；二是检验设备必须经计量检定合格。

要有：《检验设备和计量器具一览表》、检验设备和计量器具的检定证书、检验设备和计量器具上应贴"合格证"等材料。

### 八、食品企业的质量管理体系要求

依据第79号令中第二章第十七条："食品生产加工企业应当建立健全企业质量管理体系，在生产的全过程实行标准化管理，实施从原材料采购、生产过程控制与检验、产品出厂检验到售后服务全过程的质量管理。

国家鼓励食品生产加工企业根据国际通行的质量管理标准和技术规范获取质量体系认证或者危害分析与关键控制点管理体系认证（以下简称HACCP认证），提高企业质量管理水平。"

企业整改措施：一是建立岗位质量职责，制定质量负责人，建立质量考核机制，对企业产品生产各个环节建立质量管理体系；二是企业有条件可以按照ISO 9001建立质量管理体系，按照ISO 22000建立食品安全管理体系、或者按照HACCP建立食品安全管理体系。

要有：组织结构图、岗位质量责任、《质量目标规定》、《质量目标考核办法》或ISO 9001质量管理体系认证证书、ISO 22000食品安全管理体系认证证书、HACCP食品安全管理体系认证证书等材料。

### 九、食品企业的产品包装标识要求

依据第79号令中第二章第十八条："出厂销售的食品应当进行预包装或者使用其他形式的包装。用于包装的材料必须清洁、安全，必须符合国家相关法律法规和标准的要求。

出厂销售的食品应当具有标签标识。食品标签标识应当符合国家相关法律法规和标准的要求。"

企业整改措施：一是保证包材不会对食品造成污染，建立岗位质量职责，制定质量负责人，建立质量考核机制，对企业产品生产各个环节建立质量管理体系；二是食品销售包装上必须有食品标签，并且必须符合 GB 7718—2011《预包装食品标签通则》。

要有：GB 7718—2011《预包装食品标签通则》中要求的内、外包装材料的检测报告和包材供方的资质证明材料等材料。

### 十、食品企业的产品贮运要求

依据第 79 号令中第二章第十九条："贮存、运输和装卸食品的容器、包装、工具、设备、洗涤剂、消毒剂必须安全，保持清洁，对食品无污染，能满足保证食品质量安全的需要。"

企业整改措施：一是做好产品贮存的保管制度；二是做好产品的运输管理；三是做好贮存、运输等设备、工具的清洗消毒工作。

要有：成品库管理规定，冷库的卫生管理办法，产品运输要求、运输车清洗消毒规定等材料。

因此第 79 号令规定，食品生产加工企业为了保证产品质量，必须按照上述 10 个方面，即环境条件、生产设备条件、原材料要求、加工工艺及过程、产品标准要求、人员要求、检验设备要求、质量管理体系要求、产品包装标识要求、产品贮运要求等，结合企业实际进行认真细致的整改，以达到审查的要求。

# 项目三　QS 管理文件的编写

## 一、QS 质量体系文件

**1. QS 体系文件的作用**

① QS 文件确定了职责的分配和活动的程序。
② QS 文件是企业内部的"法规"。
③ QS 文件是企业开展内部培训的依据。
④ QS 文件是 QS 审查的依据。
⑤ QS 文件使质量改进有章可循。

**2. QS 体系文件的层次**

QS 体系文件通常分为三个层次。
① 第一层　QS 质量手册。
② 第二层　程序文件。
③ 第三层　三级文件。

三级文件通常又可分为：管理性的第三层文件（如车间管理办法、仓库管理办法、文件和资料编写导则、产品标识细则等）和技术性的第三层文件（如产品标准、原材料标准、技术图纸、工序作业指导书、工艺卡、设备操作规程、抽样标准、检验规程等）（注：表格一般归为第三层文件）。

**3. QS 认证体系文件目录**

QS 认证需要的体系文件有很多，具体见表 2-3。

表 2-3  QS 认证体系文件目录

| 编号 | 文件目录 | 文件子目录 |
| --- | --- | --- |
| 1 | 质量方针、质量目标 | |
| 2 | 质量负责人任命书 | |
| 3 | 机构设置 | |
| 4 | 岗位职责 | |
| 5 | 资源的提供与管理 | ①质量有关人员能力要求规定<br>②人员培训管理制度<br>③设备、设施管理规定<br>④检测设备、计量器具管理制度<br>⑤设备操作维护规程<br>⑥检测仪器操作规程 |
| 6 | 产品设计 | ①工艺流程图<br>②工艺规程 |
| 7 | 原材料提供 | ①采购管理制度<br>②采购质量验证规程<br>③原辅料、成品仓库管理制度 |
| 8 | 生产过程的质量控制 | ①生产过程的质量控制制度<br>②关键工序管理制度 |
| 9 | 产品质量检验 | ①检验管理制度<br>②产品质量检验规程 |
| 10 | 不合格的管理 | ①不合格管理办法<br>②不合格品管理制度 |
| 11 | 技术文件管理制度 | |
| 12 | 卫生管理制度 | |
| 13 | 质量记录 | |

## 二、QS 体系文件的编写

**1. 编写 QS 体系文件的基本要求**

（1）符合性——应符合并覆盖所选标准或所选标准条款的要求。

（2）可操作性——应符合本企业的实际情况。具体的控制要求应以满足企业需要为度，而不是越多越严就越好。

（3）协调性——文件和文件之间应相互协调，避免产生不一致的地方。针对编写具体某一文件来说，应紧扣该文件的目的和范围，尽量不要叙述不在该文件范围内的活动，以免产生不一致。

**2. 编写 QS 体系文件的文字要求**

① 职责分明，语气肯定（避免用"大致上"、"基本上"、"可能"、"也许"之类词语）。

② 结构清晰，文字简明。

③ 格式统一，文风一致。

**3. 文件的通用内容**

编号、名称；编制、审核、批准；生效日期；受控状态、受控号；版本号；页码，页数；修订号。

**4. QS 质量手册的编制**

（1）质量手册的结构

## 手 册 范 例

封面
前言（企业简介，手册介绍）
目录
1. 颁布令
2. 质量方针和目标
3. 组织机构
3.1　行政组织机构图
3.2　质量保证组织机构图
3.3　质量职能分配表
4. 质量体系要求
4.1　管理职责
目的
范围
职责
管理要求
引用程序文件
4.2　质量体系
5. 质量手册管理细则
6. 附录

（2）质量手册内容概述

① 封面　质量手册封面。

② 企业简介　简要描述企业名称、规模、历史沿革；隶属关系；所有制性质；主要产品情况（产品名称、系列型号）；采用的标准、主要销售地区；企业地址、通讯方式等内容。

③ 手册介绍　介绍本质量手册所依据的标准及所引用的标准；手册的适用范围；必要时可说明有关术语、符号、缩略语。

④ 颁布令　以简练的文字说明本公司质量手册已按选定的标准编制完毕，并予以批准发布和实施。颁布令必须以公司最高管理者的身份叙述，并予亲笔手签姓名、日期。

⑤ 质量方针和目标　质量方针例如："科技领先、优质高效、顾客至上、遵信守约"；"做合格产品，对消费者健康负责；持续改进，向社会提供优质饮料"等。质量目标例如："产品一次检验合格率为98%；产品出厂合格率为100%；客户满意度85%以上"；"出厂产品批合格率达到100%；产品成品合格率达到99.5%；交货及时率达到96%，今后三年内每年递增1%"等。质量方针可以是口号式的，而质量目标需要很具体。

⑥ 组织机构　行政组织机构图、质量保证组织机构图指以图示方式描绘出本组织内人员之间的相互关系。质量职能分配表指以表格方式明确体现各质量体系要素的主要负责部门、若干相关部门。

⑦ 质量体系要求　根据质量体系标准的要求，结合本公司的实际情况，简要阐述对每个质量体系要素实施控制的内容、要求和措施。力求语言简明扼要、精炼准确，必要时可引用相应的程序文件。

⑧ 质量手册管理细则　简要阐明质量手册的编制、审核、批准情况；质量手册修改、换版规则；质量手册管理、控制规则等。

⑨ 附录　质量手册涉及之附录均放于此（如必要时，可附体系文件目录、质量手册修改控制页等），其编号方式为附录 A、附录 B，以此顺延。

**5. 程序文件的编制**

（1）程序文件描述的内容　往往包括5W1H：开展活动的目的（Why）、范围，做什么（What），何时（When），何地（Where），谁（Who）来做；应采用什么材料、设备和文件，如何对活动进行控制和记录（How）等。

（2）程序文件结构

```
程序文件范例
封面
正文部分
  1. 目的
  2. 范围
  3. 职责
  4. 程序内容
  5. 质量记录
  6. 支持性文件
  7. 附录
```

（3）程序文件内容概述

① 封面　程序文件封面格式可根据企业自己的情况设计。

② 正文　程序文件正文参考格式见模块三的项目三。

③ 目的　说明为什么开展该项活动。

④ 范围　说明活动涉及的（产品、项目、过程、活动……）范围。

⑤ 职责　说明活动的管理和执行、验证人员的职责。

⑥ 程序内容　详细阐述活动开展的内容及要求。

⑦ 质量记录　列出活动用到或产生的记录。

⑧ 支持性文件　列出支持本程序的第三层文件。

⑨ 附录　本程序文件涉及之附录均放于此，其编号方式为附录 A、附录 B……。

**6. 第三层文件的编制要求**

第三层文件为企业具体的规章制度等。

## 三、食品生产许可证申请书填写

食品生产许可证申请书是申请QS时，需要提交的一份文件。除了封面外，食品生产许可证申请书还需要填写：申请人陈述；申请人基本条件和申请生产食品情况表；申请人治理结构；申请人生产加工场所有关情况；申请人有权使用的主要生产设备、设施一览表；申请人有权使用的主要检测仪器、设备一览表；申请人具有的主要管理人员、技术人员一览表；申请人各项质量安全管理制度清单及其文本等内容。下面的例子，仅供参考。

### 实例2-1　食品生产许可证申请书
（示范文本）

申请食品品种类别及申证单元饮料【瓶（桶）装饮用水类（饮用纯净水）】0601

申请人名称全称（应与营业执照或企业名称预先核准通知书一致，并加盖印章；拟设立食品生产企业尚无公章的，申请人应由负责人签字确认）

生产场所地址＊＊省＊＊市＊＊区（县）＊＊乡（镇）＊＊＊路（街道）＊＊（具体生产地点的详细地址，有多个的要全部列出）

联系人×××××× 

联系电话×××（固定电话及移动电话）　传真××××××

电子邮件（没有电子邮箱的，可以不填）

申请日期____年____月____日（按实际提交申请的日期填写）

首次申请☐　延续换证☐　变更☐

### 实例2-2　申请人陈述

1. 本申请人企业名称已经☐预先核准、☐登记注册。附有效期内名称预先核准通知书（或营业执照）复印件3份。

2. 本申请人已组成治理结构。附结构图及法定代表人、负责人或投资人的资格证明或身份证明复印件3份。

3. 本申请人已获得必要的生产加工场所。附生产加工场所有关情况、平面图（标尺寸、面积等主要参数）及其有权使用证明材料各3份。

4. 本申请人生产加工场所周围环境符合相关规定。附周围环境平面图3份。

5. 本申请人生产加工场所各功能间布局符合相关规定。附各功能间布局图复印件3份（标尺寸、面积等主要参数）。

6. 本申请人生产加工场所已拥有必要的生产设备设施。附设备设施清单，关键设备标有参数（其中委托检验的，附委托检验合同）3份。

7. 本申请人生产工艺流程符合相关规定。附示意图复印件3份。

8. 本申请人已拥有必要的专业技术人员、管理人员。附一览表3份。

9. 本申请人已制定必要的质量安全管理制度。附制度文件清单及文本各3份（其中拟执行企业标准的，需提供备案的企业标准）。

10. 本申请人按审查细则要求，提供附件相关材料3份（如有时）。

11. 本申请人拥有的以上资源，符合规定条件，能够适应申请生产的食品品种，单班生产八小时：日产量可以达到＿＿××＿＿、月产量可以达到＿＿××＿＿、年产量可以达到＿＿××＿＿。

本申请人承诺：愿意对申请材料内容真实性负责，并承担相应的法律责任。

申请人签名/盖章：××

××年××月××日

### 实例2-3  申请人基本条件和申请生产食品情况表

<table>
<tr><td rowspan="8">申请人基本条件汇总</td><td>申请人名称或预核准名称</td><td colspan="3">应与营业执照或企业名称预先核准通知书登记的一致</td></tr>
<tr><td>食品生产许可证编号</td><td colspan="3">首次申请企业不需填写此项<br>（换证申请和变更申请时填写）</td></tr>
<tr><td>生产场所地址</td><td colspan="3">××省××市××区(县)××乡(镇)×××路(街道)×××(具体生产地点的详细地址,有多个的要全部列出)</td></tr>
<tr><td>法定代表人或负责人</td><td>已办营业执照登记的,填写法定代表人,拟设立企业填写负责人</td><td>经济性质</td><td>与营业执照登记内容一致(拟设立企业不需填写此项)</td></tr>
<tr><td>营业执照编号<br>(如有时)</td><td>与营业执照登记内容一致(拟设立企业不需填写此项)</td><td>企业代码<br>(如已设立时)</td><td>已办理代码证的填写代码证编号,未办理的填写负责人身份证号码</td></tr>
<tr><td>主要管理和技术人员数</td><td>××</td><td>生产厂房建成时间</td><td>××</td></tr>
<tr><td>占地面积</td><td>××米$^2$</td><td>建筑面积</td><td>××米$^2$</td></tr>
<tr><td rowspan="4">申请生产食品情况</td><td>申证单元及食品品种明细</td><td colspan="3">申证单元:饮料【瓶(桶)装饮用水类(饮用纯净水)】</td></tr>
<tr><td colspan="3">饮用纯净水<br>按企业实际生产的品种结合相应单元的细则填写</td></tr>
<tr><td rowspan="2">执行食品安全标准或企业标准</td><td colspan="3">标准号:GB 17323</td></tr>
<tr><td colspan="3">(按执行标准列出全部项目)色度、浊度、臭和味、肉眼可见物、pH值、电导率[(25±1)℃]、高锰酸钾消耗量(以$O_2$计)、氯化物(以$Cl^-$计)、铅、砷、铜、游离氯(以$Cl^-$计)、三氯甲烷、四氯化碳、亚硝酸盐(以$NO_2^-$计)、菌落总数、大肠菌群、霉菌和酵母、致病菌(沙门菌、志贺菌、金黄色葡萄球菌)、净含量</td></tr>
<tr><td>年设计能力</td><td>(申证产品生产线设计能力)吨</td><td>年实际产量(企业已设立时)</td><td>(申证产品上年度产量)吨</td></tr>
</table>

### 实例2-4  申请人治理结构

|  | 职责 | 身份证(明)文件号码 |
|---|---|---|
| 法定代表人 | 王×（总经理） | ＊＊＊＊＊＊＊＊＊＊＊＊＊＊＊＊＊＊ |
| 负责人 | 陈×（经理） | ＊＊＊＊＊＊＊＊＊＊＊＊＊＊＊＊＊＊ |
| 投资人 | 个人或公司 |  |

注：本表需附治理结构图（图2-5）。

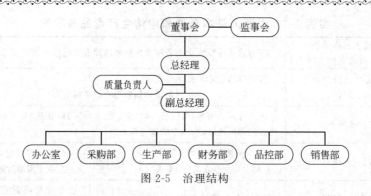

图 2-5 治理结构

（应采用治理机构图描述，并配以相应文字简述企业领导层、质量管理部门、生产部门、营销部门、采购部门等企业内部组织之间的关系。非独立法人的，应说明与所在母体组织之间的关系）

**实例 2-5　申请人生产加工场所有关情况**

| 序号 | 申请人各生产场点、工艺、工序名称 | 该生产场点、工艺、工序所在地 | 该所在地有权使用证明材料 |
|---|---|---|---|
| 1 | 粗滤→精滤→去离子净化→杀菌 | 水处理车间 | 房屋产权证（＊＊）号或租赁合同（＊＊）号或房屋产权证明材料（见附件＊） |
| 2 | 瓶(桶)及其盖的清洗消毒 | 回收容器清洗消毒间 | 房屋产权证（＊＊）号或租赁合同（＊＊）号或房屋产权证明材料（见附件＊） |

注：1. 本表所报工序必须覆盖审查细则规定的各工艺要求。
　　2. 本表需附功能间平面布局图示、工艺流程图示、设备布局图示。

**实例 2-6　申请人有权使用的主要生产设备、设施一览表**

| 序号 | 设备设施名称 | 规格型号 | 数量 | 安装使用场所 | 生产厂及国别 | 生产日期 | 完好状态 | 购置或租用日期，购置资产证明或租用证明 |
|---|---|---|---|---|---|---|---|---|
| 1 | 多介质过滤器 | Φ1800mm×1200mm | 1 | 生产车间 | 广州××科技公司（中国） | 2013.02.20 | 完好 | 2013.03.16 [购置资产证明（＊＊号）或租用证明（＊＊号）] |
| 2 | 活性炭过滤器 | Φ1800mm×1200mm | 1 | 生产车间 | 广州××科技公司（中国） | 2013.02.20 | 完好 | 2013.03.16 [购置资产证明（＊＊号）或租用证明（＊＊号）] |
| 3 | 精滤设备 5μm 精密过滤器 | 5μm×3 | 1 | 生产车间 | 广州××科技有限公司（中国） | 2013.02.20 | 完好 | 2013.03.16 [购置资产证明（＊＊号）或租用证明（＊＊号）] |

### 实例2-7　申请人有权使用的主要检测仪器、设备一览表

| 类别 | 序号 | 名称 | 型号规格 | 精度等级 | 数量 | 检定有效截止期 | 使用场所 | 生产厂及国别 | 生产日期 |
|---|---|---|---|---|---|---|---|---|---|
| 自行购置的仪器、设备 | 1 | 双人超净工作台 | SZX-2 | 百级 | 1 | 2010.12.12 | 检验室 | ××厂(中国) | 2008.12 |
| | 2 | 无菌室 | 5m² | — | 1 | 2010.12.12 | 检验室 | 自制 | 2008.12 |
| | 3 | 显微镜 | L1100 | 1600倍 | 1 | 2010.12.12 | 检验室 | ××厂(中国) | 2008.10 |
| | 4 | 分析天平 | TG328A | 0.1mg | 1 | 2010.12.12 | 检验室 | ××厂(中国) | 2008.10 |

### 实例2-8　申请人具有的主要管理人员、技术人员一览表

| 序号 | 姓名 | 身份证号 | 性别 | 年龄 | 职务 | 职称 | 文化程度、专业 | 负责领域工序 |
|---|---|---|---|---|---|---|---|---|
| 1 | 陈×× | ********** | 男 | 37 | 总经理 | 工程师 | 大学 | 质量安全 |
| 2 | 李×× | ********** | 男 | 41 | 质量负责人兼生产部经理 | 工程师 | 大专 | |
| 3 | 赵×× | ********** | 男 | 36 | 质检主任 | 工程师 | 研究生 | 检验 |
| 4 | 林×× | ********** | 女 | 40 | 工人 | 工程师 | 高中 | 采购 |
| 5 | 黄×× | ********** | 男 | 29 | 工人 | 工程师 | 高中 | 水处理 |

### 实例2-9　申请人各项质量安全管理制度清单

| 序号 | 质量安全管理制度 |
|---|---|
| 1 | 质量目标 |
| 2 | 治理结构图及职能分配 |
| 3 | 管理职责、权利、义务 |
| 4 | 岗位职责、权利、义务 |
| 5 | 规范性文件及质量记录管理制度或程序 |
| 6 | 原辅材料进货查验制度及相应的采购文件:采购计划、清单、合同等 |
| 7 | 生产过程管理、考核制度及产品配方、含关键质量控制点的工艺规程、作业指导书等工艺文件 |
| 8 | 食品添加剂使用管理制度 |
| 9 | 产品防护及标识和可追溯性制度 |
| 10 | 卫生管理制度 |
| 11 | 从业人员健康检查及健康档案管理制度 |
| 12 | 设备管理制度 |
| 13 | 贮存运输管理制度 |
| 14 | 不符合管理制度 |
| 15 | 食品安全事故处置方案 |
| 16 | 不安全食品主动召回制度 |
| 17 | 食品质量安全情况报告 |
| 18 | 检验管理制度及检验规程 |
| 19 | 检验设备、计量器具管理制度 |
| 20 | 职工培训管理制度 |

# 项目四　QS 管理体系认证

## 一、食品企业 QS 认证程序

食品企业 QS 认证主要分为：认证准备阶段、申请阶段、现场审核阶段、公示放证阶段，具体认证程序如图 2-6 所示。

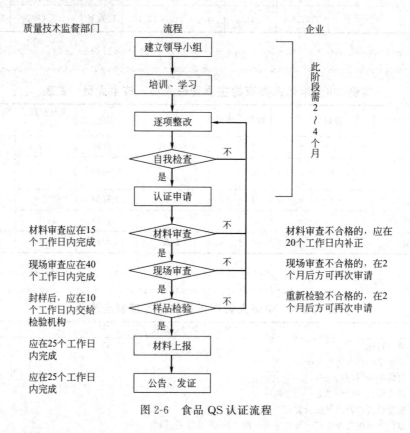

图 2-6　食品 QS 认证流程

## 二、食品企业 QS 认证准备阶段

为了保证企业一次性通过 QS 认证，企业必须成立 QS 认证领导小组来全面负责 QS 认证的准备和申报工作，该小组应该由企业最高管理者任组长，为 QS 认证的各项工作提供领导保证。组员由各部门的负责人（如品质部经理、技术部经理、生产部经理、采购部经理、仓库经理）构成，以保证整个 QS 认证工作的执行效果。

领导小组成立后，小组应该聘请专家在企业各个部门进行 QS 认证相关文件和政策的培训。

培训的内容包括：《食品生产加工企业质量安全监督管理实施细则（试行）》（国家质检总局 79 号令）、《××××食品生产许可证审查细则》、《××××企业卫生规范》和《食品生产加工企业必备条件现场审查表》等。

培训的目的：一是提高企业包括高层在内的全体员工对 QS 认证的重视程度，提高全员参与的意识；二是使相关部门了解自己职责范围内，如何通过努力达到审查要求；三是通过学习，使全体员工真正认识到 QS 认证不仅是为了取得生产许可证，更重要的是通过审查，提高企业食品质量安全的管理水平。

### 三、食品企业 QS 认证内部整改阶段

食品企业根据食品产品的种类及国家无证查处的时间，合理安排企业进行 QS 认证的相应准备工作。为了保证整个 QS 认证工作的顺利进行要成立一个领导小组，组织 QS 认证国家相关制度和文件精神的贯标培训，进而按照国家 QS 认证的有关要求进行硬件和软件方面的内部整改（具体的内部整改的方法详见本模块的项目二）。内部整改结束后进入企业 QS 认证的办理阶段。

### 四、食品企业办理 QS 认证阶段

**1. 认证申请**

食品生产加工企业到当地的地市级质量技术监督部门领取《食品生产许可证申请表》，然后企业根据《食品生产许可证申请表》中的项目要求填写完整。

每个认证单元均须交给地市级质量技术监督部门的资料：

（1）《食品生产许可证申请表》（根据 2010 年版参考填写）（一式两份，公章复印无效）；

（2）企业营业执照、食品卫生许可证、企业代码证复印件各 1 份；

（3）企业厂区布局图、生产工艺流程图（需标注关键设备和参数）各 1 份；

（4）经质量技术监督部门备案的企业产品标准 1 份（无企业标准，而执行国家标准、行业标准、地方标准的企业，提供所执行的标准即可）；

（5）企业质量管理文件 1 份（包括《食品 QS 质量手册》和各项管理制度，装订成册）；

（6）电子版的、填写完整的《食品生产许可证申请表》。

**2. 材料审查**

质量技术监督部门接到企业申请后，15 个工作日会完成申请材料的书面审查。如果书面审查符合要求的，质量技术监督部门发给企业《食品生产许可证受理通知书》；如果书面审查不符合要求的，质量技术监督部门通知企业在 20 个工作日内补充正确。

**3. 现场审查**

质量技术监督部门在发给企业《食品生产许可证受理通知书》后的 40 个工作日安排审查组对企业进行现场审查。

现场审查的依据：一是国家质检总局发布的《食品生产加工企业必备条件现场审查表》；二是《××××食品生产许可证审查细则》（以下简称《审查细则》）。

现场审查的 5 个基本程序如下。

（1）召开首次会议　审查组组长主持，审查组全体人员及被审查企业的领导和有关人员参加，说明本次审查的日程安排等事项。

（2）现场审查时　审查组成员按照分工同时开展工作。

（3）产品抽样　一般在成品仓库内进行，审查组填写产品抽样单，并将样品封好，由企业或审查组在 10 个工作日内安全送到指定的质检机构。

（4）审查组会议　编写审查报告和审查结论。

(5) 末次会议　审查组组长主持，审查组全体人员及被审查企业的领导和有关人员参加，指出现场审查中发现的不符合项目，向企业提出改进建议。

① 现场审查时间不超过两天。

② 现场审查实行审查组长负责制。现场审查后，审查结论由审查组长在审查报告上做出，结论为"合格"或"不合格"。

③ 如果现场审查不合格，质量技术监督部门应当向企业发出《食品生产许可证审查不合格通知书》，并说明理由，企业原《食品生产许可证受理通知书》自行作废。企业自接到《食品生产许可证审查不合格通知书》之日起，2个月后才能再次提出取证申请。

**4. 产品检验**

食品企业现场审查结论为"合格"时，由审查组在企业成品库中随机抽取所受理的产品的样本，在10个工作日送至有资质的产品质量检验部门进行产品检验。

在对产品进行抽样时应该注意以下问题。

① 每个认证单元抽取一种产品；

② 样品应为企业产量较大的产品，即主导产品；

③ 在企业成品仓库的待销品中随机进行；

④ 抽样过程要有企业代表参加；

⑤《产品抽样单》上有抽样人员和企业代表的签字，并加盖企业公章；

⑥ 样品一式两份，一份送检验机构，一份留在企业作为备用；

⑦ 样品在送到检验机构前，应保持无破损、无变质、封条完整。

企业应在现场审查前准备好相应的产品，准备数量应该不小于产品的《审查细则》规定的抽样基数。企业在现场审查前建议按照所申证产品《审查细则》的发证检验项目进行全项自检或委外检验以确保自己的产品是合格的。

检验机构应当在收到样品之日起15个工作日内完成检验任务。

如果样品检验不合格，质量技术监督部门将结果通知企业。企业对检验结果有异议的，可以向质量技术监督部门要求复检。复检使用企业保留的那份样品，需要注意的是，样品应保持无破损、无变质、封条完整。

复检合格的，可以上报发证；复检仍不合格的，企业自接到复检不合格通知之日起，2个月后才能要求重新抽样，并呈交书面整改报告。质量技术监督部门需安排重新抽样和重新检验，不需再次对企业进行现场审查。

重新检验仍不合格的，企业自接到重新检验不合格通知之日起，2个月后才能再次提出取证申请。质量技术监督部门需再次进行现场审查。

**5. 公告、发证**

获证企业可以通过官方网站查询到公告。省级机构在接到国家级机构批准意见后，在15个工作日内完成发放食品生产许可证及副本工作。

**6. 申办费用**

企业申办食品生产许可证需要交纳的费用有以下三种。

(1) 审查费　每个企业每次审查一个认证单元收取2200元，每次审查增加一个认证单元增收440元。此费用在申请时向受理申请的质量技术监督部门交付。

(2) 公告费　每个认证单元收取400元。此费用在申请时向受理申请的质量技术监督部门交付。

(3)产品质量检验费  因各种产品的检验项目不同和各省经济发展水平不同有所差异。

**7. 食品生产许可证的年审和换证**

食品生产许可证的有效期3年。企业在证书有效期内每年进行一次自查,并向当地质量技术监督局递交《自查报告》,当地质量技术监督局将以10%比例进行获证企业的现场核查。企业在证书3年有效期届满后继续生产的,为了不影响食品生产加工企业的正常经营活动,应当在食品生产许可证有效期满6个月前,向原受理食品生产许可证申请的质量技术监督部门提出换证申请。质量技术监督部门应当按规定的程序对企业进行审查并换发证书。

# 项目五  QS管理体系现场审查

根据食品质量安全市场准入制度的规定,对企业申证材料书面审查合格的食品企业,审查组应按照××××《食品生产许可证审查规则》,在40个工作日内完成对企业必备条件的QS现场审查,对QS现场审查合格的企业,由审查组现场抽样和封样。

企业QS现场审查工作,是审查组对材料审查合格后的食品企业开展的下一项工作。审查组应当自《食品生产许可证受理通知书》发出之日起40个工作日内,依据食品生产许可证审查规则按时完成企业必备条件的现场审查。

## 一、食品质量安全市场准入审查规则

《食品质量安全市场准入审查通则》(以下简称《审查通则》)是审查组对食品生产加工企业保证产品质量必备生产条件QS现场审查活动的工作依据。在企业QS现场审查中,审查员应同时使用《审查通则》和某一个《审查细则》,以完成对某一类食品生产企业的质量安全市场准入审查。

## 二、现场审查工作程序

企业QS现场审查工作的过程主要有:召开预备会议,召开首次会议,进行现场审查,审查组内部会议,召开末次会议等五个步骤。

**1. 预备会议**

到食品企业进行现场审查之前,审查组长需召开一次审查预备会议,也叫"碰头会"。审查预备会议一般在前往企业现场审查之前召开,如可以在现场审查的路上(汽车上、火车上等)召开,也可以到企业后先抽10分钟召开个预备会议。

预备会议的主要内容就是介绍企业情况、进行现场审查分工、明确审查重点、重申审查工作纪律等,以及相互进行一些沟通和交流。

**2. 首次会议**

召开首次会议,是审查组进入企业进行现场审查的第一项正式活动,也是现场审查活动的正式开始。

首次会议由审查组长主持召开,会议一般不超过30分钟。首次会议应当在融洽、坦诚、务实的气氛中召开,不要以审问与被审问、找问题与规避问题的形式召开。

首次会议的参加人员为审查组的全体成员,包括各级质量技术监督部门派来的观察员、受审查企业的领导、有关职能部门的负责人等。

首次会议的主要内容有以下几方面。

(1) 介绍审查组成员的身份和工作单位,介绍随同审查的观察员身份。

(2) 说明现场审查的依据(即食品质量安全市场准入审查规则)与审查的范围。

(3) 宣布审查进度和审查员分工。

(4) 说明现场审查的基本做法是采取随机抽样的方法,其有一定的风险性。

(5) 承诺保密原则,承诺不将受审企业的技术、商业秘密透露给第三方。

(6) 企业介绍准备工作情况。

(7) 企业落实审查陪同人员。

(8) 澄清疑问。

(9) 审查组长宣布首次会议结束。

### 3. 现场审查

根据国家质量监督检验检疫总局《关于发布食品生产许可审查通则(2010年版)的公告》(总局2010年第88号公告),QS的现场审查分两部分,即申请材料审核和生产场所核查。具体的审核细则见表2-4、表2-5。

表 2-4　申请材料审核

| 序号 | 内容 | 审查项目 | 判定标准 | 审查方法 | 审查结论 | 审查记录 |
|---|---|---|---|---|---|---|
| 1.1 | 组织领导 | 1. 申请人治理结构中至少有一人全面负责质量安全工作 | 制度规定了该人负责质量安全工作的职能,符合;<br>制度对质量安全工作负责人规定不清楚,基本符合;<br>制度未规定质量安全工作负责人,不符合 | 查看文件 | □符合<br>□基本符合<br>□不符合 | (1) |
| | | 2. 申请人应设置相应的质量管理机构或人员,负责质量管理体系的建立、实施和保持工作 | 申请人有明确的机构或专职人员负责质量管理工作,符合;<br>有机构或兼职人员负责质量管理工作,基本符合;<br>无机构和人员负责企业的质量管理工作,不符合 | 查看文件 | □符合<br>□基本符合<br>□不符合 | (2) |
| 1.2 | 质量目标 | 申请人应制定明确的质量安全目标 | 有明确的质量安全目标,符合;<br>质量安全目标不明确,基本符合;<br>无质量安全目标,不符合 | 查看文件 | □符合<br>□基本符合<br>□不符合 | (3) |
| 1.3 | 管理职责 | 1. 申请人制定各有关部门质量安全职责、权限等情况的管理制度 | 制定了管理制度,并规定各有关部门的质量职责、权限,且内容合理,符合;<br>规定的内容不全面,基本符合;<br>没制定质量管理制度或制定了部门质量管理制度但内容不合理,不符合 | 查看文件 | □符合<br>□基本符合<br>□不符合 | (4) |
| | | 2. 申请人应当制定对不符合情况的管理办法,对企业出现的各种不符合情况及时进行纠正或采取纠正措施 | 制定了不符合情况管理办法,符合;<br>制定了不符合情况管理办法但内容不合理,基本符合;<br>未制定不符合情况管理办法,不符合 | 查看文件 | □符合<br>□基本符合<br>□不符合 | (5) |

续表

| 序号 | 内容 | 审查项目 | 判定标准 | 审查方法 | 审查结论 | 审查记录 |
|---|---|---|---|---|---|---|
| 1.4 | 人员要求 | 1. 申请人应规定生产管理者职责,明确其责任、权力和义务,生产管理者的资格应符合有关规定 | 明确,符合;<br>符合资格规定,责任、权力或者义务规定不明确,基本符合;<br>资格不符合规定,或未明确责任、权力和义务,不符合 | 查看文件和证件 | □符合<br>□基本符合<br>□不符合 | (6) |
| | | 2. 申请人应规定质量管理人员的职责,明确其责任、权力和义务。质量管理人员资格应符合有关规定 | 明确,符合;<br>符合资格规定,责任、权力或者义务规定不明确,基本符合;<br>资格不符合规定,或未明确责任、权力和义务,不符合 | 查看文件和证件 | □符合<br>□基本符合<br>□不符合 | (7) |
| | | 3. 申请人应规定技术人员的职责,明确其责任、权力和义务。技术人员资格应符合有关规定 | 明确,符合;<br>符合资格规定,责任、权力或者义务规定不明确,基本符合;<br>资格不符合规定,或未明确责任、权力和义务,不符合 | 查看文件和证件 | □符合<br>□基本符合<br>□不符合 | (8) |
| | | 4. 申请人应规定生产操作人员的职责。明确其责任、权力和义务。生产操作人员资格应符合有关规定 | 明确,符合;<br>符合资格规定,责任、权力或者义务规定不明确,基本符合;<br>资格不符合规定,或未明确责任、权力和义务,不符合 | 查看文件和证件 | □符合<br>□基本符合<br>□不符合 | (9) |
| 1.5 | 技术标准 | 1. 申请人应具备《审查细则》中规定的现行有效的国家标准、行业标准及地方标准 | 具有《审查细则》中规定的产品标准和相关标准,符合;<br>缺少个别标准,基本符合;<br>缺少若干个标准,不符合 | 查看标准 | □符合<br>□基本符合<br>□不符合 | (10) |
| | | 2. 明示的企业标准应按《食品安全法》的要求,经卫生行政部门备案,纳入受控文件管理 | 符合要求,符合;<br>已经过备案,但未纳入受控文件管理,基本符合;<br>未经过备案,不符合 | 查看标准,查看证明、标识 | □符合<br>□基本符合<br>□不符合 | (11) |
| 1.6 | 工艺文件 | 申请人应具备生产过程中所需的各种产品配方、工艺规程、作业指导书等工艺文件。产品配方中使用食品添加剂应规范、合理 | 企业完全符合规定要求,符合;<br>部分符合规定要求,基本符合;<br>不符合规定要求,不符合 | 查看文件 | □符合<br>□基本符合<br>□不符合 | (12) |
| 1.7 | 采购制度 | 应制定原辅材料及包装材料的采购管理制度。企业如有外协加工或委托服务项目,也应制定相应的采购管理办法(制度) | 有完善的采购管理制度,以及外协加工及委托服务的采购管理办法(制度),符合;<br>采购管理制度以及外协加工及委托服务的采购管理办法(制度)制定的不够完善,基本符合;<br>无采购管理制度,以及外协加工及委托服务的采购管理办法(制度),不符合 | 查看文件 | □符合<br>□基本符合<br>□不符合 | (13) |
| 1.8 | 采购文件 | 应制定主要原辅材料、包装材料的采购文件,如采购计划、采购清单或采购合同等,并根据批准的采购文件进行采购。应具有主要原辅材料产品标准 | 企业符合规定要求,符合;<br>部分符合规定要求,基本符合;<br>不符合规定要求,不符合 | 查看文件 | □符合<br>□基本符合<br>□不符合 | (14) |

续表

| 序号 | 内容 | 审查项目 | 判定标准 | 审查方法 | 审查结论 | 审查记录 |
|---|---|---|---|---|---|---|
| 1.9 | 采购验证制度 | 申请人应制定对采购的原辅材料、包装材料以及外协加工品进行检验或验证的制度。食品标签标识应当符合相关规定 | 符合要求,符合;<br>有制度,但有缺陷,基本符合;<br>无制度,不符合 | 查看文件 | □符合<br>□基本符合<br>□不符合 | (15) |
| 1.10 | 过程管理 | 申请人应制定生产过程质量管理制度及相应的考核办法 | 有生产过程质量管理制度及相应的考核办法,符合;<br>有生产过程质量管理制度,无相应的考核办法,基本符合;<br>无生产过程质量管理制度及相应的考核办法,不符合 | 查看文件 | □符合<br>□基本符合<br>□不符合 | (16) |
| 1.11 | 质量控制 | 申请人应根据食品质量安全要求确定生产过程中的关键质量控制点,制定关键质量控制点的操作控制程序或作业指导书 | 关键控制点确定合理并有相应的控制管理规定,控制记录规范,符合;<br>关键控制点确定不太合理,记录不规范,基本符合;<br>未明确关键控制点,不能满足生产质量控制要求,不符合 | 查看文件 | □符合<br>□基本符合<br>□不符合 | (17) |
| 1.12 | 产品防护 | 1. 申请人应制定在食品生产加工过程中有效防止食品污染、损坏或变质的制度 | 符合要求,符合;<br>制度制定不合理,基本符合;<br>未制定相关制度,不符合 | 查看文件 | □符合<br>□基本符合<br>□不符合 | (18) |
| | | 2. 申请人应制定在食品原料、半成品及成品运输过程中有效防止食品污染、损坏或变质的制度。有冷藏、冷冻运输要求的,申请人必须满足冷链运输要求 | 符合要求,符合;<br>制度制定不合理,有冷藏冷冻运输要求且符合的,基本符合;<br>未制定相关制度,有冷藏冷冻运输要求,但达不到的,不符合 | 查看文件 | □符合<br>□基本符合<br>□不符合 | (19) |
| 1.13 | 检验管理 | 1. 申请人应具有独立行使权力的质量检验机构或专(兼)职质量检验人员,并具有相应检验资格和能力 | 有独立行使权力的检验机构或专(兼)职检验人员,检验人员具有相应检验资格和技术,符合;<br>检验人员的检验技术存在部分不足,基本符合;<br>无独立行使权力的检验机构或专(兼)职检验人员或无相应检验资格和技术的检验人员,不符合 | 查看文件,查看证明,企业自检时核查操作验证 | □符合<br>□基本符合<br>□不符合 | (20) |
| | | 2. 申请人应制定产品质量检验制度(包括过程检验和出厂检验)以及检测设备管理制度 | 有产品检验制度和检测设备管理制度,符合;<br>有制度但内容不全面,基本符合;<br>无产品检验制度和检测设备管理制度,不符合 | 查看文件 | □符合<br>□基本符合<br>□不符合 | (21) |
| | | 3. 无检验项能力的,应当委托有资质的检验机构进行检验 | 有委托合同,内容合理,符合;<br>有合同,内容不合理,基本符合;<br>无委托合同,不符合 | 查看文件 | □符合<br>□基本符合<br>□不符合 | (22) |

表 2-5　生产场所核查

| 序号 | 内容 | 审查项目 | 判定标准 | 审查方法 | 审查结论 | 审查记录 |
|---|---|---|---|---|---|---|
| 2.1 | 厂区要求 | 1. 申请人厂区周围应无有害气体、烟尘、粉尘、放射性物质及其他扩散性污染源 | 无各种污染源,符合;<br>略有污染,基本符合;<br>污染较重,不符合 | 现场查看 | □符合<br>□基本符合<br>□不符合 | (23) |
| | | 2. 厂区应当清洁、平整、无积水;厂区的道路应用水泥、沥青或砖石等硬质材料铺成 | 厂区清洁、平整、无积水,道路用硬质材料铺成,符合;<br>厂区不太清洁、平整,基本符合;<br>厂区不清洁或有积水或无硬质道路,不符合 | 现场查看 | □符合<br>□基本符合<br>□不符合 | (24) |
| | | 3. 生活区、生产区应当相互隔离;生产区内不得饲养家禽、家畜;坑式厕所应距生产区 25m 以外 | 生活区、生产区隔离较远,符合;<br>生活区、生产区隔离较近,基本符合;<br>生活区、生产区无隔离或生产区内饲养家禽、家畜或坑式厕所距生产区 25m 以内,不符合 | 现场查看 | □符合<br>□基本符合<br>□不符合 | (25) |
| | | 4. 厂区内垃圾应密闭式存放,并远离生产区,排污沟渠也应为密闭式,厂区内不得散发出异味,不得有各种杂物堆放 | 厂区内垃圾、排污沟渠为密闭式,无异味,无各种杂物堆放,符合;<br>略有不足,基本符合;<br>达不到要求,不符合 | 现场查看 | □符合<br>□基本符合<br>□不符合 | (26) |
| 2.2 | 车间要求 | 1. 生产车间或生产场地应当清洁卫生;应有防蝇、防鼠、防虫等措施和洗手、更衣等设施;生产过程中使用的或产生的各种有害物质应当合理置放与处置 | 企业达到规定要求,符合;<br>略微欠缺,基本符合;<br>达不到规定要求,不符合 | 现场查看 | □符合<br>□基本符合<br>□不符合 | (27) |
| | | 2. 生产车间的高度应符合有关要求;车间地面应用无毒、防滑的硬质材料铺设,无裂缝,排水状况良好;墙壁一般应当使用浅色无毒材料涂覆;房顶应无灰尘;位于洗手、更衣设施外的厕所应为水冲式 | 企业达到规定要求,符合;<br>位于洗手、更衣设施外的厕所为水冲式,其他略微欠缺,基本符合;<br>达不到规定要求,不符合 | 现场查看 | □符合<br>□基本符合<br>□不符合 | (28) |
| | | 3. 生产车间的温度、湿度、空气洁净度应满足不同食品的生产加工要求 | 生产车间的温度、湿度、空气洁净度能满足食品生产加工要求,符合;<br>略有误差,基本符合;<br>满足不了食品生产加工要求,不符合 | 现场查看 | □符合<br>□基本符合<br>□不符合 | (29) |
| | | 4. 生产工艺布局应当合理,各工序应减少迂回往返,避免交叉污染 | 生产工艺布局合理,各工序前后衔接,无交叉污染,符合;<br>生产工艺布局不太合理,略有交叉,基本符合;<br>生产工艺相互交叉污染,不符合 | 查看文件、现场查看 | □符合<br>□基本符合<br>□不符合 | (30) |
| | | 5. 生产车间内光线充足,照度应满足生产加工要求。工作台、敞开式生产线及裸露食品与原料上方的照明设备应有防护装置 | 生产车间内光线充足,工作台、敞开式生产线及裸露食品与原料上方的照明设备设有防护装置,符合;<br>略有不足,基本符合;<br>严重不足,不符合 | 现场查看 | □符合<br>□基本符合<br>□不符合 | (31) |

续表

| 序号 | 内容 | 审查项目 | 判定标准 | 审查方法 | 审查结论 | 审查记录 |
|---|---|---|---|---|---|---|
| 2.3 | 库房要求 | 1. 库房应当整洁,地面平滑无裂缝,有良好的防潮、防火、防鼠、防虫、防尘等设施。库房内的温度、湿度应符合原辅材料、成品及其他物品的存放要求 | 企业的库房符合规定,符合;<br>略有不足,基本符合;<br>严重不足,不符合 | 现场查看 | □符合<br>□基本符合<br>□不符合 | (32) |
| | | 2. 库房内存放的物品应保存良好,一般应离地、离墙存放,并按先进先出的原则出入库。原辅材料、成品(半成品)及包装材料库房内不得存放有毒、有害及易燃、易爆等物品 | 库房内存放的物品保存良好,无有毒有害及易燃、易爆物品,符合;<br>保存一般,无有毒有害及易燃、易爆物品,基本符合;<br>保存不好,库房内存放有毒、有害及易燃、易爆等物品,不符合 | 现场查看 | □符合<br>□基本符合<br>□不符合 | (33) |
| 2.4 | 生产设备 | 1. 申请人必须具有《审查细则》中规定的必备的生产设备,企业生产设备的性能和精度应能满足食品生产加工的要求 | 具备《审查细则》中规定的必备的生产设备,设备的性能和精度能满足食品生产加工的要求,符合;<br>具备必备的生产设备,但个别设备需要完善,基本符合;<br>不具备《审查细则》中规定的必备的生产设备或具备的生产设备的性能和精度不能满足食品生产加工的要求,不符合 | 现场查看,核对设备清单 | □符合<br>□基本符合<br>□不符合 | (34) |
| | | 2. 直接接触食品及原料的设备、工具和容器,必须用无毒、无害、无异味的材料制成,与食品的接触面应边角圆滑、无焊疤和裂缝 | 完全符合规定,符合;<br>直接接触食品及原料的设备、工具和容器的材料符合规定,但与食品的接触面偶有微小焊疤、裂缝等情况,基本符合;<br>不符合规定,不符合 | 现场查验,查阅材料 | □符合<br>□基本符合<br>□不符合 | (35) |
| | | 3. 食品生产设施、设备、工具和容器等应加强维护保养,及时进行清洗、消毒。使用的清洗消毒剂应符合国家相关规定 | 食品生产设施、设备、工具和容器保养良好,使用前后按规定进行清洗、消毒,符合;<br>食品生产设施、设备、工具和容器的维护保养和清洗、消毒工作存在一些不足,基本符合;<br>存在严重不足,不符合 | 现场查验 | □符合<br>□基本符合<br>□不符合 | (36) |
| 2.5 | 检验设备 | 申请人应具备审查细则中规定的必备的出厂检验设备设施,出厂检验设备设施的性能、准确度应能达到规定的要求。有合格计量检定证书。实验室布局合理,满足相应检验条件。实行委托检验的,应签订合法的委托合同或协议 | 具有《审查细则》规定的出厂检验设备,且能满足出厂检验需要,实验室布局合理,满足相应检验条件,符合;<br>具备必备的出厂检验设备,但比较陈旧或有少许误差,或实验室布局不太合理,基本符合;<br>不具备《审查细则》规定的出厂检验设备,或不能满足出厂检验需要,不符合;<br>实行委托检验的,签订合法的委托合同或协议的,符合;<br>有委托合同或协议,且规范的,基本符合;<br>既没有委托合同,也没有委托协议的,不符合 | 查看设备清单、必要时现场查看证书,查委托合同或协议 | □符合<br>□基本符合<br>□不符合 | (37) |

首次会议结束后，审查组成员按审查分工和审查进度安排，开始现场审查工作。现场审查的审查进度可以依照上面《关于发布食品生产许可审查通则（2010年版）的公告》（总局2010年第88号公告）中的"审查表"进行。

审查组对食品企业进行现场审查，企业应该配备相应的陪同人员。企业陪同人员的职责和作用是：向导、联络、见证。审查组审查出企业有不符合项时，有企业陪同人员在场，便于企业对不符合事实的确认。

现场审查主要是通过"问、看、查"寻找企业符合要求的证据。

（1）"问"就是面谈、交谈　审查员与企业人员面谈时，应和蔼、耐心，切忌态度死板生硬，不要增加被谈话人员的心理压力。在提问时，应掌握主导性，但绝不能诱导对方。

（2）"看"就是查看文件、查看记录等　审查员不仅要会查看文件、记录的真实性，是否与企业实际情况相符合，还应会查看文件、记录的合理性和科学性。

（3）"查"就是观察　审查员应对现场的生产设备、出厂检验设备以及现场生产控制等情况进行仔细查看，以便获得真实可靠的现场审查信息。

一般来说，在现场审查中"问、看、查"三大方法的使用比例为："问"占50%左右，"看"占30%左右，"查"占20%左右。

企业现场审查的方式，主要有要素审查和部门审查两种。

（1）要素审查　就是按审查规则、审查规范上的条款要求，逐条逐款地进行审查。一个条款往往会涉及两个以上的部门，审查员按要素审查去审查，往往要反复前往各个部门审查。

这种审查方式的优点是：简便易行，清晰完整，容易体现企业实际状况与审查规则、审查规范的符合性。其缺点是：反复跑路，审查效率比较低。如果企业规模比较大，各部门、车间相距比较远，就更难在较短的时间里完成现场审查任务。如果采用此审查方法，就要注意合理安排现场审查路线。

（2）部门审查　就是以部门为中心，根据一个部门所涉及的各个有关条款要求，对部门进行综合审查。

这种审查方式的优点是：审查效率高，审查对象明确。其缺点是：审查内容不连贯、比较分散。

QS认证现场核查人员对食品生产加工企业必备条件进行审查评价的工具是《对设立食品生产企业的申请人规定条件审查记录表》。

《对设立食品生产企业的申请人规定条件审查记录表》（以下简称《审查记录表》）适用于对设立食品生产企业的申请人规定条件中申请材料的审核和生产场所核查。《审查记录表》分为：申请材料审核和生产场所核查两个部分共37个项目。对每一个审查项目均规定了"符合"、"基本符合"、"不符合"的判定标准。审查组应按照对每一个审查项目的审查情况和判定标准，在"审查记录"一栏填写审查发现的"符合"、"基本符合"或"不符合"情况。审查结论的判定原则有以下几个。

（1）当全部项目的审查结论均为符合的，许可机关依法作出准予食品生产许可决定。

（2）当任何一个至八个项目审查结论为基本符合的，申请人应对基本符合项进行整改，整改应在10日内完成，申请人认为整改到位，由当地县局予以审查确认并签字，许可机关作出准予食品生产许可决定。

（3）当任何一个项目的审查结论为不符合或者八个以上项目为基本符合、预期未完成整改或整改不到位，许可机关依法作出不予食品生产许可决定。

现场审查为合格时，审查组按照食品产品相应的《审查细则》规定进行抽样。

**4. 内部会议**

内部会议即指审查组自己召开的内部会议。内部会议通常在现场审查工作完成后召开，如在现场审查过程中遇到一些特殊问题，也可以随时召开。

召开审查组内部会议，主要是审查组成员相互介绍本人现场审查情况，共同讨论审查出的基本符合项、不符合项的性质及确定审查报告的结论。对内部会议中有争议、不能取得一致意见的问题，由审查组长向委派审查组的质量技术监督部门进行汇报。

**5. 末次会议**

审查组内部会议开过之后，审查组长负责召开末次会议。末次会议是宣布现场审查结论的会议。末次会议的参加人员基本上与首次会议的人员一致，企业可以增加一些人员来参加末次会议。

末次会议由审查组长主持，主要内容如下：
① 审查组成员向企业通报现场审查情况；
② 审查组长宣布《食品生产加工企业必备条件现场审查报告》；
③ 受审查企业领导表态，有关人员发言；
④ 提出企业基本符合项改进及跟踪验证要求；
⑤ 审查组对企业表示感谢，宣布末次会议结束。

至此，企业现场审查工作全部结束。

※ **【学习引导】**

1. 我国什么时候开始推行食品质量安全市场准入制度。
2. 实行食品质量安全市场准入制度有什么意义？
3. QS 标志的含义。
4. 申请 QS 前为什么要进行内部整改，整改的内容是什么？
5. QS 质量体系文件有什么作用？通常分为几个层次？
6. 编写 QS 体系文件有什么要求？
7. QS 质量手册要编写哪些内容？
8. QS 现场审查工作程序是怎样的？有哪些审查项目？
9. QS 认证现场审查过程中，"首次会议"的基本内容是什么？
10. QS 认证现场审查过程中，"末次会议"的基本内容是什么？
11. 审查结论的判定原则是什么？

※ **【思考问题】**

1. 现在"QS"标志的含义与 2005 年的时候有什么异同点？
2. 如何理解 QS 标志与产品质量检验合格证二者的关系？

※ **【实训项目】**

## 实训一 编写 QS 质量管理手册

**【实训准备】**

1. 学习 QS 质量管理体系对 QS 质量管理手册的要求。
2. 利用各种搜索引擎，查找阅读有关"QS 质量管理手册"的案例。

3. 带领学生到企业实地考察，体验组织食品企业实施 QS 质量管理体系的实际情况。

【实训目的】

通过 QS 质量管理手册的编写，使学生能够有效地掌握 QS 质量管理手册的编制方法和技巧。

【实训安排】

1. 根据班级学生人数进行分组，一般每组 5～8 人。

2. 通过企业实习和网络查找资料，以某食品企业《QS 质量管理手册》为示例，学习 QS 质量管理手册的基本结构和内容。

3. 每组分别编写出一份《QS 质量管理手册》。分组汇报介绍本组编写的《QS 质量管理手册》，学生、老师共同进行讨论提问。

4. 教师和企业专家共同点评《QS 质量管理手册》的编写质量。

【实训成果】

提交一份食品企业的《QS 质量管理手册》。

【实训评价】

由学生、教师和企业专家共同评价，权重建议分别为 20%、40%、40%。具体评价表格和权重，请各位老师自行设计。

## 实训二　编写 QS 程序文件

【实训准备】

1. 学习 QS 质量管理体系对 QS 程序文件的要求。

2. 利用各种搜索引擎，查找阅读有关"QS 程序文件"的案例。

3. 带领学生到企业实地考察，体验组织食品企业实施 QS 质量管理体系的实际情况，了解 QS 程序文件的实际运用。

【实训目的】

通过 QS 程序文件的编写，使学生能够有效地掌握 QS 程序文件的编制方法和技巧。

【实训安排】

1. 根据班级学生人数进行分组，一般每组 5～8 人。

2. 通过企业实习和网络查找资料，以某食品企业《QS 程序文件》为示例，学习 QS 程序文件的基本结构和内容。

3. 每组分别编写出一份《QS 程序文件》。分组汇报介绍本组编写的《QS 程序文件》，学生、老师共同进行讨论提问。

4. 教师和企业专家共同点评《QS 程序文件》的编写质量。

5. 注意程序文件就是要明确各职能部门、各体系和各项质量活动的 5W1H。其核心是明确各环节由谁干、干什么、怎么做、如何控制、达到什么程度和要求，需要形成何种记录和报告，相应的监督和签发手续等。

【实训成果】

提交一份食品企业的《QS 程序文件》。

【实训评价】

由学生、教师和企业专家共同评价，权重建议分别为 20%、40%、40%。具体评价表格和权重，请各位老师自行设计。

## 实训三　填写《食品生产许可证申请书》

【实训准备】
1. 学习本任务中有关的食品生产许可证申请书的相关内容。
2. 利用各种搜索引擎，查找阅读食品企业《食品生产许可证申请书》填写的相关案例。

【实训目的】
通过《食品生产许可证申请书》的填写，让学生学习QS认证的过程。

【实训安排】
1. 根据班级学生人数进行分组，一般每小组5~8人。
2. 通过企业实习和网络查找资料，每组分别填写一份学生喜欢的某种食品生产企业的《食品生产许可证申请书》。
3. 分组汇报和讲解本组的《食品生产许可证申请书》，学生、老师共同进行讨论、提问、评价。
4. 教师和企业专家共同点评《食品生产许可证申请书》的编写质量。

【实训成果】
提交一份食品企业的《食品生产许可证申请书》。

【实训评价】
由学生、教师和企业专家共同评价，权重建议分别为20%、40%、40%。具体评价表格和权重，请各位老师自行设计。

## 实训四　模拟食品生产企业必备条件现场审查

【实训准备】
1. 学习本任务中有关的食品生产企业必备条件现场审查内容。
2. 利用各种搜索引擎，查找阅读食品企业必备条件现场审查的相关案例。

【实训目的】
通过模拟食品生产企业必备条件现场审查，让学生学习QS审查的过程，了解食品企业通过QS审查的实际情况。

【实训安排】
1. 将班级学生分成2大组，一组当观众，另一组同学分别扮演内部审核组成员和某一食品公司的各类相关人员。
2. 参照本任务的相关知识及利用网络资源，编写"食品生产企业必备条件现场审查"表演的脚本。
3. 让学生扮演"食品生产企业必备条件现场审查"中审查员和食品企业中不同职员的角色，按食品生产企业必备条件"现场审查"的程序，进行"现场"表演。
4. 组织学生对"现场"表演的程序、内容进行讨论，评价表演组同学的表现情况。
5. 教师和企业专家共同点评"现场审查"过程。
6. 注意"现场审核"的程序、时间的控制、清晰的表达等。

【实训成果】
完成一场"食品生产企业必备条件现场审查"的角色扮演活动。

【实训评价】
由学生、教师和企业专家共同评价，权重建议分别为20%、40%、40%。具体评价表格和权重，请各位老师自行设计。

## 实训五　撰写食品企业 QS 认证的《审查报告》

【实训准备】
1. 学习本任务中与 QS 认证及《审查报告》有关的内容。
2. 利用各种搜索引擎，查找阅读《食品生产加工企业必备条件现场审查报告》的格式要求。

【实训目的】
通过《食品生产加工企业必备条件现场审查报告》的撰写，让学生学习 QS 审核后要做的工作，了解食品企业申请 QS 的实际情况。

【实训安排】
1. 根据班级学生人数进行分组，一般每组 5~8 人。
2. 根据《食品生产加工企业必备条件现场审查报告》的格式要求，根据上一个实训"模拟食品生产企业必备条件现场审查"的结果，每组分别撰写一份 QS《审查报告》。
3. 分组汇报和讲评本组的《审查报告》，学生、老师共同进行讨论提问。
4. 教师和企业专家共同点评《审查报告》的撰写质量。

【实训成果】
提交一份食品企业 QS 认证现场审查结果的《审查报告》。

【实训评价】
由学生、教师和企业专家共同评价，权重建议分别为20%、40%、40%。具体评价表格和权重，请各位老师自行设计。

## 实训六　剖析一种食品的生产许可证（QS）审查细则

【实训准备】
1. 利用各种搜索引擎，查找阅读有关《食品生产许可证审查细则》的案例。
2. 带领学生到企业实地考察，体验组织食品企业实施 QS 质量管理体系的实际情况。

【实训目的】
通过一种食品的生产许可证（QS）审查细则的学习与剖析，使学生能够有效地掌握《食品生产许可证审查细则》的格式和内容。

【实训安排】
1. 根据班级学生人数进行分组，一般每组 5~8 人。
2. 选定本地某一代表性食品，通过企业实习和网络查找，搜索相应的食品的生产许可证审查细则。
3. 学习该食品的生产许可证审查细则，剖析《生产许可证审查细则》的基本结构和内容。
4. 每组分别写出一份《生产许可证审查细则》的基本结构和内容。分组汇报介绍本组的学习成果，学生、老师共同进行讨论提问。

【实训成果】
提交一份有关《生产许可证审查细则》的基本结构和内容的报告书。

【实训评价】
　　由学生、教师和企业专家共同评价，权重建议分别为 20%、40%、40%。具体评价表格和权重，请各位老师自行设计。

---

**学 习 拓 展**

　　1. 通过各种搜索引擎查阅"食品生产许可审查通则"，根据 2010 年版的要求，针对某一具体食品企业进行申请 QS 前的内部审核。

　　2. 通过各种搜索引擎查阅不同食品的"生产许可审查通则"，编辑成一张汇总表，并且比较它们的异同点。

# 模块三

# 食品企业GMP、SSOP管理体系的建立与实施

> 【学习目标】
> 1. 能够讲述食品企业 GMP 体系的内容与要求。
> 2. 能够讲述食品企业 SSOP 体系的内容与要求。
> 3. 能够讲述食品质量安全管理体系内部审核的要点。
> 4. 能够编写内部审核的计划、内审检查表、内审报告。
> 5. 能够参与食品企业的内部审核。
> 6. 能够编写 GMP 体系、SSOP 体系文件。
> 7. 可以参与 GMP 体系、SSOP 体系现场审查。
> 8. 可以参与 GMP 体系、SSOP 体系实施。

## ※【案例引导】

1954 年，德国格仑南苏制药公司找到了一种新的镇静药物，试验证明，其可以减轻女性怀孕早期恶心、呕吐等一系列早孕反应。三年后，格仑南苏制药公司以商品名"反应停"将其投放市场，成千上万名妇女享受到了"反应停"带来的安稳睡眠和愉悦心情，但万万没想到一场人类药物使用的灾难悄然而至。在之后的几年中，德国、英国、澳大利亚、加拿大、日本等 28 个国家，陆续发现了 12000 多例称为"海豹胎"的畸形儿出生。经调查发现这些畸形儿的出生，与服用"反应停"有关，这一因服用"反应停"引起的 20 世纪最大的药物灾难发人深省。为此，1962 年 10 月美国参众两院以全票通过了对《食品、药品和化妆品法》的修正案。美国食品药品管理局（FDA）制定了世界上第一部药品的 GMP，并于 1963 年以法令的形式颁布，1964 年实施。1969 年 FDA 将 GMP 的观点引用到食品生产法规中，发布了《食品制造、加工、包装和保存的良好生产规范》，简称 cGMP 或 FGMP 基本法。1969 年世界卫生组织（WHO）第 22 届世界卫生大会要求各成员国政府制定实施药品 GMP 制度，以确保药品质量和参加"国际贸易药品质量签证体制"。1998 年，我国卫生部颁布的《保健食品良好生产规范》（GB 17405—98）和《膨化食品良好生产规范》（GB 17404—98），是我国首批颁布的食品 GMP 强制性标准。

## 项目一 GMP 体系的内容与要求

GMP（good manufacture practice），中文的意思是"良好生产操作规范"，是一种特别

注重在生产过程中实施食品卫生安全的管理。简要地说，GMP 要求食品生产企业应具备良好的生产设备、合理的生产过程、完善的质量管理和严格的检测系统，确保最终产品的质量（包括食品安全卫生）符合法规要求。

食品 GMP 认证标志（彩图 1-2）中的 OK 手势表示"安心"，即消费者对认证产品的安全、卫生相当"安心"。笑颜代表"满意"，即消费者对认证产品的品质相当"满意"。食品 GMP 认证的编号由 9 个数字组成，编号的前二位码代表认证产品的产品类别；3~5 位码称为工厂编号，代表认证产品制造工厂取得该产品类别的先后序号；6~9 位码称为产品编号，代表认证产品的序号。

## 一、食品 GMP 体系内容

GMP 是对食品生产过程中，各个环节、各个方面实行严格监控，提出了具体要求和采取的必要的良好的质量监控措施，从而形成和完善质量保证体系。GMP 是将保证食品质量的重点放在成品出厂前的整个生产过程的各个环节上，而不仅仅是着眼于最终产品上，其目的是从全过程入手，从根本上保证食品质量。

因此，食品 GMP 体系的内容是依据 GB 14881—2013《食品安全国家标准 食品生产通用卫生规范》。该标准包括：范围；术语和定义；选址及厂区环境；厂房和车间；设施与设备；卫生管理；食品原料、食品添加剂和食品相关产品；生产过程的食品安全控制；检验；食品的贮存和运输；产品召回管理；培训；管理制度和人员；记录和文件管理等 14 个部分。要求企业从原料、人员、设施设备、生产过程、包装运输、质量控制等方面按照国家有关法规达到卫生质量要求，形成一套可操作的作业规范，使得生产出来的产品在质量与安全方面有保证。

GMP 体系主要由人员、硬件和软件三个部分组成。人员，要由适合的人员来生产与管理；硬件包括原料和设备，原料——要选用良好的原材料，设备——要采用合适的厂房和机器设备；软件主要指方法，要采用适当的工艺来生产食品。另外，要建立一个完善的 GMP 管理体系。

**1. 对人员的要求**

GMP 要求食品生产企业从业人员必须是经过培训、无传染性疾病的专业生产和管理人员。无传染性疾病是任何一个在食品工厂工作的员工的最基本要求。

食品 GMP 管理系统非常严谨，每一个操作步骤和程序都有严格的要求，对执行者也有严格的要求。GMP 要求从业人员必须经过培训才能上岗，培训的主要内容是在生产和管理过程中如何执行 GMP。适任，即适合担任本岗位的任务，是对每一个员工的基本要求。GMP 管理系统对每一个岗位都有具体的要求和描述，员工要具备本岗位的专业知识，同时要具备 GMP 标准操作规程的执行能力。

食品 GMP 要求配备一定数量的专业人员和一支高素质的稳定的员工队伍。具体要求如下：

① 拥有具有专业技术知识的组织管理人员，技术人员的比例不低于 5%；
② 负责人受过专门培训，具有生产及质量、卫生管理经验；
③ 卫生质量控制部门负责人具有大专以上学历，受过专门培训；
④ 卫生质量控制人员受过专门培训；
⑤ 采购人员掌握鉴别原料符合质量、卫生要求的知识和技能；
⑥ 生产人员受过上岗培训，具备生产操作能力；
⑦ 各类人员具备做好个人卫生的能力；

⑧ 工厂应建立各类人员的卫生、技术培训及考核档案。

**2. 对硬件的要求**

GMP 要求食品生产企业具备良好的符合卫生要求的厂房设施及设备、合理的生产过程、完善的质量管理体系和严格的检测系统，确保最终产品的质量（包括食品安全卫生）符合法规要求。建设一个良好的 GMP 工厂，这是一个系统工程。

（1）厂区环境的要求　GMP 要求工厂应设置在远离有污染源的区域，厂区周围环境应保持清洁和绿化。厂区空地应设有适宜车辆通行的路面，向厂区外有一定的斜度，保证路面无积水，有良好的排水系统。厂区内应保持良好的空气（不得有不良气味、有害气体、煤烟），并有改善卫生的设施。还应有防范外来污染源侵入的装置。

（2）对生产场所的要求　GMP 要求生产场所按清洁要求程度进行区域划分，一般分为作业区、准备区、清洁区。各区之间应视清洁度的需要适当分隔，以防污染。地面要采用无毒、无吸附性、不透水的建筑材料，地面建筑材料还要有防滑功能，并有适当的排水斜度及排水系统，室内排水沟流向必须由清洁度要求较高区域流向要求较低区域，并有防止逆流的设施，在设计时还要考虑清洁的要求。生产车间的内墙装修材料应无毒、不吸水、不渗水、防霉、平滑、易清洗且浅色，装修高度要直至屋顶。作业区还必须有良好的通风，保持室内空气清新。

（3）食品接触设备的具体要求　GMP 要求食品接触面应平滑、无凹陷或裂缝，以减少食品碎屑、污垢及有机物的聚积，将微生物的生长降至最低限度。所有可能接触食品的机器设备应无毒、无臭、无味、不吸水和耐腐蚀。食品接触设备表面选用适宜的材料制作，不能用木头这种多孔状、难于清洗的材料为食品接触表面。另外还要考虑设备的实用性，防止经过刮擦而造成坑洼不平以至于难以充分清洗。

（4）对原材料的管理要求　原材料的采购应符合采购标准，进货的种类、数量应符合生产计划，避免造成积压而超过保质期。合格与不合格的原料要分别储放并做标识，原材料的储存条件应能避免受到污染和满足温湿度的要求。每批原料及其包装材料都应有生产经营者提供的检验合格证或验证报告。对原料必须进行规格、卫生及外来杂物的检查，原料按规定检查合格后才能予以使用。长期储存或储存于高温或其他的不利条件下，应制订定期检查计划与准则，按计划实施检验，过期或检验不合格的原材料，应贴"禁用"标识并及时处理。

**3. 对软件的要求**

GMP 要求有一套与硬件和人员相配套的良好作业规范管理文件。

（1）全面卫生质量管理体系的要求　设立质量检查与管理部门，有专门负责人对本单位的食品卫生工作进行全面管理。还要组织卫生宣传教育，培训食品从业人员，定期组织从业人员进行健康检查并做好处理工作。质量管理部门应配备掌握专业知识的专职食品卫生管理人员。质量管理人员应经过培训，并具备两年以上食品卫生管理经验、熟悉食品卫生各项法规等条件。产品检验员应毕业于检验专业，上岗前应取得省级产品质量部门颁发的省产品质量检验员证。

（2）记录管理的要求　工厂所有记录管理必须由墨水笔填写并有执行人员和负责人签名。所有生产和质量管理记录必须由生产和质量管理部门审核，以确定全部作业是否符合规定，发现异常要及时处理。所有记录至少应保存至该批成品保质期限后六个月。对消费者投诉的质量问题，质量部门应立即查明原因，妥善解决。建立消费者举报受理及成品回收记录，注明产品名称、生产日期或批号、数量、处理方法和处理日期等。

（3）生产质量管理要求　生产质量管理应包括生产流程、管理对象、监控项目、监控标准值、注意事项等。过程的质量通过相关的管理手册来控制,《手册》应由质量管理部门或技术管理部门来制定,经生产部门认可后实施。《手册》规定了管理措施和建立内部检查监督制度,做到有效实施并有记录。《手册》还详细制定了原料及其包装材料的品质、规格、检验项目、检验方法、验收标准、抽样计划等内容。

(4) 仓储与运输管理要求　储存环境及运输过程应避免日光直射、雨淋、剧烈的温度变动与撞击,以保证食品质量不受影响。仓库应定期整顿,防止虫害衍生,储存物品应隔墙离地。仓库中的物品应定期检验,并应有温、湿度记录。有可能污染原料的物品,禁止与原料或成品一起储运。仓库出货顺序要遵循先进先出的原则,每批产品出厂必须经过严格检查,确认质量、卫生无异常才可出货。仓储应有存量和出货记录,内容应包括批号、出货时间、地点、对象、数量等。

## 二、食品 GMP 全面管理体系的要求

食品 GMP 的基本精神是降低食品生产过程中人为的错误;防止食品在生产过程中遭到污染或品质劣变;建立健全的自主性品质保证体系。中心指导思想是任何产品的质量是设计和生产出来的,而不是检验出来的。因此,必须以预防为主,实行全面质量管理。

GMP 制度是对生产企业及管理人员的长期保持和行为实行有效控制和制约的措施,它体现如下基本原则:

① 食品生产企业必须有足够的资历合格的与食品生产相适应的技术人员承担食品生产和质量管理,并清楚地了解自己的职责;
② 操作者应进行培训,以便正确地按照规程操作;
③ 按照规范化工艺规程进行生产;
④ 确保生产厂房、环境、生产设备符合卫生要求,并保持良好的生产状态;
⑤ 符合规定的物料、包装容器和标签;
⑥ 具备合适的储存、运输等设备条件;
⑦ 全生产过程严密并有有效的质检和管理;
⑧ 合格的质量检验人员、设备和实验室;
⑨ 应对生产加工的关键步骤和加工发生的重要变化进行验证;
⑩ 生产中使用手工或记录仪进行生产记录,以证明所有生产步骤是按确定的规程和指令要求进行的,产品达到预期的数量和质量要求,出现的任何偏差都应记录并做好检查;
⑪ 保存生产记录及销售记录,以便根据这些记录追溯各批产品的全部历史;
⑫ 将产品储存和销售中影响质量的危险性降至最低限度;
⑬ 建立由销售和供应渠道收回任何一批产品的有效系统;
⑭ 了解市售产品的用户意见,调查出现质量问题的原因,提出处理意见。

# 项目二　SSOP 体系的内容与要求

SSOP 是"sanitation standard operating procedure"的缩写,中文意思为"卫生标准操作程序",是为了确保加工过程中消除不良的人为因素,使其所加工的食品符合卫生要求,而制定的一个指导食品生产加工过程中,如何实施清洗、消毒和保持卫生的指导性文件。它是食品生产和加工企业建立和实施食品安全管理体系的重要的前提条件。一个良好的卫生标准操作程序(SSOP)是 HACCP 计划运行的基础和前提,是食品企业为了满足食品安全的

要求，在卫生环境和加工过程等方面所需实施的具体程序。

SSOP文本是：描述在工厂中使用的卫生程序；提供这些卫生程序的时间计划；提供一个支持日常监测计划的基础；鼓励提前做好计划，以保证必要时采取纠正措施；辨别趋势，防止同样问题再次发生；确保每个人，从管理层到生产工人都理解卫生（概念）；为雇员提供一种连续培训的工具；显示对买方和检查人员的承诺，以及引导厂内的卫生操作和状况得以完善提高。

SSOP具体列出了卫生控制的各项目标，包括食品加工过程中的卫生、工厂环境的卫生和为达到良好生产规范（GMP）的要求所采取的行动。SSOP至少包括8项内容：

(1) 与食品接触或与食品接触物表面接触的水（冰）的安全；
(2) 与食品接触的表面（包括设备、手套、工作服）的清洁度；
(3) 防止发生交叉污染；
(4) 手的清洗与消毒，厕所设施的维护与卫生保持；
(5) 防止食品被污染物污染；
(6) 有毒化学物质的标记、储存和使用；
(7) 雇员的健康与卫生控制；
(8) 虫害的防治。

## 一、水（冰）的安全

生产用水（冰）的卫生质量是影响食品卫生的关键因素，食品加工厂应有充足供应的水源。对于任何食品的加工，首要的一点就是要保证水的安全。食品加工企业一个完整的SSOP，首先要考虑与食品接触或与食品接触物表面接触用水（冰）的来源与处理应符合有关规定，并要考虑非生产用水及污水处理的交叉污染问题。

(1) 食品企业在食品加工过程中的生产用水，水质要符合《中华人民共和国生活饮用水卫生标准》（GB 5749—2006）的水质要求。对使用自备水源的还应考虑周围环境、井深度、季节变化、污水排放等因素对水的污染，注意防止生产用水与非生产用水混淆。

(2) 无论是城市公用水还是用于食品加工的自备水源，都必须充分有效地加以监控，经官方检验有合格的证明后方可使用。

企业监测项目主要是余氯（试纸、比色法）和微生物（细菌总数 GB 5750—2006、大肠菌群 GB 5750—2006）。余氯监测每天一次，一年中对所有水龙头都监测到；水的微生物监测至少每月一次，当地卫生部门对城市公用水全项目的监测每年至少一次，并有报告正本；对自备水源的，监测频率要增加，一年至少两次。

(3) 供水设施要完好，一旦损坏要立即维修好，管道的设计要防止冷凝水集聚下滴而污染裸露的加工食品，防止饮用水管、非饮用水管及污水管间交叉污染。具体设施要求如下。

① 防虹吸设备。水管离水面距离2倍于水管直径。
② 防止水倒流。水管管道有一死水区，水管龙头应安装真空排气阀。
③ 洗手、消毒水龙头为非手动开关。
④ 加工案台等工具有将废水直接导入下水道的装置。
⑤ 备有高压水枪。
⑥ 使用软水管要求浅色，用不易发霉的材料制成。
⑦ 有蓄水池（塔）的工厂，水池要有完善的防尘、防虫鼠措施，并进行定期清洗消毒。

(4) 在操作过程中，清洗、解冻用流动水，清洗时防止污水溢溅；软水管不能拖在地面，不能直接浸入水槽中。工厂备有详细供水网络图，以便日常对生产供水系统的管理与维护。供水网络图是质量管理的基础资料，水龙头按序编号。

(5) 污水处理应符合国家环保部门的规定，符合防疫的要求，处理池地点的选择应远离生产车间。废水排放时地面处理（坡度）一般为1%~1.5%斜坡；案台和下脚料盒及清洗消毒槽的废水排放应直接入沟；废水流向应从清洁区向非清洁区流动；地沟应加不锈钢箅子，与外界接口处有水封防虫装置。

(6) 直接与产品接触的冰，必须采用符合饮用水标准的水制造，制冰设备和盛装冰块的器具必须保持良好的清洁卫生状况，冰的存放、粉碎、运输等都必须在满足卫生条件下进行，防止与地面接触造成污染。

(7) 监控时发现加工用水存在问题或管道有交叉连接时，应终止使用这种水源和终止加工，直到问题得到解决。水的监控、维护及其他问题处理都要有记录。

## 二、与食品接触的表面（包括设备、手套、工作服）的清洁度

食品接触面指接触食品的表面以及在正常加工过程中会将水溅在食品接触面上的表面，其包括：加工设备；案台和工器具；加工人员的工作服、手套；包装物料等。

(1) 食品接触面的监控内容包括：食品接触面的条件，清洁和消毒，消毒剂类型和浓度，手套、工作服的清洁状况。监控方法有：视觉检查、化学检测（消毒剂浓度）、表面微生物检查。监控频率视使用条件而定。

(2) 食品接触面的材料应为耐腐蚀、不生锈、表面光滑易清洗的无毒材料，不能使用木制品、纤维制品、含铁金属、镀锌金属、黄铜等。其加工制作要求设计安装及维护方便，便于卫生处理；制作精细，无粗糙焊缝、凹陷、破裂等；始终保持完好的维修状态；安装在加工人员犯错误情况下不至于造成严重后果。

(3) 加工设备与工器具首先彻底清洗、消毒（82℃热水、碱性清洁剂、含氯碱、酸、酶、消毒剂、余氯200mg/L浓度、紫外线、臭氧），再冲洗，设有隔离的工器具洗涤消毒间（不同清洁度工器具分开）。

(4) 工作服、手套集中由洗衣房清洗消毒（专用洗衣房，设施与生产能力相适应）。不同清洁区域的工作服分别清洗消毒；清洁工作服与脏工作服分区域放置；存放工作服的房间设有臭氧、紫外线等设备，且干净、干燥和清洁。

(5) 清洗和消毒的频率要求：大型设备，每班加工结束后进行；工器具根据不同产品而定；被污染后立即进行。

(6) 空气消毒可采取以下方法

① 紫外线照射法　每10~15m$^2$安装一支30W紫外线灯，消毒时间不少于30min；低于20℃或高于40℃，湿度大于60%时，要延长消毒时间。适用于更衣室、厕所等。

② 臭氧消毒法　一般消毒1h。适用于加工车间、更衣室等。

③ 药物熏蒸法　用过氧乙酸、甲醛，每平方米10mL，适用于冷库、保温车等。

在检查发现问题时应采取适当的方法及时纠正，如再清洁、消毒、检查消毒剂浓度、培训员工等。应有每日卫生监控记录，检查、纠偏记录。

## 三、防止发生交叉污染

**1. 造成交叉污染的来源**

工厂选址、设计、车间不合理；加工人员个人卫生不良；清洁消毒不当；卫生操作不

当；生、熟产品未分开；原料和成品未隔离。

**2. 交叉污染的预防**

（1）工厂选址、设计　周围环境不造成污染；厂区内不造成污染；按有关规定（提前与有关部门联系）。

（2）车间布局　工艺流程布局合理；初加工、精加工、成品包装分开；生、熟加工分开；清洗消毒与加工车间分开；所用材料易于清洗消毒。

（3）明确人流、物流、水流、气流方向　人流从高清洁区到低清洁区；物流不造成交叉污染，可用时间、空间分隔；水流从高清洁区到低清洁区；气流采取入气控制、正压排气。

（4）加工人员卫生操作　洗手、首饰、化妆、饮食等的控制；培训。

**3. 交叉污染的监控**

（1）在开工时、交班时、餐后继续加工时进入生产车间时。

（2）生产时连续监控。

（3）产品储存区域（如冷库）每日检查。

**4. 纠偏**

（1）发生交叉污染时，采取措施防止再发生。

（2）必要时停产，直到有所改进。

（3）如有必要，评估产品的安全性。

（4）增加培训程序。

**5. 记录**

记录包括消毒控制记录、改正措施记录。

## 四、手的清洗和消毒、厕所设备的维护与卫生保持

**1. 洗手消毒的设施**

非手动开关的水龙头；有温水供应（冬季洗手消毒效果好）；合适、满足需要的洗手消毒设施，每10～15人设一个水龙头为宜；流动消毒车。

**2. 洗手消毒的方法、频率**

（1）洗手消毒的方法　清水洗手——用皂液或无菌皂洗手——冲净皂液——于50mg/L（余氯）消毒液浸泡30s——清水冲洗——干手（用纸巾或毛巾）。

（2）洗手消毒的频率　每次进入加工车间时，手接触了污染物后及根据不同加工产品规定确定消毒频率。

**3. 洗手消毒的监测**

每天至少检查一次；卫生监控人员巡回监督；化验室定期做表面样品微生物检验；检测消毒液的浓度。

**4. 厕所的设施与要求**

厕所的位置与车间建筑连为一体，门不能直接朝向车间，有更衣、换鞋设备；厕所的数量应与加工人员相适应，每15～20人设一个为宜；手纸和纸篓保持清洁卫生；设有洗手设施和消毒设施；有防蚊蝇设施；通风良好，地面干燥，保持清洁卫生；进入厕所前要脱下工作服和换鞋；方便之后要洗手和消毒。包括所有的厂区、车间和办公楼、厕所设备保持正常运转状态，卫生保持良好不造成污染。

**5. 纠偏**

应在检查发现问题后立即纠正。

**6. 记录**

包括每日卫生监控记录、消毒液温度记录。

### 五、防止食品被污染物污染

防止食品、食品包装材料和食品所有接触表面被微生物、化学品及物理的污染物沾污，例如：清洁剂、润滑油、燃料、杀虫剂、冷凝物等。

**1. 污染物的来源**

被污染的冷凝水；不清洁水的飞溅；空气中的灰尘、颗粒；外来物质；地面污物；无保护装置的照明设备；润滑剂、清洁剂、杀虫剂等；化学药品的残留；不卫生的包装材料。

**2. 防止与控制的方法**

包装物料存放库要保持干燥清洁、通风、防霉，内外包装分别存放，上有盖布下有垫板，并设有防虫鼠设施。每批内包装进厂后要进行微生物检验，要求细菌数≤100个/cm$^2$，致病菌未检出；必要时进行消毒；冷凝水控制；良好通风；车间温度控制（稳定在0~4℃）；顶棚呈圆弧形；提前降温；及时清扫。食品的储存库保持卫生，不同产品、原料、成品分别存放，设有防鼠设施；化学品的正确使用和妥善保管。

**3. 任何可能污染食品或食品接触面的掺杂物**

如潜在的有毒化合物、不卫生的水（包括不流动的水）和不卫生的表面所形成的冷凝物。建议在生产开始时及工作时每4h检查一次。

**4. 纠偏措施**

除去不卫生表面的冷凝物；用遮盖防止冷凝物落到食品、包装材料及食品接触面上；清除地面积水、污物，清洗化合物残留；评估被污染的食品；培训员工正确使用化合物。

### 六、有毒化学物质的标记、储存和使用

**1. 食品加工厂有可能使用的化学物质**

洗涤剂；消毒剂（次氯酸钠）；杀虫剂（1605）；润滑剂；食品添加剂（亚硝酸钠、磷酸盐等）。

**2. 有毒化学物质的储存和使用**

编写有毒有害化学物质一览表；所使用的化合物有主管部门批准生产、销售、使用说明的证明，明确主要成分、毒性、使用剂量和注意事项，正确使用；单独的区域储存，带锁的柜子，防止随便乱拿，设有警告标示；化合物正确标识，标识清楚，标明有效期，使用登记记录；由经过培训的人员管理。

**3. 有毒化学物质的监控**

经常检查确保符合要求；建议一天至少检查一次；全天都应注意。

**4. 纠偏措施**

转移存放错误的化合物；对标记不清的拒收或退回；对保管、使用人员进行培训。

### 七、雇员的健康与卫生控制

食品企业的生产人员（包括检验人员）是直接接触食品的人，其身体健康及卫生状况直接影响食品卫生质量。根据食品卫生管理法规定，凡从事食品生产的人员必须体检合格，获有健康证者方能上岗。

**1. 员工健康检查**

员工的上岗前健康检查；定期健康检查，每年进行一次体检。

**2. 食品生产企业应制订有体检计划，并设有体检档案**

凡患有有碍食品卫生的疾病者（例如：病毒性肝炎、活动性肺结核、肠伤寒及其带菌者、细菌性痢疾及其带菌者、化脓性或渗出性脱屑皮肤病患者、手外伤未愈合者）不得参加直接接触食品的加工，痊愈后经体检合格后可重新上岗。

**3. 生产人员要养成良好的个人卫生习惯**

按照卫生规定从事食品加工，进入加工车间更换清洁的工作服、帽、口罩、鞋等，不得化妆、戴首饰、手表等。

**4. 食品生产企业应制订有卫生培训计划**

定期对加工人员进行培训，并记录存档。

**5. 员工健康状况的监督目的**

控制可能导致食品、食品包装材料和食品接触面的微生物污染。

**6. 纠偏措施**

员工健康状况不适合在生产岗位时，应调离生产岗位直至痊愈。

**7. 记录**

健康检查记录；每日卫生检查记录。

## 八、虫害的防治

昆虫、鸟鼠等动物带有一定种类的病源菌，虫害的防治对食品加工厂是至关重要的。

**1. 防治计划**

灭鼠分布图、清扫消毒执行规定；全厂范围生活区甚至包括厂周围；虫害防治的重点区域：厕所、下脚料出口、垃圾箱周围、食堂等。

**2. 防治措施**

清除滋生地；预防进入车间，采用风幕、水幕、纱窗、黄色门帘、暗道、挡鼠板、翻水弯等；杀灭（产区用杀虫剂，车间入口用灭蝇灯）；粘鼠胶、鼠笼，不能用灭鼠药；检查和处理；卫生监控和纠偏。

**3. 监控频率**

根据情况而定。

**4. 纠偏**

发现问题立即进行纠偏，一般不涉及产品，严重时需列入HACCP计划中。

# 项目三　GMP体系、SSOP体系文件编写

一套完备的GMP管理文件系统的制定过程，是实施GMP管理的一个重要步骤。建立一个保证高质量产品的质量管理文件体系，其本身就是对企业成员进行GMP培训的过程。建立和完善GMP文件系统，有助于保持企业内部良好的联系，促使企业实施规范化、科学化、法制化管理，促进企业向管理要效益。

## 一、GMP管理文件的分类

实施GMP的一个重要特点就是要做到一切以文件为准。按照GMP的要求，生产管理

和质量管理的一切活动均必须以文件的形式来体现。一套完备的 GMP 文件系统可以避免由于语言上的差错或误解而造成事故,任何一个行动都有一个标准,任何一个行动,都有文字记录。GMP 管理文件可分为技术标准文件、管理标准文件、工作标准文件三大类。

**1. 技术标准文件**

这些技术标准文件是由国家与地方、行业和企业所颁布和制定的技术性规范、标准等,如工艺规程、质量标准(包括原料、辅料、工艺用水、半成品、中间体、包装材料、成品等)。在 GMP 文件系统中,一般以技术标准规程(standard technic procedure,STP)的形式出现。

**2. 管理标准文件**

这些标准文件,如厂房、设施和设备的使用、维护、保养和检修的制度,物料管理制度,企业员工培训制度等。在 GMP 文件系统中,一般以标准管理制度(standard management procedure,SMP)和设备验证程序(equipment validation procedure,EVP)的形式出现。

**3. 工作标准文件**

工作标准文件是指以人或人群的工作为对象,对工作范围、职责、权限以内的工作内容、考核等提出的规定、标准程序等书面要求,如工作职责指令、岗位责任制、岗位操作方法、标准操作规程等。在 GMP 文件系统中,一般以标准操作规程(standard operating procedure,SOP)的形式出现。

## 二、GMP 管理文件的编制格式和基本内容

在具体编制 GMP 管理文件时可以根据实际工作流程,按通则、质量管理、生产管理、物流与采购管理四大部分进行分类编制。

**1. 第一部分——通则**

通则的内容包括:文件管理制度,人事管理制度,批号管理制度,有害有毒物品管理制度,安全管理制度等。

**2. 第二部分——质量管理**

质量管理的内容包括:企业质量管理图,计量和检验管理制度,取样管理制度,原辅料的质量管理制度,标签和包装材料管理制度,中间产品质量管理,成品的质量管理,物料、半成品、成品放行制度,不合格品管理制度,成品退货管理制度,产品收回管理制度,用户反馈信息管理制度,GMP 自检制度,工艺查证制度,化验室操作等。

**3. 第三部分——生产管理**

生产管理内容包括:生产管理制度,生产岗位标准操作规程(SOP),洁净车间管理,洁净车间人员卫生制度,生产工艺规程,设备和设施,空调洁净系统等。

**4. 第四部分——物流与采购管理**

物流与采购管理的内容包括:物料采购管理制度,供应商选择与审计制度,仓储管理,成品运输管理制度。

## 三、文件制定程序

**1. 命题及编码**

(1) 命题　标题应能清楚说明文件性质。

(2) 编码　由规定部门专人负责根据编码规定给文件编码并登记。

**2. 起草及会稿**

起草人原则上是文件颁发部门的人员。如是 SOP 应由岗位操作人自己起草或在工艺员协助下起草。会稿由执行文件的相关部门及责任部门的负责人及执行人参与。修改是起草人

根据会稿意见进行修改。

**3. 审核**

审核人一般是起草人的部门领导或上级领导。审核人负责对文件的内容、编码、格式、制定程序进行审核,对文件的合法性、规范性、可操作性、统一性进行把关,必要时进行会审。

**4. 批准**

批准人一般是审核人的上一级领导。批准人负责对文件的内容、编码、格式、制定程序进行复审,对各部门之间的协调、各文件之间的统一及文件的合法性、可操作性进行把关,批准人负责签发生效日期。

**5. 分发、培训**

按分发部门项的规定分发文件并登记。新文件执行前应先组织培训、学习,并于文件生效日期开始严格执行。

**6. 撤销及归档**

修订后的文件生效之时,旧版文件自动作废。旧版文件要全数收回,除存档的之外,其余一律销毁。

## 四、文件编写内容

**1. 工艺规程的编写**

为生产一定数量成品所需起始原料和包装材料的数量,以及工艺加工说明、注意事项,包括生产过程中控制的一个或一套文件。制定原则是每一个产品均应有工艺规程。制定依据是产品注册资料及国家相关法规的要求;内控标准和方法取决于产品研究开发过程中积累的技术数据、工艺验证和生产过程日常监控的结果。一般由研究与开发部门制定,生产部门执行并由质量管理部门负责监督管理,不设工艺开发部门的企业可由生产部门起草、技术部门复核、质量管理部门审查批准。

**2. 质量标准的编写**

遵循食品行业标准和国家标准,如果没有行业标准和国家标准,应制定企业标准,以保证产品质量。食品的标准应由研发部门产生第一稿,起草标准应符合GB/T 1.1《标准化工作导则 第1部分:标准的结构和编写规则》的要求,表明标准的适用范围、引用标准、原料要求、技术要求、检验方法、包装、运输等项内容。

**3. 岗位操作规程的编写**

岗位操作规程是指经批准用以指导生产岗位的具体操作的书面规定,SOP文件是组成岗位操作规程的基础单元,SOP文件也可独立承担指导操作或管理办法。

**4. 记录类文件的编写**

设计记录的基本要求:记录的项目与标准或工艺规程内容一致,关键数据必须在记录中反映。根据操作程序的先后安排记录的项目;根据需要填写字符的多少留出足够的空位,表格尽量方正、分配均衡、线条对齐;留出备注栏,每项操作均需操作者签名、签日期。

填写记录的基本要求:内容真实、记录及时、数据完整、不留空栏;字迹清晰、不得用铅笔填写;不得任意撕毁记录和涂改内容,不得使用小刀、橡皮、涂改液等涂改工具;内容与前项相同时也应重复填写;品名应按质量标准的名称填写全名;签名应写全名,日期一律横写;数据处理遵循"四舍六入"原则。

## 五、GMP 体系、SSOP 体系文件案例

GMP体系、SSOP体系文件的格式一般包括:目的、适用范围、责任人、程序、控制监测、纠偏、记录等,现以SSOP体系文件为例进行说明。

## 1. 生产用水卫生控制程序

**实例 3-1　生产用水卫生控制程序**

| ××食品有限公司 | 文件编号： |
|---|---|
| 生产用水卫生控制程序 | 版　　号： |

1　目的

保证车间、厂区内、生产及生活用水安全，并保证净化水符合要求以保证产品质量。

2　适用范围

厂区及车间内用水。

3　程序

3.1　水源　公司加工用水来源于自备地下水井，水井周围无污水源，各项指标均符合 GB 5749—2006《生活饮用水卫生标准》。井深 300m，水源充足，能够满足生产需要。

3.2　水的储存　将井水泵入储水罐，每月对储水罐清洗消毒一次。

3.3　水的处理　公司配有一台储水罐，处理后符合生产用水卫生标准，出水量满足生产需要。

3.4　供水网络图　供水网络图清晰，各种管道用不同的颜色加以区分，生产车间出水口均有永久性编号；不同系统的管道没有交叉互联，管道规格、分布、流向合理。

3.5　水的监测

A 取样计划：每次必须包括总的出水口，一年内做完所有的出水口。

B 取样方法：先进行消毒，再放水 5min。

C 检测的内容和方法：余氯（比色法）、pH 值（用酸度计测定）、微生物（GB 5750—2006，乳糖胆盐法）。

D 检测频率：微生物检测（每周一次）、pH 值和余氯（每天一次）、全项监测（每年 1 次）。

3.6　监测标准　GB 5749—2006《生活饮用水卫生标准》。

A 菌落总数：小于 100 个/mL。

B 大肠菌群：不得检出。

C 致病菌：不得检出。

D 游离余氯：水管末端不低于 0.05mg/L。

3.7　防虹吸设施：清洗槽、漂洗槽等出水管口离水面 2 倍于水管直径以上。

3.8　防止水倒流：出水管龙头必须安装防水回流阀。

3.9　洗手消毒水龙头为非手动式开关。

3.10　废水排放

A 地面有坡度，易于排水。

B 加工用水、台案和清洗消毒池的水，不能直接流到地面上，必须通过管道直接排入下水道。

C 地沟（明沟、暗沟）流向：从清洁区到非清洁区。与外界接口：防异味、防蚊蝇。

3.11　污水处理：符合国家环保部门的要求。污水处理设施正常运行。符合防疫的要求。

4　监控措施

4.1　供水的控制

4.1.1　公司委托卫生防疫部门每年对水源进行一次全项目检测，出具的检测报告由技术质检部存档。

4.1.2　化验员每天采用试纸、化学滴定方法对生产用水进行一次余氯测定和 pH 值测定。

4.1.3　化验员采用 GB 5749—2006 所规定的方法，对生产用水每周不少于一次进行菌落总数、大肠菌群检测。

4.1.4　加工用水的供给由生产部门负责。建立供水网络、排水网络图；定期对输送管道等设施维护保养，确保水源对生产的及时供应，并确保输送过程不会对水源造成二次污染。

4.1.5　车间所有水龙头由生产部门统一编号，可能与面接触的水管出水龙头均安装防水回流阀，并用标识区分出冷热水管。

4.2　排水的控制

4.2.1　排水沟保持顺畅，沟内不设置其他管路。排水沟底圆滑，易于清洗，出水口均有盖板。排水沟每日进行清理，保持卫生清洁。

4.2.2　排水由高洁区向低洁区流动，防止造成交叉污染。生产加工产生的废水直接排入下水道，不在地面漫流。

续表

| ××食品有限公司 | 文件编号： |
|---|---|
| 生产用水卫生控制程序 | 版　　号： |

4.2.3　排水出口安置防鼠网,防止虫鼠进入。水封定期进行检查,保持完好的使用状态。
4.2.4　车间污水排放的控制及设施的卫生清理工作由加工车间负责,技术质检部进行监督及检查。
4.3　供水设施的监控
4.3.1　生产部门负责对供水设施的维护和日常维修。
4.3.2　车间在生产前对所有供水管道进行检查,发现不符合要求的立即通知生产部门相关人员进行维修,使供水设施处于完好状态。
4.3.3　检查内容有:是否有虹吸、回流;管道是否破裂或漏隙;出水口编号及管道标识是否齐全或模糊不清等。
5　纠偏
5.1　当水质检测不合格时,立即停止生产,并及时查找原因加以分析解决,待指标正常后再转入正常生产和检验。对已生产的产品进行隔离,由技术质检部检查评估后进行处理,并进行记录。
5.2　检测时发现生产用水管道与排污管道有交叉连接或有虹吸现象时,必须马上整改。
5.3　发现污水污染到产品时,必须马上将产品隔离,按不合格控制程序来处理。
6　记录
6.1　《水质监测报告》。
6.2　《化验结果报告单》。
6.3　《设备维修人员每日巡查一览表》。
6.4　《设备异常报告单》。
6.5　《机修工作记录表》。
6.6　《厂区环境卫生检查记录》。
6.7　《供水网络图》。

**2. 食品接触面卫生控制程序**

### 实例 3-2　食品接触面卫生控制程序

| ××食品有限公司 | 文件编号： |
|---|---|
| 食品接触面卫生控制程序 | 版　　号： |

1　目的
防止食品在生产、包装等过程中被微生物、化学品及物理污染物污染而采取的对食品接触面的清理措施。
2　适用范围
食品接触面包括加工设备、工器具和台秤、加工人员的手、手套、工作服、设施、内包装物料、垃圾箱等。
3　控制
3.1　材料
3.1.1　车间生产设施及生产和储水的设备,全部用坚固耐用的不锈钢或无毒塑料制成。材料要求无锈,耐磨损,无毒,坚固,不易脱落,表面光滑,容易清洗消毒。
3.1.2　禁止使用铁、镀锌、黄铜及重金属材料,禁止使用竹、木、棉、麻器具,禁止使用玻璃等易碎器具及物品。
3.1.3　设备安装合理,便于维修和养护,电源有安全防护措施。
3.1.4　设备、工器具制作精细,表面清洁,无粗糙焊接、凹陷、破裂等,不易积垢,便于清洁和消毒,不对加工人员造成伤害。
3.1.5　食品包装物要求采用无毒、无异味、坚固的材料制成,清洁卫生。
3.1.6　食品包装物不直接接触地面,内外包装材料分别存放,配备防蝇虫、防鼠设施,并保持完好。
3.1.7　工作服及手套的要求:颜色易于识别,毛发不外露。

续表

| ××食品有限公司 | 文件编号： |
|---|---|
| 食品接触面卫生控制程序 | 版　　号： |

3.2 清洗和消毒
3.2.1 每班生产前对生产设备、工器具进行一次清洗,对于不可拆卸的设备用 200～300mg/L 的 NaClO 喷洒或用82℃以上热水冲洗,其他工器具用82℃以上热水或用 100～200mg/L 的 NaClO 消毒液浸泡10min以上。
3.2.2 生产结束后应将所有设备、工器具等进行清洗、消毒;地面、墙壁清理干净后再用 200～300mg/L 的 NaClO 进行喷洒消毒。
3.2.3 盛放下脚料的包装桶在倒完下脚料后,要用 200～300mg/L 的 NaClO 消毒液浸泡 10min。
3.2.4 生产加工设备,每班上班时进行清洗,下班后用 200～300mg/L 的 NaClO 消毒液或用82℃以上热水进行清洗消毒。
3.2.5 用区别于产品颜色的硬毛刷刷掉盛料筐上的污垢,洗刷时远离产品区,洗刷后用清水冲洗干净。
3.2.6 停产期间每月保持对生产设备的清洗消毒和检查,方法同上。
3.2.7 工作服保持清洁,并集中采用紫外线消毒。
4 控制监测
4.1 生产车间每日至少 2 次对工器具、设备的卫生状况进行检测。
4.2 生产部门每周一次对加工人员的手(手套)、工器具、设备、工作服、地面、墙壁的卫生状况进行检测。
4.3 每周一次对包装物料的卫生状况进行检查。
4.4 化验室对与食品接触面的微生物进行抽样检测并评价。
5 纠偏
5.1 维修后不能充分清洁的食品接触面,应安排专人进行多次彻底的消毒,质检员检查合格后方可投入使用。
5.2 对检查不干净的食品接触面重新清洗消毒。
5.3 对可能成为食品潜在污染源的物品、设备、设施等进行消毒或更换。
5.4 微生物检测不合格的应连续检测,并对此时间内生产的产品重新检验评估。
5.5 应及时维修或更换不能充分清洗的食品接触表面。
6 记录
6.1 《表面微生物检查记录》。
6.2 《车间卫生检查记录》。
6.3 《工作服消毒记录》。
6.4 《工器具消毒记录》。
6.5 《化学药品配制记录》。
6.6 《工作服领用记录》。

## 3. 防止交叉污染控制程序

**实例 3-3　防止交叉污染控制程序**

| ××食品有限公司 | 文件编号： |
|---|---|
| 防止交叉污染控制程序 | 版　　号： |

1 目的
防止加工人员、原料和废弃物、生产设备、包装材料、产品与产品之间及区域间的交叉污染。
2 适用范围
各生产系统。
3 控制要求及程序
3.1 人员卫生控制
3.1.1 生产、管理人员进入车间先洗手、消毒并穿戴整洁、整齐的工作服、帽、鞋,离开车间时换下工作服、帽、鞋。

续表

| ××食品有限公司 | 文件编号： |
|---|---|
| 防止交叉污染控制程序 | 版　号： |

3.1.2　清洁区、非清洁区区域隔离,加工人员及检验人员的工作服、帽集中管理、消毒、发放。

3.1.3　生产、管理人员进入车间不得戴手表和饰物(耳环、项链、戒指等),不得将与生产无关的物品带入车间。

3.1.4　生产、管理人员勤理发、洗澡、剪指甲,保持个人卫生。

3.1.5　加工人员工作前及便后应对手进行充分的清洗消毒,加工过程中通过巡回消毒车每2h一次清洗消毒,消毒后的手不得接触非产品的物体。

3.1.6　车间内严禁喧哗、奔跑、饮食、吸烟等与工作无关的一切活动,严禁穿工作服上厕所或离开所属的车间。

3.2　工作环境控制

3.2.1　加工作业区分为清洁作业区(选检、粉粒、包装)、准洁区(脱水)和一般作业区(原料存放区、拣选区等)。

3.2.2　不同清洁作业区的工作人员,所用的工器具不能交叉使用,加工工艺流程的设计不能造成交叉污染。

3.2.3　车间废水排放应从清洁度高的区域向清洁度低的区域排放,加工过程中的废水直接流入下水道,防止溢溅污染食品。

3.2.4　直接用于洗涤、冷却的水管,使用完毕后不能放置在地面上,应离地放置,以防污染;污水直接排入排水沟中,不能造成地面积水。

3.2.5　车间内不得堆放与生产加工无关的物品,不得同时在一个地方加工不同类别的产品。

3.2.6　车间内所有使用的水槽必须有明显标记;下脚料应及时清理,清理完毕后应对周转筐用200～300mg/L NaClO消毒。

3.2.7　设备布局合理并保持清洁完好;加工人员相对固定不得串岗,在各个不同的场所,原料入口、下脚料出口处设有明显的标志。

3.2.8　原料、半成品、成品在加工、包装、储藏过程中要严格分离,防止原料及污染物与成品一起堆放,造成交叉污染。

3.2.9　传送包装物料的人员不得直接进入包装车间,以防交叉污染。

3.2.10　加工中,车间天花板不能产生冷凝水,器具及管道表面的冷凝水应及时清除,不能污染食品或包装材料。

4　监测

4.1　生产加工环节,质检员要做好卫生质量监控。

4.2　生产车间每天对车间卫生状况进行检查,填写《车间卫生检查记录》。

4.3　技术质检部不定期抽查卫生状况。

5　纠偏

5.1　及时清除顶棚上的冷凝物。

5.2　调节空气流通和房间温度以减少水的凝结。

5.3　安装遮盖物防止冷凝物落到产品、包装材料或产品接触面上。

5.4　清扫地板,清除地面上的积水。

5.5　加强对员工的培训,纠正不正确的操作。

5.6　发现加工区域存在交叉污染的情况,要进行纠正,并对这段时间加工的产品进行隔离评估和处置。

5.7　发现加工人员不按规定洗手、消毒的,责令其返回洗手消毒,并对其进行卫生教育。

5.8　如果产品与不洁物品相接触而被污染,则对产品进行彻底的清洗消毒或做其他处理,证明合格后方可继续加工。

5.9　器具被污染要经重新消毒后再使用。

5.10　标识损坏,不清晰或脱落时及时进行更换。

6　记录

《卫生检查记录》。

## 4. 手的清洗、消毒及卫生间设施控制程序

**实例 3-4　手的清洗、消毒及卫生间设施控制程序**

| ××食品有限公司 | 文件编号： |
|---|---|
| 手的清洗、消毒及卫生间设施控制程序 | 版　号： |

1　目的
保持操作人员手的清洗、消毒及卫生设施的卫生,以防止污染食品。

2　适用范围
生产车间操作人员、进入车间的品控人员、管理人员及进入车间的参观人员。

3　责任人
由车间卫生监督人员及全体员工共同监督。

4　程序
4.1　员工进入车间的卫生控制
4.1.1　工作时应穿戴整洁的工作衣帽,水靴,领口、袖口要扣严,工作帽要将头发完全罩住。
4.1.2　工人进入车间的卫生程序:换拖鞋→戴帽衬→着工作服→换水靴→洗手消毒→进入车间。
4.1.3　在车间入口、卫生间、车间内适当位置设置洗手消毒设施,洗手设施采用非手动开关,并安置干手装置。
4.1.4　洗手消毒液按规定配制并定期更换。
4.1.5　洗手消毒方法:清水洗手→皂液洗手→冲净皂液→于 NaClO 中浸泡 30s(50~100mg/L)→清水冲洗→干手。
4.1.6　洗手消毒频率:每次进入加工车间手接触了污染物后都要重新洗手消毒。根据不同工序规定每隔一定时间洗手消毒。
4.1.7　洗手消毒设施的配置由专职卫生员负责,洗手消毒液的配置及更换由专职卫生员负责。技术质检部负责监督检查。

4.2　卫生间
4.2.1　卫生间的布置应方便使用并与加工人员相适应;采用水冲式;由专人清理保持清洁卫生;卫生间的门不直接开向生产场所。用于建造卫生间的材料要光滑坚固,便于卫生保持。
4.2.2　卫生间内设有洗手设施,卫生间的门窗、排水出口处设防蝇虫、防鼠设施。卫生间内设置排风扇,保持其内空气清新无异味。
4.2.3　人员入厕程序:脱下工作服、水靴→换拖鞋→入厕→洗手→换工作服、水靴→洗手消毒→入车间。
4.2.4　卫生间的建造及配置由公司生产部负责,卫生间的卫生保持及人员的入厕管理由车间专职卫生员负责,公司技术质检部负责监督检查。

4.3　更衣室的配备和维护
4.3.1　不同区域分别设有与加工人员相适应的更衣室,更衣室由专人管理,随时打扫,保持清洁卫生。
4.3.2　更衣区域分为个人私物及换鞋区,并配备个人衣物柜、便鞋架、拖鞋架、工作服挂衣架;更衣设施采用无毒、坚固、易于卫生清理的材料建造;更衣设施保持清洁卫生、保持良好的使用状态,发现损坏要及时修复或更换。
4.3.3　更衣室安置臭氧发生器,每日班前、班后进行更衣室的空气及工作服消毒;更衣室内空气清新无异味。
4.3.4　更衣室内的照明灯具全部安装防爆灯罩,以防止玻璃对工作服的污染。
4.3.5　更衣室的建造及配置由公司生产部负责,更衣室的卫生保持及管理由车间卫生员负责,公司技术质检部负责监督检查。

5　监控
5.1　工作人员不得串岗。
5.2　生产车间严禁大声喧哗、吸烟、吐痰、嚼口香糖及饮食行为,禁止在没有保护的食品生产线上打喷嚏。
5.3　手必须保持清洁,按要求定时洗手消毒,入车间时、上卫生间后或手部受污染时,立即洗手消毒。工作期间不许用手抚摸颈部以上部位。由车间卫生管理员监督工人的洗手消毒程序及出入厕程序的执行情况,发现问题及时纠正。
5.4　定期检查卫生设施、洗手消毒设施,发现损坏要及时修复。
5.5　与工作无关人员禁止进入车间,外来人员(包括客户、参观者)也要执行一切卫生要求。
5.6　员工生产过程的卫生控制由专职卫生管理员进行,由技术质检部组织检查公共场所卫生。

续表

| ××食品有限公司 | 文件编号： |
|---|---|
| 手的清洗、消毒及卫生间设施控制程序 | 版　　号： |

6　纠偏
6.1　卫生设施损坏时,由生产部及时进行维修。
6.2　消毒液浓度不够时及时添加消毒剂,使其浓度达到要求;消毒液不洁时应及时更换。
6.3　对员工不正确的洗手消毒程序和入厕消毒程序及时进行纠正。
6.4　对员工不良的卫生习惯及时纠正。
6.5　对污染产品进行隔离,并进行评估,确认安全后放行。
7　记录
7.1　《消毒记录》。
7.2　《化学药品配制记录》。
7.3　《卫生检查记录》。

### 5. 防止掺杂物的控制程序

**实例 3-5　防止掺杂物的控制程序**

| ××食品有限公司 | 文件编号： |
|---|---|
| 防止掺杂物的控制程序 | 版　　号： |

1　目的
防止食品、食品包装材料和食品接触面被外来污染物污染,确保食品安全卫生。
2　范围
生产系统。
3　程序
3.1　污染物的范围
3.1.1　水滴和冷凝水。
3.1.2　空气中的灰尘、颗粒。
3.1.3　外来物质(从原料或加工中带入的金属、沙石、纤维、鼠虫等)、无保护装置的照明设备的碎片、玻璃。
3.1.4　润滑剂、清洁剂、杀虫剂、燃料、消毒剂及非法使用的食品添加剂等。
3.1.5　虫鼠等可见生物,以及冷凝水、地面污物、不符合工艺要求的加工、不卫生的加工、不卫生的包装材料中的微生物对食品造成的污染。
3.2　控制要求
3.2.1　水滴及冷凝水的控制
A. 车间内排气良好,温度适宜,防止蒸汽扩散形成冷凝水。
B. 生产过程中不使用高压水枪,以避免污染的水滴飞溅到食品或食品接触面。
C. 生产场所地面水沟无积水,机器内无积水,每天的清理工作做彻底。
D. 食品生产线上方不设置冷水管道,及其他可能会滴水的管线等设施。
E. 加工车间负责进行控制,技术质检部进行监督和检查。
3.2.2　空气中的灰尘与颗粒的控制
A. 厂区路面经过水泥硬化处理,且保持路面的清洁,以减少尘土。
B. 厂区及周围进行绿化,种植草坪、冬青、树木。
C. 公司生产部负责进行控制,技术质检部进行监督和检查。
3.2.3　有毒有害物品的控制
A. 有毒有害物品均由专人负责储存,并加锁保管。
B. 生产场所和仓库内禁止使用杀虫灭鼠剂。
C. 化学药品现领现用,不得在车间内储存。并对化学药品的使用情况每日进行检查。

续表

| ××食品有限公司 | 文件编号： |
|---|---|
| 防止掺杂物的控制程序 | 版　　号： |

D. 化学药品使用完毕后进行彻底的清理,确保无残留。
E. 生产场所内的机器设备使用的润滑油采用食用级,生产设备在检修时,将生产线撤开,以防止润滑油对食品及食品接触面的污染。
F. 严格按照不同加工区域所规定使用的比例对各种化学药品进行配制。
G. 仓库主管负责进行控制,技术质检部进行监督和检查。

3.2.4　加工场所设施
A. 地面采用水磨石和大理石,有1.5度的坡度,墙群采用白色瓷砖,防止漆片及墙皮脱落。定期清洗消毒。
B. 照明设施装有防爆灯罩,禁止班中维修照明灯具。
C. 定期检查容易损坏的工器具,对于破损的工器具立即查找残缺部分,并及时清理出加工区,对存在隐患的产品进行单独存放,评估处理。
D. 门窗及塑料门帘等,定期清洗,不得有剥落、积尘、侵蚀等现象。
E. 车间生产时,窗户需关严并密封性好。
F. 生产部负责进行卫生清洁和保持,技术质检部负责监督和检查。

3.2.5　原料、半成品、成品分别存放;不同品种的原料、成品分别存放,库内清洁卫生,有防蝇虫、防鼠措施。包装物料存放库保持干燥清洁、通风、防霉,内外包装分别存放,铺设垫板,设有防鼠措施。

4　监测
每日班前、班后对车间环境及设备、设施的卫生状况进行检查。对加工人员的个人卫生进行检验。监测对象如下。
4.1　有毒有害物品的使用管理是否符合要求。
4.2　被污染的水是否接触到食品。
4.3　原辅料卫生状况和设备设施是否完好。
4.4　工器具清洗消毒执行情况是否符合要求。
4.5　加工人员个人卫生状况是否符合要求。
4.6　加工过程是否符合工艺及CCP点的控制要求。
4.7　车间内是否有没及时处理的废料。
4.8　修整分类加工中异物的控制是否符合要求。
4.9　车间的环境及设备、设施的卫生状况是否符合要求。
4.10　其他可能引起掺杂的原因。

5　纠正措施
5.1　如车间出现冷凝水,要及时清除并查明原因,及时解决。
5.2　无标签和有疑问的化学药品由技术质检部检查后进行妥善处置。
5.3　加工过程出现如下偏离:使用了有毒化学物质、化学物品使用后清理不干净、发现器具和设施有破损等现象时,由技术质检部对产生影响的产品进行隔离评估,确定合格后方可进入下一工序。
5.4　有积水的区域要及时清扫,清除积水。
5.5　异物挑选不干净的产品要进行返工,重新挑选。
5.6　加强职工培训,确保职工掌握一切操作规范。

6　记录
6.1　《卫生检查记录》。
6.2　《个人卫生检查记录表》。
6.3　《生产加工记录》。
6.4　《产品库存检查记录》。
6.5　《CCP记录及其他生产过程的操作及检查记录》。

**6. 有毒化合物的标记、储藏和使用控制程序**

**实例 3-6　有毒化合物的标记、储藏和使用控制程序**

| ××食品有限公司 | 文件编号： |
|---|---|
| 有毒化合物的标记、储藏和使用控制程序 | 版　　号： |

1　目的
控制化学物的使用,使其不会污染到食品,导致安全危害。
2　适用范围
生产系统。
3　有毒化合物类别
有毒化合物主要包括:清洁剂、消毒剂、杀虫剂、灭鼠剂、实验室药品等。
4　程序
4.1　购买要求
4.1.1　有毒有害化合物按计划进行购买,不得采购过多或无用的药品在工厂内放置。
4.1.2　有毒有害化合物从国家认可的生产厂家统一购买,要有生产许可证,包装容器上必须注明生产许可证、农药标准、批准文号、生产厂家、地址等内容。
4.1.3　化学药品购进后要由化验室验收并进行登记,由专门人员进行统一保管,化学药品存放在专用库中。
4.1.4　化学药品的采购及储存有财务部负责,检验及监管由技术质检部负责。
4.2　储存
4.2.1　对化学药品的存放要进行明确的标识,包括购入日期、化学药品的用途、化学药品的质量状态、药品毒性、使用有效期和库存数量等内容。
4.2.2　药品不得与食品、食品添加剂及食品包装物共同放入同一库内,要专库存用,加盖密封并进行标识。对杀虫剂、灭鼠药等有毒物品要加锁存放,钥匙由专人管理。化学药品使用的容器要耐腐蚀、坚固、封口严密。
4.2.3　化验室用药品单独存放于化验室内的药品橱中。
4.2.4　过期的及不适用的化学药品要及时进行处理,对于有毒的化学药品要由环保部门进行处理。
4.3　领取及使用
4.3.1　有专门的化学药品发放、领取、配制及使用人员,并经过专门培训。
4.3.2　熟知各种药品的使用特点,进行明显的标识,生产车间或库区禁止使用灭鼠剂,在生产期间禁止使用杀虫剂。
4.3.3　由专人按规定的浓度进行配制和使用。
4.3.4　化学药品使用要随用随领,并按规定的标准和方法进行配制。
4.3.5　配制浓度定期进行检查,发现偏差及时调整。
4.3.6　按规定的使用频次及区域进行使用。
4.3.7　在使用现场要有使用的支持性文件。
4.3.8　配备满足需要的计量器具及配制容器,器具及容器要进行明显标识和保护。
4.3.9　计量器具及配制容器使用完毕后,要清洗干净妥善保存。
4.3.10　所有的化学药品的用量都要符合规定要求。
4.3.11　化学药品领取及使用由生产部进行,技术质检部负责监督及检查。
4.4　使用后的清理
4.4.1　生产车间、包装材料库不得存放有害化学药品,未用完的化学药品必须存放于原处,不得存在车间内。
4.4.2　有毒化合物不能放在食品设备、工器具或包装材料上,用过的容器不得盛装其他可能接触食品或食品接触面的物品。
4.4.3　化学药品使用后,进行彻底的清理,在确认安全后方可生产。
4.4.4　使用部门负责对使用后的药品进行清理,技术质检部负责监督检查。
4.5　杀虫剂、灭鼠剂的特殊管理
4.5.1　加锁存放,专人掌管钥匙。
4.5.2　专人进行领取及使用。
4.5.3　使用后的清理要受到技术质检部的监控,并进行记录。
4.5.4　使用后剩余的药品要放回库内,不得在生产区域内存放。

| ××食品有限公司 | 文件编号： |
|---|---|
| 有毒化合物的标记、储藏和使用控制程序 | 版　　号： |

4.5.5　药品的废弃由公司技术质检部会同环保部门进行处理。
4.6　所有的化学药品进出库、领取、配制、检查、使用及处置都要有记录。记录由仓库管理人员现场填写，技术质检部进行审核及管理。
5　监测
5.1　每天都要对使用的消毒用品进行检查，检查其是否正确标识、是否按规定的要求储存、使用和处理。每日对车间内有毒化学药品的存放进行检查。
5.2　工作过程中随时注意。
6　纠正措施
6.1　不符合4.1.2相关要求的化合物拒收。
6.2　标志不清或存放不当，应对其重新标志或纠正。
6.3　配制不符合要求的必须重新配制，必要时对产品进行评估。
6.4　使用后清理不净者，重新清理干净。
6.5　不合适或已损害的容器弃用。
6.6　在不该存放有毒物品的地方发现有毒物品，立即转移。
6.7　重点对有毒物品管理人员、使用人员进行培训。
7　记录
7.1　《化学药品领用记录》。
7.2　《化学药品配制记录》。
7.3　《化学药品使用记录》。

## 7. 员工的健康控制程序

**实例3-7　员工的健康控制程序**

| ××食品有限公司 | 文件编号： |
|---|---|
| 员工的健康控制程序 | 版　　号： |

1　目的
从事生产的人员，身体应保持健康，不得患有妨碍食品卫生的疾病，以免污染食品，造成安全危害。
2　适用范围
公司所有员工。
3　程序
健康要求如下。
(1)不得患有妨碍食品卫生的传染病，如肝炎、结核等。
(2)不得有外伤。
4　控制要求
4.1　公司办公室负责建立健康档案，对本公司内所有员工的健康状况进行登记和管理。
4.2　员工上岗前，由公司办公室联系卫生防疫站进行体检，合格后方可上岗，并每年复查一次，健康证明由公司办公室归档管理。
4.3　办公室负责制订职工培训计划，上岗前必须经过培训和考核，以提高员工的安全卫生意识。
5　监督与纠偏
5.1　技术质检部负责对员工进行卫生安全意识教育培训，做好记录并存档。
5.2　专职卫生管理员每天工作前对员工的健康状况进行检查了解，凡患有下列疾病之一的员工，要立即调离食品加工岗位。
5.2.1　病毒性肝炎；
5.2.2　活动性肺结核；

续表

| ××食品有限公司 | 文件编号： |
|---|---|
| 员工的健康控制程序 | 版　　号： |

5.2.3　肠道感染病及其带菌者；
5.2.4　伤寒病患者；
5.2.5　细菌性痢疾及其带菌者；
5.2.6　化脓性或渗出性脱屑皮肤病患者；
5.2.7　呕吐、腹泻、发烧、黄疸、伴有发烧的疾病等。
5.3　员工及员工之间要相互监督和检查，如发现患有妨碍食品卫生的疾病或者手有外伤者，要及时向生产主管人员报告，调离生产车间，痊愈后经体检合格后方可重新上岗。
6　记录
6.1　《卫生检查记录表》。
6.2　《员工健康查体记录》。

## 8. 虫害、鼠害的控制程序

**实例3-8　虫害、鼠害的控制程序**

| ××食品有限公司 | 文件编号： |
|---|---|
| 虫害、鼠害的控制程序 | 版　　号： |

1　目的
在工厂生产区域设置防虫防鼠措施，以防止虫、鼠侵入对产品造成污染。
2　适用范围
全部厂区。
3　责任人
办公室、生产车间人员。
4　控制措施
4.1　技术质检部负责画出生产厂区防虫防鼠平面布置图，标注出车间与外界相连处以及加工车间、库房内的防虫防鼠设施布置点。
4.2　清除害虫滋生地
4.2.1　厂区环境卫生保持清洁、无积水，垃圾每日清理出厂。
4.2.2　车间按规定进行清洗消毒，无卫生死角，废弃物及时清理。
4.2.3　厂区内的垃圾储存箱每日进行清理，保持清洁卫生。垃圾箱加盖密封。
4.2.4　厂区内不栽植易于藏匿虫害的灌木。
4.2.5　办公室负责对厂区环境卫生进行清扫，技术质检部负责监督检查。
4.3　防虫、鼠措施
4.3.1　车间用水出口处用不锈钢网密封，下水道为密封式。车间排水沟出水口装有防鼠防虫装置。
4.3.2　车间入口处安装有灭蝇灯，车间、仓库门只设捕鼠笼，防虫鼠进入。
4.3.3　与外界相通的换气扇、通风口均设有防护网。
4.3.4　车间及库房与外界相通的进出口安置挡鼠板，挡鼠板的高度为40cm以上，表面光滑，不利于老鼠进入。
4.3.5　在厂区及生产区放置防鼠笼，并进行标识，远离加工车间的地方可放置灭鼠药和杀虫剂，每天检查灭虫灭鼠情况，并做记录。
4.3.6　对捕捉到的虫、鼠要进行卫生处理，如在车间和库房近处捕到老鼠，要对局部区域进行清洁消毒处理。虫鼠的处理要在技术质检部的监督下进行。
4.3.7　在车间入口处安装灭蝇灯，高度为1.8～2.2m。对少数没能杀灭的飞虫，用灭蚊拍扑灭。定期对灭蝇灯内的虫尸进行检查及处理。
4.3.8　定期对厂区内的虫害进行集中清除，可选在非生产期间进行药物清除。

续表

| ××食品有限公司 | 文件编号： |
|---|---|
| 虫害、鼠害的控制程序 | 版　　号： |

4.3.9　生产期间禁止在车间、食品库内使用杀虫、灭鼠药。
4.3.10　对虫害的种类及数量进行分析，查找产生的原因，从源头加以控制。
4.3.11　防虫设施由办公室负责每日进行检查，发现损坏要及时进行修复，技术质检部进行监督检查。
5　对库内物品进行保护，以防止虫害对物品造成污染。物品离墙30cm、离地15cm，必要时对物品进行密封防护。库内物品的防护由财务部进行，技术质检部进行监督检查。
6　对发现的虫害由各责任部门及时进行消除，消除可采用物理的、化学的或其他方法进行，但虫害的消除过程不得对物品造成污染。
7　监测对象与频率
7.1　每周检查厂区环境卫生。
7.2　每天检查加工区害虫的存在及虫鼠的杀灭情况，并及时清理已杀灭的虫鼠。
7.3　每天检查一次防虫鼠的设施是否处于有效状态。
7.4　每月对虫害的种类及数量进行分析，制定解决方案。
8　纠正措施
8.1　及时清除厂区及车间的虫害。
8.2　防虫防鼠设施不全或损坏时要及时添加或修复。
8.3　根据虫害数量、灭杀情况、活动痕迹，及时调整灭杀虫鼠方案，必要时更换或加密灭杀设施。
8.4　害虫活动活跃的季节要加强控制措施。
9　记录
9.1　《防虫、鼠检查记录》。
9.2　《防蝇、虫药物喷洒执行记录》。
9.3　《厂区环境卫生检查记录》。

# 项目四　GMP 体系、SSOP 体系现场审查

GMP 体系、SSOP 体系的现场审查，一般可分为审查计划、现场审查、出具报告三个阶段。

## 一、制订审查计划

审查组决定对申请企业进行现场审查时，应制订审查计划，包括审查时间安排、审查的具体项目、审查人员分工等。审查项目应以"食品良好生产规范（GMP）审查内容一览表"或"卫生标准操作程序（SSOP）审查表"为基本依据，包括对人员、设计与设施、原料和成品的储存与运输、生产过程、品质管理、卫生管理等项目的审查。在资料审查中，发现并需要核实的问题也应列入检查范围。

## 二、现场审查

### 1. 介绍审查计划

审查组开始现场审查前，应首先向接受审查的食品企业介绍本次审查的目的、范围、审查方法和评价准则、涉及的部门等内容，征求被审查企业的意见，需要修改的进行修改，并

要求被审查企业指定至少 3 名随从人员（即应至少包括生产管理人员、品质管理人员和卫生管理人员各 1 名）。

**2. 进行现场审查**

审查组按照制订的审查计划，以"GMP 审查内容一览表"或"SSOP 审查表"为基本依据，对被审查企业进行现场审查，对于现场审查中的发现应该记录在案，并要求随从人员确认发现。

**3. 审查组会议**

在现场审查结束时，审查组应该召开内部会议，讨论现场审查的发现，对审查发现作出判断。

### 三、出具审查结果报告

审查组对现场审查的结果进行总结，对被审查企业的 GMP、SSOP 实施情况做出审查结论，并出具 GMP、SSOP 审查结果报告。审查结果报告应该对企业实施 GMP、SSOP 情况的优点、不足等做出综合性描述，并做出审查结果建议（符合、基本符合、不符合）。GMP、SSOP 审查结果报告应上报。

### 四、现场审查依据

GMP 体系、SSOP 体系现场审查的依据是"食品良好生产规范（GMP）审查内容一览表"或"卫生标准操作程序（SSOP）审查表"。现以"卫生标准操作程序（SSOP）审查表"（表 3-1）为例进行说明。

表 3-1　卫生标准操作程序表（SSOP）审查表

| 检查内容 | 检查方法 | 检查结果记录 |
|---|---|---|
| 1. 水的安全 | 1. 是否有经国家部门检测的符合饮用水水质标准的检测报告；<br>2. 自备水：每半年经国家有关部门测试，确认是否符合饮用水水质标准；水的周围环境、保护性装置是否符合要求？是否由专人管理、安全卫生；储存设施、设备是否能够保证用水安全，是否按要求正确清洗、消毒；<br>3. 加工用水是否充足；温度、压力是否适宜；软水管是否在使用时有倒流、拖地的情况出现；<br>4. 清洁水和污水的输水管道是否形成交叉污染；标识区分是否清楚；是否备有防虹吸和防水倒流的装置；<br>5. 车间排水沟的建筑材料、结构的使用是否符合要求；是否有防虫、防鼠装置；车间的污水是否被直接导入下水道、排放通畅，并从清洁区向非清洁区流动；<br>6. 厂区污水排放是否符合国家环保部门的要求，并保证排放流畅；<br>7. 冰作原料时，制冰用水是否符合饮用水水质标准 | |
| 2. 食品接触面的卫生 | 1. 食品接触面所采用的材料是否平滑无毒、耐磨、耐腐蚀；<br>2. 大型设备、特殊工具如何清洗；<br>3. 一般工器具生产前、后是否清洗、消毒食品接触面，清洗和消毒方法、频率，消毒和清洗剂的使用是否正确；<br>4. 加工用手套是否使用浅色、防水、耐磨、易清洗的材料制成；<br>5. 工作衣、帽、鞋是否保持清洁卫生？如何进行日常的卫生管理 | |

续表

| 检查内容 | 检查方法 | 检查结果记录 |
|---|---|---|
| 3. 防止交叉污染 | 1. 个人卫生：是否制定并实施个人卫生制度；员工是否在工作期间化妆、佩带易脱落的饰物；是否在操作期间穿着适合作业的清洁外套、帽子、口罩；员工或其他进入食品加工区的人员是否在暴露的食品或设备附近饮食或吸烟；<br>2. 食品加工场所是否存放个人物品；<br>3. 生产前、后或被污染时，生产人员的手（手套）是否进行清洗；必要时进行消毒，如何在生产中实施并监督；<br>4. 生、熟产品在加工、包装、储存过程中是否严格分离；<br>5. 食品加工场所内使用的工器具、设备是否及时清洗；是否对其卫生状态进行标识；<br>6. 如何防止原料、辅料及污染物与成品一起存放，污染成品；<br>7. 如何保证不使用不清洁的包装材料；内包装材料是否进行必要的消毒；<br>8. 重复使用的冷却水是否及时更换；<br>9. 生产车间是否有严密的防蝇、防虫、防鼠、防尘设施，防止外来污染；<br>10. 在各个不同的场所及关键卫生控制步骤，是否设警告牌；加工人员是否进行了食品加工技术及卫生操作知识的培训 | |
| 4. 洗手、消毒及卫生间设施的清洁与维护控制 | 1. 洗手消毒：车间内、车间入口处、卫生间等处是否设置有洗手、消毒设施；洗手设施是否与加工人员的人数相匹配；是否使用非手动开关；洗手、消毒水温度是否适宜；是否有良好的消毒效果；是否有适宜的干手设施或设备；<br>2. 卫生间：卫生间的位置是否适宜；卫生设施包括配套设备如冲水装置、手纸、纸篓；洗手设备和干手设备是否与加工人员的人数相匹配；是否清洁、齐全；地面是否干燥，光线充足，有防虫和防鼠设施；卫生间是否是冲水式；污水排放是否畅通；与车间相连接的卫生间的门是否直接开向食品加工区域；是否安装自动关闭的门；卫生间是否有良好的排气装置，其空气是否排向车间 | |
| 5. 防止食品被污染物污染，包括：润滑剂、燃料、杀虫剂、清洁剂、消毒剂、冷凝剂、其他化学、物理、生物掺杂物等 | 1. 是否具有防止掺杂物污染厂区、车间、库房的措施；效果如何；<br>2. 是否采取了防止掺杂物污染加工设施、设备的措施；<br>3. 是否具有防止掺杂物污染原料、辅料的措施，效果如何；<br>4. 固定装置、输送管道的水滴或冷凝水，是否存在污染食品、食品接触面或包装材料的隐患；<br>5. 是否对压缩空气或其他机械引入的气体进行了处理，以防止污染食品；<br>6. 是否采取了措施防止其他类型的掺杂物污染食品 | |
| 6. 化合物的标记、储存及使用 | 1. 是否制定并实施有毒化合物验收、使用、储存、标记、包装容器收回的规章制度；<br>2. 是否对有关操作人员进行培训；<br>3. 购置、使用的有毒化合物是否具有供货商担保或合格证明书，或通过化验证明这些物质合格无污染；<br>4. 有毒化合物的使用、储存、标记是否由专人管理；<br>5. 是否有专门场所、固定容器储存有毒化合物并配有带锁的柜子；<br>6. 对清洁剂、消毒剂和杀虫剂是否进行标识、登记，并列明名称、毒性、生产厂名、生产日期、批准文号等；<br>7. 使用杀虫剂，如何确保不污染食品、食品接触面和包装材料；<br>8. 是否建立化学物品入库记录、领用、核销、使用登记、验收记录制度 | |

续表

| 检查内容 | 检查方法 | 检查结果记录 |
|---|---|---|
| 7. 员工健康状况的控制 | 1. 是否定期对员工进行健康检查；<br>2. 是否教育员工发现患有疾病的人要及时向车间负责人报告；<br>3. 是否将患有有碍食品卫生的疾病、开放性损伤的人员及时调离工作岗位；<br>4. 员工是否养成良好的卫生习惯；<br>5. 是否制订卫生培训计划，定期对加工人员进行培训并记录存档 | |
| 8. 虫、鼠害的防治 | 1. 是否制订了可行的虫害、鼠害防治计划；<br>2. 是否采取了适当的措施，使厂区中苍蝇、蚊子、老鼠的密度降到最低水平；<br>3. 是否对虫、鼠害滋生地如杂草、灌木、垃圾、积水等进行了清除；<br>4. 是否采用风幕、水幕、纱窗、黄色门帘、挡鼠板和翻水弯进行防虫、防鼠；<br>5. 车间、储存库是否无苍蝇、蚊子、老鼠等虫、鼠害；<br>6. 卫生间是否无苍蝇、蚊子、老鼠等虫、鼠害；<br>7. 其他区域是否无苍蝇、蚊子、老鼠等虫、鼠害；<br>8. 是否正确使用杀虫剂，如何对不同性质的杀虫剂进行区别管理 | |

# 项目五　GMP体系、SSOP体系的实施

## 一、人员管理与培训

任何一个制度的建立都离不开人，制度的执行也离不开人，因此，食品企业在实施GMP体系、SSOP体系时，首先要做好食品从业人员的管理培训工作。

**1. 人员管理**

食品企业必须有相关的专业技术人员来完成本企业所应承担的全部任务；每个人都应清楚自己的责任，应有文件形式记录人员的职责。

人员在GMP、SSOP的实施中是非常重要的，食品的卫生质量取决于生产全过程中全体人员的共同努力。对于一个企业来说，即使有了好的硬件和完善的软件，如果没有高素质的人员去实施，或者由于人的因素而实施不好，那么再好的硬件和完善的软件也是不能发挥其作用的。因此，人员管理是食品企业最重要的管理。

食品生产企业中，员工素质的高低对于企业推行GMP、SSOP起着决定性的作用，因此，食品企业要坚持以人为本的原则，根据本企业的实际情况和组织机构对人员的需要，引进各种专业人才，重视员工素质的不断提高。把员工素质教育和人才培养作为企业发展的战略目标来实施，努力使GMP、SSOP成为员工的生活方式。卫生、安全是食品的生命，也是一个企业生存与发展的根本动力。如何提高企业全体员工的素质对质量体系的有效运行，起着极为重要的作用。因此，企业务必重视加强全员教育培训，提高全体员工的卫生意识、质量意识、专业技术管理意识。食品生产企业人员素质的提高，其中包括GMP的培训。

我国食品GMP在人员方面强调"食品生产企业必须具有与所生产的食品相适应的具有医药学（或生物学、食品科学）等相关专业知识的技术人员和具有生产及组织能力的管理人员。专职技术人员的比例应不低于职工总数的5%"。根据不同人员所发挥的作用不同，对食品企业的技术负责人、生产和品管部门负责人、专职技术人员、质检员和一般从业人员提出了不同的资格要求。

加强人员的健康卫生管理。我国《食品良好生产规范》中规定:"从业人员必须进行健康检查,取得健康证后方可上岗,以后每年须进行一次健康检查。从业人员必须按照 GB 14881 的要求做好个人卫生。"

**2. 人员的培训管理**

如何提高人员素质,培训一支高素质的员工队伍非常重要。国外 GMP 强调"人员应受过教育、经过培训及具有必要的工作经验"。这体现了人员素质的三个方面:教育、培训和经验。因此,食品生产企业要建立人员培训管理制度、业余学习管理制度、人员考核聘用制度,制订企业职工教育及培训规划。从业人员上岗前必须经过卫生法规教育及相应技术培训,企业应建立培训考核制度。企业负责人及生产、品质管理部门负责人应接受更高层次的专业培训,并取得合格证书。《食品良好生产规范》特别规定"从业人员上岗前必须经过卫生法规教育及相应技术培训,企业应建立培训考核档案,企业负责人及生产、品质管理部门负责人还应接受省级以上卫生监督部门有关食品的专业培训,并取得合格证书"。

培训的目的在于使全体员工提高卫生意识、质量意识,掌握提高产品卫生质量的有关知识和技能。企业应有计划、分层次、有针对性地开展全员教育培训,内容包括:卫生教育、质量教育、安全教育、专业技术和管理技术教育、生产工人应知应会的岗前培训等,要做到先培训、后上岗,以适应岗位的需要。教育管理部门应归口负责制订各类人员的教育培训计划。

具体的培训内容如下。

(1) 有关法律、法规、规章、标准等的培训。

(2) 专项知识、技能培训　分别对企业各级行政领导者、技术人员和管理人员、生产班组长和操作工人进行培训。

① 对于行政领导者　主要进行 GMP、SSOP 体系方面的培训,使他们具有高度的卫生意识、质量意识、管理意识和改进意识;懂得建立 GMP、SSOP 体系的意义和内容,以及决策人员所起的关键作用;掌握体系运行的有关组织技术、方法及评价体系有效性的准则。

② 对于技术人员和管理人员　主要进行专业知识和管理知识的培训,使他们在各自的岗位上,认真实施 GMP、SSOP 体系所规定的各项活动。

③ 对于生产班组长和操作工人　企业必须对所有的生产班组长和操作工人,全面进行生产所需的知识、技能和方法的培训。

**3. 培训计划**

食品企业每年都应制订对员工培训的书面计划,其内容包括:培训日期、名称、内容、课时、对象、讲课人、考核形式及负责部门等。

培训计划的制订既可以由上而下编写,也可以由下而上编写,然后由企业统一汇总,形成整个企业的完整计划。培训计划必须由企业主管领导批准,颁发至有关部门。

**4. 培训计划的实施**

针对岗位专业培训、GMP 培训、SSOP 培训、卫生和微生物学基础知识培训、洁净作业培训、食品法规等不同内容的培训,可采取多种多样的形式进行培训,但要讲求实效。根据培训内容决定每次培训时间的多少。接受培训的员工,经培训后应立即进行考核,考核形式可以是笔试,有的可采用口头考核。

要建立员工的培训档案。企业对员工的培训,应设立员工个人培训档案,记录员工每次培训的情况,以便日后对员工进行考察。企业应有培训记录。

## 二、卫生管理实施

主要是制度的落实。工厂应按照 GB 14881 的要求，做好除虫、灭害、有毒有害物处理、饲养动物、污水污物处理、副产品处理等的卫生管理工作。《中华人民共和国食品安全法》规定："食品生产经营企业应当健全本单位的食品卫生管理制度，配备专职或兼职食品卫生管理人员，加强对所生产、经营食品的检验工作。"安全性是食品最为重要的质量特性，做好食品卫生管理，防止食品污染，确保食品的安全生产，是对社会负责，也是企业自身发展的需要。

建立健全食品卫生管理机构和制度。食品工厂或生产经营企业应建立、健全卫生管理制度，成立专门的卫生科或产品质量检验科，由企业主要负责人分管卫生工作，把食品卫生的管理工作始终贯彻于整个食品的生产环境和各个环节。

**1. 卫生管理机构的主要职责**

（1）贯彻执行食品卫生法规，包括《中华人民共和国食品安全法》及有关的卫生法规、良好操作规范、相关的食品卫生标准，切实保证食品生产的卫生安全和生产过程的卫生控制，坚决杜绝违反食品法规的生产操作和破坏食品卫生的行为。

（2）制定和完善本企业的各项卫生管理制度，建立规范的个人卫生管理制度，定期对食品从业人员进行卫生健康检查，及时调离"六病"患者，使食品从业人员保持良好的个人卫生状态，制定严格的食品生产过程操作卫生制度，包括生产用具的卫生制度、生产流程的卫生制度、产品和原料的卫生制度等。

（3）开展健康教育，对本企业人员进行食品卫生法规知识的培训和宣传。

（4）对发生食品污染或食品中毒的事件，应立即控制局面，积极进行抢救和补救措施，并向有关责任人及时汇报，并协助调查。

**2. 食品生产设施的卫生管理制度**

（1）在食品生产中，与食品物料不直接接触的食品生产设施应有良好的卫生状态，整齐清洁、不污染食品。对于一些大型基建设施，如各种机械设备、装置、给水、排水系统等应使用适当，发生污染应及时处理，主要生产设备每年至少应进行 1 次大的维修和保养。

（2）对于在食品生产过程中与食品直接接触的机械、管道、传送带、容器、用具、餐具等应用洗涤剂进行清洗，并用卫生安全的消毒剂进行灭菌消毒处理。

（3）食品生产的卫生设施应齐全，如洗手间、消毒池、更衣室、淋浴室、卫生间、用具消毒室等，这些卫生设施的设立数量和位置应符合一般的原则要求。工作服也是保证食品卫生质量的一个卫生设施，工厂应为每个工作人员提供 2～3 套工作服，并派专人对工作服进行定期的清洗消毒工作。

## 三、原材料的管理实施

食品生产所用原材料的质量是决定食品最终产品质量的主要因素。食品的原材料一般分为主要原材料和辅助材料，其中主要原材料是来源于种植、畜产和水产的水果、蔬菜、粮油、畜肉、禽肉、乳品、蛋品、鱼贝类等，辅助材料是香辛料、调味料、食品添加剂等。这些原材料大多数是动、植物体生产出来的，在种植、饲养、收获、运输、储藏等过程中，会受到很多有害因素的影响而改变食物的安全性，如微生物和寄生虫的感染。一般说来，食品生产者都不是直接的原材料生产者，而是通过购买的方式获得加工所需的原材料，进而对其进行运输和储藏。食品生产所需要的原料的购入、使用等应制定验收、储存、使用、检验等制度，并由专人负责。

食品生产的原辅材料管理涉及企业生产和品质管理的所有部门。品质管理部门又分成两个功能室，即质量管理和质量检验。因此，对原料的管理关键在于：其一，建立原料管理系统，使原料流向衔接明晰，具有可追溯性。其二，制定原料管理制度，使原料的验收、检验、存放、使用有章可循。其三，加强仓储管理，确保原材料质量。建立原料管理系统是指从原料采购、入库，到投产、回收、报废过程，将所有原料的流转纳入统一的管理系统，从而确保对产品质量的控制。

### 1. 对采购员的要求

（1）必须熟悉本企业所用的各种原料的品种及其相关的质量卫生标准、卫生管理办法及其他相关法规，了解各种原料可能存在的卫生问题。

（2）采购定型包装原料时，必须仔细查看包装标识或者产品说明书是否按《中华人民共和国食品安全法》的规定标出了品名、产地、厂名、生产日期、批号及代号、规格、配方或者主要成分、保存期限、食用或者使用方法等，防止购进假冒伪劣产品。

（3）采购各种原料时，必须向供货商索取同批产品的检验合格证或化验单。

（4）掌握必要的感官检查方法。原料的感官检查，就是通过人的视觉、嗅觉、触觉和味觉直接检查原料的形态、色泽、气味、滋味等感光形状的一种检查方法。通过上述方法，通常可以对原料卫生质量作出初步判断。

### 2. 采购的要求

目前，我国的主要食品原料、食品辅料和包装材料多数都具有国家卫生标准、行业标准、地方标准或企业标准，仅有少数无标准。在采购时应尽量按国家卫生标准执行。无国家卫生标准的，依次执行行业标准、地方标准和企业标准。对无标准的原辅材料应参照类似食品原辅材料的标准执行。在执行标准时应全面，不能人为减少标准的执行项目。

通常食品原辅材料的卫生标准检查由以下4个部分组成。

（1）感官检查　感官质量是食品重要的质量指标，而且检查简单易行，结果可靠。如鲜肉新鲜时为鲜红色，有光泽，肉表面干燥，具有鲜肉特有的香气。水果蔬菜新鲜时有生物功能，随新鲜度的下降，生物功能下降，色、香、味、形发生变化，变色、退色、失重、萎蔫、香气降低。水产品新鲜时体表光亮、形体饱满、眼球充血、鳃鲜红、肉体有弹性；新鲜度下降时体表光泽消失、腹部鼓起、体表发暗、肛门有异物流出产生异味。不同的食品原辅材料都有其不同的感官检查标准，而且食品的感官检查要求在一定的环境下进行。所以，检查时应抽取具有代表性的样品，在无干扰的情况下进行，必要时要借助相关的工具进行，如测定体表或肌肉弹力、色调测定等。

（2）化学检查　食品原辅材料在质量发生劣变时，都伴随有其中的某些化学成分的变化，所以也可通过测定特定的化学成分，来了解食品原辅材料的卫生质量。果蔬类原材料可测定叶绿素、抗坏血酸、可溶性氮等指标。动物性食品可测定酸度、氨态氮、挥发性盐基氮、组胺等。

（3）微生物学检查　食品可因某些微生物的污染而使其新鲜度下降甚至变质，主要指标有细菌总数、大肠杆菌群、致病菌等。当然有些食品原材料的主要检查对象有所不同，如花生常要检测黄曲霉。

（4）食用原辅材料中有毒物质的检测　有些食品原辅材料在种植、养殖、采收、加工、运输、销售和储藏等环节中，会受到一些工业污染物、农药、致病菌及毒素产生菌的污染。在采购时，应充分估计到这种可能性，进行相关的化学或微生物学检测，排除被污染的可能性。

① 原辅材料的保护性处理　农副产品材料在采收时会携带来自产地的各种污染物，采购原料在运输过程中也可能发生一些劣变，为去除各种污染物以及防止在运输过程中不良变化的发生，对原辅材料进行适当的处理是必需的。一般来说对污染物可采用洗涤或消毒的方法，常用的洗涤剂为水、表面活性剂的水溶液、碱水、专用的消毒液等。各种洗涤液必须新鲜配制，不能反复使用。洗涤时间不能过长，凡使用过洗涤剂的原辅材料，最后必须用符合饮用水标准的饮用水冲洗，流水中冲洗时间不少于30s，池水冲洗应换水2次以上。新鲜水果蔬菜洗涤时温度不能过高，应在低温下进行。

② 原辅材料的包装物或容器应符合卫生要求　食品原辅材料应根据其物理形态选择合适的包装物或容器，用于制造这些包装物的材料应符合食品相关包装物材料的要求，不得随便使用包装用品，严防食品原辅材料被污染。

**3. 原料的运输**

原料在运输过程中，其卫生要求与运输工具及温度、湿度、光照、空气等环境因素有着密切的关系。食品原料运输卫生贯穿于装货、运送、卸货的全过程，对其卫生要求如下。

（1）用于运输原料的车、船、工具及容器要专用，避免与有毒有害物质及产生不良气味的物质混装混运，确保其无有毒有害物质污染。

（2）运输原料的车厢、船舱，装卸原料的包装容器、工具及设备，要严格执行清洁消毒制度、卸货后及启用前的检查制度，用后及时清洗，用前认真消毒，并有严格的清洗、消毒质量控制措施，保证清洁、消毒效果。

（3）盛装原料的容器要符合有关卫生标准，无毒无害，便于装卸、运送、洗刷、消毒。

（4）应根据原料特点，配备相应的保温、冷藏、保鲜、防雨防尘等设施，以保证质量和卫生需要。

## 四、成品储存与运输管理实施

由于食品的特殊性，储存、运输的条件可能影响产品质量。因此，食品成品的仓储、运输管理是保证产品质量，确保食品安全有效的重要环节。食品成品的仓储管理包括成品的入库验收、在库保管养护、出库验发、效期管理、退货管理及不合格品的管理等方面的内容。

**1. 仓库设施的要求**

成品仓库的设施设备是影响食品储存质量的重要因素之一，是成品仓储管理的重要组成部分。

① 库房的规模应与企业成品量相适应，并适宜分类保管，符合储存要求。

② 库房主体应采用发尘量少，不易黏附尘粒，吸湿性小的材料；墙壁、顶棚表面应光洁、平整，不起尘，不落灰；地面应光滑无缝隙；门窗结构严密。库房应有一定的高度，以便于空气流通。

③ 根据食品不同的储存要求，应设置不同的储存间：冷库温度为2～10℃；阴凉库温度不高于20℃；常温库温度保持在0～30℃。此外，仓库的相对湿度宜在35%～75%之间。

④ 仓库应有检测和调节温、湿度的设备，库区内温、湿度监控记录仪表的位置应有代表性。

⑤ 库房应有防尘、防潮、防霉、防污染及通风、排水、避光等设备。

⑥ 库房应配备有效的防鼠、防虫、防鸟等设施。

⑦ 库房应有符合安全用电要求的照明设施。照明应使用防爆灯，电线不得裸露在外面。

⑧ 根据食品储存管理要求，成品仓库应设立以下专库（区）：合格品库（区）、发货库（区）、不合格品库（区）、退货库（区）、待验库（区）等。库房应配备一定数量的消防设施，并定期检查、更换。冬季应采取保温措施，如挂棉帘等；夏季应有防洪措施，如放沙袋等。

**2. 成品储存的要求**

仓储管理的任务是安全储存、降低损耗、科学养护、保证质量、收发迅速、避免事故。安全储存是指成品在储存中不发生质量变化，保证食品的安全。科学养护是根据食品的性质特点进行养护。科学养护就是对外界条件加以控制，使其不对成品造成不良影响。科学养护是降低损耗的前提，是保证质量的措施。降低损耗是节约财富，提高经济效益。收发迅速是提高工作效率。在仓储管理中，安全储存是基础，保证质量是目的，科学养护是方法，降低损耗、提高收发速度是质量和效益的统一，避免事故是安全保证。

(1) 色标管理　食品成品的储存实行色标管理，仓库要有醒目的状态标记。所谓色标，即用不同颜色的标记，将在库成品的不同状态明显地区分开来，以防止发生混淆，从而保证不应出库的成品不错发出库。

色标管理的统一标准如下。

① 待验、退货——黄色标记，表示产品处于待验中。

② 合格、发货——绿色标记，表示产品检验合格，准予出库。

③ 不合格——红色标牌，周围使用红色围栏或画红色标线，表示产品不符合要求，不准出库。

食品生产企业，可以根据实际需求，将成品按色标管理的要求，分库或分区域存放。

如果无条件设置专门的状态区域，为避免过多的搬运，各种状态的成品可存放在同一库房，但必须分批堆放并做好明显的状态标志，批货位卡上也应挂相应颜色的标记。

(2) 成品保质期的管理　作为食品，其特殊性在于它不可能长期储存，是有储存期限的。食品在一定的储存条件下能够保持其功效、保证其安全，符合质量标准的储存期限即为有效期或保质期。因此，在食品成品储存管理中，对于其效期管理也是一个重要的环节，必须加强其库存管理，以防过期失效。

(3) 产品退货管理　产品退货是指经销部门退回或收回的本企业售出的产品，退货分为两种情况：质量原因退货或非质量原因（经济原因等）退货；保管员根据销售部门填写的、有主管领导签字批准的退货申请单及退货凭证接收退货；退货存放于退货库（区），挂黄牌。填写成品退货记录；对于非质量原因且在有效期内的退货，经验收，质量管理室人员确认无质量问题的，按合格品入合格库（区）；对于因质量原因退货。经质量管理人员调查确认后按返工或不合格品处理规定执行。

(4) 仓储不合格成品处理　仓储不合格品包括：在库养护中发现问题的库存品；由于质量原因销售退回的退货产品；由于非质量原因退货回库，但验收时发现包装有损坏等原因的退货；超过有效期（或保质期）的库存成品。合格成品须经质量管理室检查、评估并做出决定；凡对质量有疑问的，均先换上黄色待验标记，待检验；可返工处理的不合格成品，返工由保管员填写"返工申请单"，经品质管理部门签字后，交生产管理部门安排返工。返工后的成品，经检验合格后办理入库手续，入合格品库（区），但应与原批产品分开存放并建立单独批货卡；经检验，内在质量发生变化，已无法再使用时，应确认为不合格品，不可返工；当质量管理室确认为不合格品时，发出不合格产品报告书，保管员在接到通知后，应立即将不合格品移入不合格品区，挂红色标记，并同时登记不合格品记录。对于超过有效期（或保质期）的库存成品，保管员应立即将其转入不合格库（区），挂红牌；凡确定为不合格品的库存产品，保管员会同现场检查员，填写停售通知单，经质量及成品库负责人签字，不得销售。不合格品的处理：凡确定内在质量有问题的不合格品，需由主管部门提出处理意见，经主管负责人、质管部确认批准后下发，保管员按处理意见执行；当需做报废销毁时，保管员填写报损申请单，经主管部门签署销毁意见、财务部门审查同意、报请主管领导批准后，由成品库负责人安排定期销毁；销毁以不违反环保条例、不留产品整个包装为原则；销毁必须在质量管理室现场检查员监督下进行，并填写不合格品销毁记录。

### 五、厂房设计与设施实施

食品生产企业总体布局包括两方面的含义：一是指有洁净厂房的工厂与周围环境的布置；另一个是指该工厂洁净厂房与非洁净厂房之间的布置。

洁净厂房位置的选择应在大气含尘和有害气体浓度较低、自然环境较好的区域。应远离铁路、码头、堆场等有严重空气污染、振动或噪声干扰的区域。如不能远离严重空气污染源时，则应位于最大频率风向上风侧，或全年最小频率风向下风侧。

如果在选址时不注意室外环境的污染因素，虽然事后可以靠洁净室的空调净化系统来处理从室外吸入的空气，但会加重过滤装置的负担，并为此付出额外的设备投资、长期维护管理费用和能源消耗等。

**1. 基本原则**

（1）功能分区　生产、行政、生活和辅助等功能区。要求布局合理，不得相互妨碍，留有发展余地。

（2）风向　洁净厂房应避免污染，严重空气污染源应处于主导风向的下风侧。

（3）道路　厂区主要道路应贯彻人流物流分开的原则。洁净厂房周围道路面层应选用整体性好的材料铺设。要留有消防通道。洁净厂房与市政交通干道之间的距离宜大于50m。

（4）绿化　保持厂区清洁卫生最重要的一个方面是厂区内应尽可能减少露土地面。绿化有三个作用，即滞尘、吸收有害气体、美化环境。

（5）厂区内的布置　洁净厂房应布置在厂区内环境整洁，人流、物流不穿越或少穿越的地方，并考虑产品的工艺特点和防止生产时的交叉污染，合理布局，间距恰当。

**2. 工艺生产**

工艺布局要防止人流物流交叉污染，尽量提高净化效果。洁净厂房存放区域的设置：洁净厂房内应设置与生产规模相适应的原辅材料、半成品、成品存放区域，且尽可能靠近与其相联系的生产区域，以减少传递过程中的混杂与污染。存放区域内宜设置待检区、合格品区或采取能有效控制物料待检、合格状态的措施。不合格品必须设置专区存放；下列生产区域必须严格分开：动、植物性原料的前处理、提取、浓缩必须与其产品生产严格分开。

**3. 生产辅助用房配置**

食品生产企业应配置与生产能力相适应的生产辅助用房，如：品质管理实验室、取样间、称量室、备料室、设备及容器具清洗室、清洗工具洗涤、存放室、洁净工作服洗涤、干燥室、维修保养室等。

**4. 人员净化设施与程序**

（1）人员净化内容　人员净化用室包括雨具存放室、换鞋室、存外衣室、更换洁净工作服室、气闸室或风淋室等。生活用室包括卫生间、淋浴、休息室等。生活用室可根据需要布置,但不得对洁净室(区)造成污染。

(2) **人员净化用室面积**　根据不同的空气洁净度等级和工作人员数量,洁净厂房内人员净化用室和生活用室的建筑面积应合理确定。一般宜按洁净区设计人数,平均每人 $2\sim4m^2$ 计算。

(3) **人员净化设施**　洁净厂房入口处设换鞋设施;人员净化室中,外衣存衣柜和洁净工作服应分别设置;盥洗室应设洗手消毒设施,宜装手烘干器;万级区(室)通常不设卫生间和淋浴。

(4) **人员净化程序**　进入低于万级要求洁净室/区的程序如下:
换鞋→脱外衣→洗手→穿洁净工作服→手消毒→气闸进入无菌室

**5. 物料净化设施与程序**

各种物料在送入洁净区前必须经过净化处理,简称"物净"。平面上的物净布置包括脱包、传递和传输。

(1) **脱包**　洁净厂房应设置原辅料外包装清洁室、包装材料清洁室,供进入洁净室(区)的原辅料和包装材料清洁之用。生产食品有无菌要求的特殊品种时,应设置消毒灭菌室/消毒灭菌设施,供进入生产区的物料消毒和灭菌使用。仓储区的托盘不能进入洁净生产区,应在物料气闸间换洁净区中专用托盘。

(2) **传递**　原辅料、包装材料和其他物品在洁净室或灭菌室与洁净区之间的传递主要靠物料缓冲及传递窗,只有物料比较小、轻、少及必要时才使用传递窗,大批生产时一般都采用物料缓冲间。传递窗两边的传递门应有防止同时被打开的措施,能密封并易于清洁。传送至无菌洁净室的传递窗宜有必要的防污染设施。

(3) **传输**　与传递不同,传输主要是指在洁净室之间物料长时间连续的传送。传输主要靠传送带和物料电梯。传送带造成污染或交叉污染主要是来自传送带自身的"沾尘带菌"和带动空气造成的空气污染。严于十万级的洁净区使用的传输设备不得穿越较低级别区域。如果物料用电梯传输,电梯应设在非洁净区。

## 六、生产管理

生产管理是食品良好生产规范实施的核心环节,是确保产品质量安全、有效、均一的关键。食品生产管理主要包括生产管理文件的制定、生产指令的发放与批号的管理、原辅料备料与生产准备管理、生产配料与加工过程的管理与质量控制、产品包装与标签管理、防止生产过程中的污染和交叉污染等项目。

**1. 生产管理文件的制定**

生产管理文件是生产管理的依据,除生产过程中的卫生管理、质量管理、设备管理文件外,产品生产工艺规程、生产岗位操作规程或生产岗位标准操作规程、生产记录等文件的制定,是做好生产管理工作的基础。

**2. 食品生产过程的良好操作规范**

食品生产过程良好操作规范的内容有:①管理内容主要有对食品生产原料的验收和化验,确保符合有关的食品生产原料的卫生标准;②对工艺流程和工艺配方的管理,生产配方中使用的各种物质的量严格控制,并对整个生产过程进行监督,防止不适当处理造成污染物质的形成或食品加工环节之间的交叉污染;③对食品生产用具的卫生管理,及时进行清洗、消毒和维修;对产品的包装进行检验,防止二次污染的发生,并对成品的标签进行检验;④对食品生产人员的卫生管理等,食品生产过程的卫生管理一般采取定期或不定期抽检及考核方式进行。

**3. 几种食品加工过程的 GMP 操作规范**

（1）食品干制　食品的干制程度以达到水分活度低于 0.6 为宜，若以水分含量计则：奶粉应<8%、全蛋粉应<10%、面粉应<12%、脱水蔬菜有的应<6%（如南瓜）、有的应<7.5%（如胡萝卜和花椰菜）、有的应<12%（如黄花菜和香菇）。干制后的食品应密闭包装，储藏环境的相对湿度应<70%。干制之前，食品应进行烫漂杀青，70℃维持 1～3min 或用 0.13%的亚硫酸盐进行处理。干制应尽可能采用真空干制或冷冻干制，最好不要使用晒干、阴干等方法。

（2）食品罐制　原料要精心挑选，杜绝使用已腐烂或变质的食品作为罐制的原料，并进行彻底整理和清洗，去掉不可食部分。对原料的杀青处理一定要充足，保证食品在罐藏期间不会因为杀菌不彻底而变质。罐制的排气、杀菌、封口一定要严格按照工艺条件进行，排气时罐的中心温度一定要达到相应规定的标准，杀菌也要彻底。成品的储藏环境要求一定的温度和湿度，不宜过高。

（3）食品冷藏　冷冻之前食品要经过一定的处理，如杀青、须冷等。冷冻所用的冷水和冰必须符合饮用水的标准。使用的制冷剂绝对不能有泄漏。冷冻一定要彻底，也就是食品的中心温度一定要达到冷冻所需要的温度要求；冷冻成品在加工后的储藏和销售过程中要保持相应的温度要求。

## 七、品质管理

建立完善的品质管理体系，食品的品质管理主要包括品质管理机构及其职责、品质管理制度、质量标准、质量检验、质量控制以及品质管理的其他要求，如投诉处理、内审和产品召回等。

**1. 机构设置**

食品生产企业应设置独立于生产部门并与生产能力相适应的品质管理部门，负责食品生产全过程的质量控制和检验，除技术上分管质量的负责人领导外，行政上受企业负责人直接领导。重大质量问题向企业负责人报告。品质管理部门可在车间设中间控制人员，在车间一线进行质量控制，从而形成一个完整而有效的质量监控体系。

**2. 主要职责**

① 负责制定、实施质量保证系统。

② 参与生产管理文件的编写和修订。

③ 制定和修订物料、中间产品的内控标准与检验操作规程，制定取样及留样制度与规程。

④ 制定检验用设备、仪器、试剂、标准品（或对照品）、滴定液、培养基、实验动物管理办法。

⑤ 负责制订及实施生产环境、人员、设备卫生监测计划并报告结果。

⑥ 负责原辅料、中间产品、成品的取样、检验、评价、报告，并决定使用及发放，审核不合格处理程序。

⑦ 负责产品的稳定性试验及留样考察，建立质量档案，进行质量统计、质量审核工作，负责或参与处理用户投诉工作。

⑧ 负责供货单位的质量审核。

⑨ 负责职工的食品 GMP、SSOP 的培训及考核。

⑩ 负责有关技术质量、监测设备、卫生等文件的文档管理。

## 八、SSOP 体系的实施

SSOP 是正确实施清洁和卫生活动必须遵守的程序，是实行 HACCP 系统的必备条件之一，实际上也是落实 GMP 的具体程序。SSOP 由食品生产经营者制定，并负责实施，是实施食品卫生管理的标准，同时，为了保证 SSOP 管理规定的切实落实，应制定 SSOP 评价指南，对企业实施 SSOP 的情况进行监督。一个食品生产企业实施 SSOP 管理，可以从以下五个方面落实。

（1）制订书面的 SSOP 计划书。清晰描述本企业每日在生产前和生产过程中，为了保证食品不被污染或掺假而必须采取的清洁和卫生措施及程序。

食品生产经营企业可以根据本企业的规模、性质、产品的用途等因素，制订切合实际的 SSOP 计划书，并规定一旦某些食品卫生措施不起作用后，所应当采取的应急纠正或处理方法，绝对保证食品的安全。

（2）食品生产企业的 SSOP 计划书必须由上层且具有权威的领导签发。作为企业的 SSOP 计划书，只有由本企业具有权威的人士签发，才能保证其在本企业的有效执行；如果 SSOP 计划书执行时发生变动或改变，还应由原签发人审定并签字。

（3）食品生产企业的 SSOP 计划书要明确每日生产之前的卫生标准操作程序，及生产过程中的卫生标准操作程序。通过 SSOP 计划书规定每日生产之前，应对食品接触的物面、设备、用具等进行清洗。

（4）要明确规定负责每一项 SSOP 操作的工作人员，并有验证其履行工作职责的程序。在确定每一项 SSOP 操作的工作人员时，应根据岗位、职务或具体人而定，可以为一个人，也可以为多个人，关键是要保证每一项 SSOP 能有效到位。

（5）要有食品生产实施 SSOP 计划的记录，包括应急措施的记录。记录可以是表格，也可以是计算机的电子硬件或软件。SSOP 实施的记录是证明 SSOP 计划执行情况的重要资料，一般应当保存 2 年以上。

❄【学习引导】

1. 讲述食品 GMP 体系的主要内容。
2. 食品企业实施 GMP 管理体系的基本原则是什么？
3. 讲述 SSOP 体系的 8 项主要内容。
4. 讲述 GMP 管理文件的编制格式和基本内容。
5. GMP 体系、SSOP 体系的现场审查分为哪几个阶段？主要的工作内容是什么？
6. 讲述 GMP 体系、SSOP 体系实施的要点。

❄【思考问题】

1. 食品企业为什么要建立实施 GMP 体系、SSOP 体系？
2. GMP 体系、SSOP 体系有什么区别？各自的重点任务是什么？

❄【实训项目】

## 实训一　绘制并描述某种食品生产工艺流程图

【实训准备】

1. 利用各种搜索引擎，查找阅读"食品生产工艺流程"案例。

2. 带领学生到食品企业实地考察，了解食品企业实际的生产工艺流程。也可以带学生到校内生产性实训基地学习。

【实训目的】

食品生产工艺流程图是食品企业建立实施食品质量安全管理体系的基础。学生通过正确的绘制、描述食品生产工艺流程图，学习训练作为食品质量安全管理人员应具备的工作能力。

【实训安排】

1. 根据班级学生人数进行分组，一般每组5~8人。
2. 根据待描述的对象，确定生产流程图的表达形式。
3. 绘制某一熟悉食品的生产流程图并注明关键技术参数，对关键操作进行说明。
4. 分组汇报和讲解本组编写的"食品生产工艺流程图"，学生、老师共同进行讨论提问。
5. 教师和企业专家共同点评"食品生产工艺流程图"的编写质量。

【实训成果】

提交一份食品企业典型产品的"食品生产工艺流程图"。

【实训评价】

由学生、教师和企业专家共同评价，权重建议分别为20%、40%、40%。具体评价表格和权重，请各位老师自行设计。

## 实训二　绘制食品企业厂区平面图

【实训准备】

1. 利用各种搜索引擎，查找阅读"食品企业厂区平面图"案例。
2. 带领学生到食品企业实地考察，了解食品企业实际的厂区布置。

【实训目的】

通过绘制科学、合理的食品工厂总平面图，使学生体会到科学、合理、经济的食品工厂总平面设计是确保GMP有效实施的基础和重要的组成部分。

【实训安排】

1. 根据班级学生人数进行分组，一般每组5~8人。
2. 根据食品GMP体系要求，将食品厂不同使用功能的建筑物、构筑物按整个生产工艺流程，结合用地条件进行合理的布置，使建筑群组成一个有机整体。
3. 根据食品GMP要求、设计任务书、生产工艺技术条件和用地条件，绘制食品企业总平面布置方案图。
4. 分组汇报和讲解本组绘制的"食品企业厂区平面图"，学生、老师共同进行讨论提问。
5. 教师和企业专家共同点评"食品企业厂区平面图"的绘制质量。

【实训成果】

提交一份熟悉的食品企业"厂区平面图"。

【实训评价】

由学生、教师和企业专家共同评价，权重建议分别为20%、40%、40%。具体评价表格和权重，请各位老师自行设计。

## 实训三　绘制食品企业车间平面图

【实训准备】
1. 利用各种搜索引擎,查找阅读"食品企业车间平面图"案例。
2. 带领学生到食品企业实地考察,了解食品企业实际的车间布置。

【实训目的】
通过绘制科学、合理的食品工厂车间平面图,使学生体会到科学、合理、经济的食品工厂车间平面设计是确保 GMP 有效实施的基础和重要的组成部分。

【实训安排】
1. 根据班级学生人数进行分组,一般每组 5~8 人。
2. 根据食品 GMP 体系要求,整理设备清单,对清单进行全面分析,区分设备的种类,即笨重设备、固定设备还是专用设备,并且根据车间分区各部分的面积要求,决定安放的位置。
3. 根据该车间在全厂总平面中的位置,确定车间建筑物的结构关系、朝向和跨度;用坐标纸按厂房建筑设计的要求,绘制厂房建筑平面轮廓草图。
4. 按照总平面图的构想,确定生产流水线方向;将设备尺寸按比例大小,剪成方块状,在草图上以不同的方案进行排列,以便分析比较。
5. 分组汇报和讲解本组绘制的"食品企业车间平面图",学生、老师共同进行讨论提问。
6. 教师和企业专家共同点评"食品企业车间平面图"的绘制质量。

【实训成果】
提交一份熟悉的食品企业"车间平面图"。

【实训评价】
由学生、教师和企业专家共同评价,权重建议分别为 20%、40%、40%。具体评价表格和权重,请各位老师自行设计。

## 实训四　编写洗手消毒程序

【实训准备】
1. 学习本任务中与手清洗消毒的有关内容。
2. 利用各种搜索引擎,查找阅读"手清洗消毒"材料。

【实训目的】
通过编写"洗手消毒程序",让学生学习程序文件的编写要求与格式,训练 SSOP 体系管理的方法。

【实训安排】
1. 根据班级学生人数进行分组,一般每组 5~8 人。
2. 根据程序文件内容与格式的要求,通过企业实习和网络查找资料,每组分别编写出一份"洗手消毒程序",并且做成 PPT。
3. 每组以培训员工的方式,汇报"洗手消毒程序"的学习成果,学生、老师共同进行模拟评审提问。
4. 教师和企业专家共同点评"洗手消毒程序"的编写质量。

【实训成果】

提交一份食品企业的"洗手消毒程序"文件。

【实训评价】

由学生、教师和企业专家共同评价,权重建议分别为20%、40%、40%。具体评价表格和权重,请各位老师自行设计。

---

**学 习 拓 展**

通过各种搜索引擎查阅我国已经发布的GMP标准,汇总编制成一览表。回答我国GMP体系建立的最基本依据是什么标准?该标准最新发布的时间是什么时候?

# 模块四

# 食品企业HACCP管理体系的建立与实施

【学习目标】

1. 能够讲述 HACCP 管理体系的内容与要求。
2. 能够讲述 HACCP 管理体系的七个基本原理。
3. 能够编写 HACCP 管理体系文件。
4. 能够讲述 HACCP 管理体系认证的流程与要点。
5. 能够参与 HACCP 管理体系现场审核。
6. 能够参与 HACCP 管理体系的实施。

## ※【案例引导】

在经历了一系列食品安全问题之后，人们不禁要思考：有没有一种方法，可以将这些食品安全问题消灭在生产过程中，降低这些安全问题所带来的一系列的经济损失和人身伤害呢？

20 世纪 60 年代，美国 Pillsbury 公司为美国太空项目提供安全卫生食品，为了保证宇航员食品绝对的安全卫生，在食品生产管理控制过程中，率先使用了 HACCP（hazard analysis critical control point，即危害分析及关键控制点）的概念，美国 FDA 于 1973 年决定在低酸罐头食品中采用。1989 年 11 月，美国农业食品安全检查局（FSIS）、水产局（NMFS）、食品药品管理局（FDA）等机构发布了"食品生产的 HACCP 法则"。1997 年美国要求输美水产品企业强制建立 HACCP 体系，否则其产品不能进入美国市场。

## 项目一　HACCP 管理体系的内容与要求

### 一、HACCP 的概念

HACCP 体系即运用食品工艺学、微生物学、化学和物理学、质量控制和危险性评价等方面的原理与方法，对整个食品链（从食品原料的种植/饲养、收获、加工、流通至消费过程）中实际存在的和潜在的危害进行危险性评价，找出对最终产品的安全（甚至可以包括质量）有重大影响的关键控制点（CCP），并采取相应的预防/控制措施及纠偏措施，在危害发生之前就控制它，从而最大限度地减少那些对消费者具有危害性的不合格产品出现的风险，实现对食品安全、卫生（以及质量）的有效控制。它是一种国际上公认的和普遍接受的食品卫生安全管理体系，是用以防止食品出现微生物、化学和物理危害的预防体系，它取代了传统的以"样品消耗"为特点的食品分析方法，将食品安全控制渗透到整个食品加工操作过程中。

HACCP 包括 7 项基本原理：

① 进行危害分析（HA）并确定预防措施（preventive measures）。首先找出与品种有关和与加工过程有关的可能危及产品安全的潜在危害，然后确定这些潜在危害中可能发生的显著危害，并对每种显著危害制定预防措施。

② 确定关键控制点（CCP）。对加工中的每个显著危害确定适当的关键控制点。

③ 确定关键限值（critical limit）。对确定的关键控制点的每一个预防措施确定关键限值。

④ 建立 HACCP 监控程序（monitoring）。建立包括监控什么、如何监控、监控频率和谁来监控等内容的程序，以确保关键限值得以完全符合。

⑤ 纠偏行动（corrective actions）。确定当发生关键限值偏离时，可采取的纠偏行动，以确保恢复对加工的控制，并确保没有不安全的产品销售出去。

⑥ 建立验证程序（verification procedures）。证明 HACCP 体系是否正常运转。

⑦ 建立有效的记录保存体系（record-keeping procedures）。保持准确的记录是一个成功的 HACCP 计划的重要部分。

## 二、HACCP 的起源和发展

美国是最早应用 HACCP 原理，并在食品加工过程中强制实施 HACCP 体系的国家。1971 年，Pillsbury 公司在美国食品保护会议上首次提出了 HACCP 的概念。1972 年，美国首先成功地应用 HACCP 控制低酸罐头中的微生物污染，1973 年美国食品药品管理局（FDA）发布了相应的法规（21 CFR Part 113）。其后，美国 FDA 和农业部等有关机构先后分别对 HACCP 的推广应用做了一系列的规定，并要求建立一个以 HACCP 为基础的食品安全监督体系（food safety inspection model based upon）。1995 年 FDA 颁布了"水产品 HACCP 法规"（21 CFR Part 123）。1996 年，美国农业部食品安全监督局（FSIS）颁布了"致病性微生物的控制与 HACCP 法规"（61 FR 38805），要求国内和进口肉类食品加工企业必须实施 HACCP 管理。1998 年 FDA 提出了《应用 HACCP 对果蔬汁饮料进行监督管理法规》草案（63 FR 20486），并正式颁布法令（21CFR-123）开始实施。

由于 HACCP 首先在美国得到全面推广后，在保证食品卫生质量上取得明显效果，有关国家的法规纷纷规定食品加工企业必须在其生产加工过程中建立和实施 HACCP 方法。国际组织也推荐成员国采用 HACCP 体系。1993 年国际食品法典委员会（CAC）起草了《HACCP 体系应用准则》；FAO 于 1994 年起草的《水产品质量保证》文件中规定应将 HACCP 作为水产品企业进行卫生管理的主要要求，并使用 HACCP 原则对企业进行评估。1997 年 6 月，CAC 大会通过了《HACCP 应用系统及其应用准则》，并列入《食品卫生通则》（修订版）（CAC/RCP-1，1969，Rev 3-1997），号召各国积极推广应用。目前，《食品卫生通则》和《HACCP 体系及其应用准则》是在食品安全管理体系中应用最广泛的两个标准。《HACCP 体系及其应用准则》于 1993 年实施，1997 年、1999 年和 2003 年又作了修订，该标准在国际上已被广泛接受并采纳。2005 年，新的 ISO 22000《食品安全管理体系——食品链中各类组织的要求》标准，整合了"危害分析及关键控制点"（HACCP）体系和 CAC 制定的实施步骤。

我国食品企业中 HACCP 的应用起步较晚。卫生系统从 20 世纪 80 年代开始在有关国际机构的帮助下开展 HACCP 的宣传、培训工作，并于 20 世纪 90 年代初开展了乳制品行业的

HACCP应用试点，特别是在十一届亚运会上成功地运用HACCP原理进行食品安全保障。质检系统（原进出境检验检疫局）多年来对水产品、禽肉、畜肉、果蔬汁等行业的出口企业推行HACCP，并取得了初步成效，促进了我国食品的出口贸易。2001年，我国在包括HACCP体系认证在内的认证认可工作实现了统一管理，为全面实施HACCP体系提供了组织保障。2002年3月20日，国家认监委发布第3号公告《食品生产企业危害分析与关键控制点HACCP体系管理体系认证管理规定》，并于2002年5月1日起施行，该规定规范了食品生产企业实施HACCP体系的认证监督管理工作，HACCP体系认证管理工作实现了有法可依。2002年4月19日，中国国家质量监督检验检疫总局发布了第20号令，明确提出了《卫生注册需评审HACCP体系的产品目录》，第一次强制性要求某些食品生产企业建立和实施HACCP管理体系，将HACCP管理体系列为出口食品法规的一部分。为了适应社会的需求、国际市场的变化，我国政府于2002年5月20日起，由中国国家质量监督检验检疫总局开始强制推行HACCP体系，要求凡是从事罐头、水产品（活品、冰鲜、晾晒、腌制品除外）、肉及肉制品、速冻蔬菜、果蔬汁、含肉或水产品的速冻方便食品的生产企业在新申请卫生注册登记时，必须先通过HACCP体系评审，而目前已经获得卫生注册登记许可的企业，必须在规定时间内完成HACCP体系建立并通过评审。2004年6月1日，中国国家质量监督检验检疫总局发布了《食品安全管理体系要求》标准（SN/T 1443.1—2004），提出了包含HACCP原理的食品安全管理原则，将HACCP体系系统地发展为以HACCP为核心的食品安全管理体系（简称"HACCP食品安全管理体系"），通过对食品企业的管理实现对危害的控制，适用于食品链中的所有食品组织。2006年3月1日，中华人民共和国国家质量监督检验检疫总局和中国国家标准化管理委员会共同发布了GB/T 22000—2006《食品安全管理体系 食品链中各类组织的要求》，2006年7月1日正式实施。该标准作为我国的推荐性标准是等同采用国际标准ISO 22000—2005，该标准的实施标志着我国在食品安全管理体系（HACCP体系）上正式与国际接轨。

### 三、实施HACCP体系的意义

随着工业规模化与多样化的发展，人们对食品安全与卫生方面的监控与管理工作提出了更高的要求，政府和企业界都付出了巨大的努力。但是，世界各国的食物中毒事件仍呈逐年上升趋势，食品安全问题是全世界面临的话题。例如，在美国，每年有650万~3300万人因食品中含有病原菌而患病，其中约有9000人死亡，造成国民经济损失65亿~350亿美元；欧洲在过去十年中，食物中毒案例增加了200%；中国2013年第一季度全国食物中毒类突发公共卫生事件一共报告24起，中毒755人，其中死亡18人。此数据与2012年同期相比，报告起数增加41.2%，中毒人数增加72.4%，死亡人数增加50.0%。这一现状向各类食品加工企业和政府部门提出了严峻的挑战。

分析各类食物中毒事件可知，引发食源性疾病的原因如下：①原料质量差；②原料处理不当；③产品配方变更；④产品工艺变更；⑤发生交叉污染；⑥清洁不当；⑦维修保养不当；⑧添加剂使用不符合法规要求或加入错误的成分；⑨以经济欺骗为目的的制假。这些原因导致食品中存在各种生物、化学和物理危害，使食品消费不安全，其中发达国家更多的是微生物食源性疾病的食品安全问题，而发展中国家更多的是化学物质添加的食品安全问题。

采用HACCP体系的主要目的是建立一个以预防为主的食品安全控制体系，最大限度地消除/减少食源性疾病。因此，这种系统性强、约束性强、适用性强的管理体系，对政府监督机构、消费者和生产商都有利。其理由如下。

（1）HACCP是一种结构严谨的控制体系，它能够及时识别出所有可能发生的危害（包括生物、化学和物理的危害），并在科学的基础上建立预防性措施。

（2）HACCP 体系是保证生产安全食品最有效、最经济的方法，因为其目标直接指向生产过程中有关食品卫生和安全问题的关键部分，因此，能降低质量管理成本，减少终产品的不合格率，提高产品质量，延长产品货架寿命，大大减少由于食品腐败而造成的经济损失，不但降低了生产成本，而且极大地减少了生产和销售不安全食品的风险。同时还减少企业和监督机构在人力、物力和财力方面的支出，最终形成经济效益、生产与质量管理等方面的良性循环。

（3）HACCP 体系能通过预测潜在的危害以及提出控制措施使新工艺和新设备的设计与制造更加容易和可靠，有利于食品企业的发展与改革。

（4）HACCP 体系为食品生产企业和政府监督机构提供了一种最理想的食品安全监测和控制方法，使食品质量管理与监督体系更完善、管理过程更科学。应用 HACCP 体系可以弥补传统的质量控制与监督方法的不足。

（5）HACCP 已被政府监督机构、媒介和消费者公认为目前最有效的食品安全控制体系，实施该体系等于向公众证明企业是一个将食品安全视为第一的企业，从而增加人们对产品的信心，提高产品在消费者中的可信度，保证食品工业和商业的稳定性。

在食品外贸上重视 HACCP 审核可减少对成品实施繁琐的检验程序。HACCP 已逐渐成为一个全球性食品安全控制体系，在我国实施和推广集科学、简便、实用、有效于一体的 HACCP 这一先进管理体系，有助于国家和企业将人力、财力和物力用于最需要和最有用之处。因此，利国、利民、利厂，必将对改善我国食品卫生状况、提高食品安全性起积极的推动作用。

### 四、HACCP 的具体内容与要求

**1. 实施 HACCP 计划必须具备的基本程序和条件**

（1）必备程序　GMP 和 SSOP 是实施 HACCP 的必备程序，是实施 HACCP 计划必须具备的基础。

（2）管理层的支持　在计划建立 HACCP 体系前，企业的最高领导和管理层必须真正认识到建立 HACCP 体系的重要性，并在人力、物力、财力和政策上给予全力支持，这是能否建立和实施 HACCP 体系的关键。

（3）人员的素质要求与培训　人员是 HACCP 体系成功实施的重要条件，因为 HACCP 体系必须依靠人来执行，如果员工既无经验也没有经过很好的培训，就会使 HACCP 体系无效或不健全。

（4）校准程序　通过校准程序能确保所有影响产品品质和安全的检验、测试或测量器具（如 pH 计、天平、温度计等）均能得到有效维护和保养。定期校准可使这些器具达到并维持在必要的水平上，校准程序中还须交代如果发现器具失准，应如何处理相关产品。

（5）产品的标识和可追溯性　产品必须有标识，这样不但能使消费者知道有关这些产品的信息，而且还能减少错误或不正确发运和使用产品的可能性。产品标识的内容至少应包括：产品描述、级别、规格、包装、最佳食用期或保质期、批号、生产商和生产地址等。

产品的可追溯性包括两个基本要素：能确定生产过程的输入（如杀虫剂、除草剂、化肥、成分、包装、设备等）及这些输入的来源；能确定成品已发往的位置。

（6）产品回收计划　产品回收计划描述了公司需要回收产品时所执行的程序，其目的是为了保证凡是具有公司标志的产品任何时候都能在市场上进行回收，能有效、快速和完全地进入调查程序。因此，企业要定期验证回收计划的有效性。

在这些基本程序和条件具备的基础之上,根据食品法典委员会《HACCP 体系及其应用准则》阐述的内容,进行 HACCP 体系的研究,此过程由 12 个步骤组成,涵盖了 HACCP 7 项基本原理。

**2. 组建 HACCP 小组、明确 HACCP 计划的目的和研究范围**

(1) 组建 HACCP 小组  食品生产者在制订一份有效的 HACCP 计划时,应确保对相关产品具备足够的专业知识和有关专家的支持。最理想的是,组成一个多专业的小组来完成这个计划,这是建立 HACCP 计划的重要步骤。HACCP 小组负责制订 HACCP 计划、编写 SSOP 文件、验证和实施 HACCP 体系。小组成员应由不同专业背景的人员组成,包括卫生专家、质控专家和那些直接从事工厂日常操作的人员(维护、生产与实验室人员),最好还包括销售和信息人员。虽然有时一个人就可以正确地分析危害和制订 HACCP 计划,但建立 HACCP 小组会更有帮助,当只有一个人制订 HACCP 计划时,可能会遗漏或误导加工过程中的一些关键点。小组鼓励成员积极主动参与以融合不同领域的专业知识,降低关键点被遗漏或误导的危险。应当熟知食品安全危害并了解 HACCP 原理,当出现无法解决的问题时,必须请外面的专家帮助(如:贸易和工业协会、独立的专家和执法部门),查阅 HACCP 文献和 HACCP 指南(包括特定行业的 HACCP 指南)。

(2) 明确 HACCP 计划的目的和研究范围  在 HACCP 小组进行第一次会议、开始研究 HACCP 计划之前,应该首先在研究目的与范围上达成共识。因为,只有明确实施 HACCP 的原因,确定 HACCP 计划的关键部分,才能避免研究过程陷入琐碎的细节之中。HACCP 是实施食品安全管理的工具,因此,食品安全问题应是其研究过程中最基本的中心点。但食品安全问题有非常广泛的范围,HACCP 小组必须确定其研究的起点和终点。

**3. 产品描述**

正确说明产品的性能、用途以及使用方法。应制定一份详细的产品说明,包括有关安全方面的信息,例如:成分、物理/化学特性(包括水分活性、pH 等)、微生物/静态处理方法(例如热处理、冷冻、盐渍、烟熏等)、包装方式、保质期和储存条件以及装运方法。企业生产多类产品时,如餐饮业,为了更有效地实施 HACCP 计划,应按照产品的相同特性或生产流程将其按组合分类。

**4. 确定预期用途以及销售对象**

以用户和消费者为基础,详细说明产品的销售地点、目标群体,特别是能否供敏感人群使用。对于不同的用途和不同的消费者,食品的安全保证程度不同。尤其是婴儿、老人、体弱者、免疫功能不全者等社会弱势群体以及对该产品实行再加工的食品企业,更要充分了解和把握产品的特性。

**5. 绘制生产流程图**

生产流程图是用简单的方框或符号,清晰、简明地描述从原料接收到产品储运的整个加工过程,以及有关配料等辅助加工步骤,覆盖加工的所有步骤和环节。流程图由 HACCP 小组绘制,HACCP 小组可以利用它来完成制订 HACCP 计划的其余步骤。

流程图给 HACCP 小组和验证审核人员提供了重要的视觉工具,HACCP 小组应把所有的过程、参数标注到流程图中,或单独编制一份加工工艺说明,以有助于进行危害分析。

**6. 现场确证生产流程图**

流程图的精确性影响到危害分析结果的准确性,因此,生产流程图绘制完毕后,必须对其进行确证。应确认流程图上各步骤是和产品的整个生产过程相符合的,并应根据流程图对生产过程进行确认,必要时对流程图进行修改。流程图的验证应由一位或多位有足够生产经验的人员完成。

**7. 进行危害分析，建立预防措施**

（1）进行危害分析　对加工过程中的每一步骤（从流程图开始）进行危害分析，确定危害的种类，找出危害的来源，建立预防措施是任何一项 HACCP 研究的关键步骤之一，HACCP 小组必须考虑并识别出所有潜在的危害。识别危害的方法如下。

① 利用参考资料　许多参考资料有助于识别和分析生产过程中的危害。HACCP 小组成员来自企业不同部门，其本身所具有的各种学科方面的经验和知识就是重要的参考资料和知识来源。当 HACCP 小组成员在某些领域中的知识有限时，应知道可从何处得到信息和建议。在有关食品加工以及食品卫生学方面的一般书籍、流行病学报告和 HACCP 研究论文中都很容易找到不同产品、原材料以及加工过程中某些危害的类型、存在方式及其控制措施。如果企业内部组建的 HACCP 小组没有足够的专业知识，可通过许多组织和机构获得帮助，如工业实体、研究机构、高等教育机构、各级卫生防疫部门、质量技术监督管理部门和外部专家或顾问。

② 需要考虑的问题　在任何食品的加工操作过程中都不可避免地存在一些具体危害，这些危害与所用的原料、操作方法、储存及经营有关。即使生产同类产品的企业，由于原料、配方、工艺设备、加工方法、加工日期和储存条件以及操作人员的生产经验、知识水平和工作态度等不同，各企业在生产加工过程中存在的危害也是不同的。因此，危害分析需针对实际情况进行。

③ 通过广泛讨论进行危害分析　在深入进行 HACCP 研究之前，必须能识别所有的危害，这意味着不仅要了解常见的危害，而且还要了解可能会发生的潜在危害。因此，应开展广泛的讨论，了解生产流程图上每一加工步骤中可能产生的危害并找出导致这些危害的原因所在。具体工作方式可以是正式而有组织的首脑会议，也可以是非正式的自由讨论。思维风暴是解决问题的好办法，在思维风暴后，HACCP 小组应逐项分析大家提出的所有危害。如果要否决某项危害，必须是小组全体人员一致认为其在研究的生产过程中确实不存在。

④ 危害分析的组织方法　由不同部门专家组成的 HACCP 小组，根据已确证的生产流程图展开有组织的思维风暴是准确完成这一关键步骤的最佳方法。现已证实，记录生产过程中各阶段发生的所有危害是非常有用的，因为由此形成的文件可作为危害分析和讨论预防措施的基础。这类非正式文件通常有助于总结 HACCP 小组的思想和讨论结果，也有助于确保识别所有可能发生的危害。

⑤ 什么是危险性　为了建立一个适当的控制机制，在危害分析过程中有必要评价提出的每一种危害的特征及意义，这就是所谓的危险性评价，是 HACCP 小组成员必须了解的一个过程。危险性的一般定义为危害可能发生的概率或可能性，即危害发生的可能性。

HACCP 小组不需要深入研究不同类型危害的危险性评价理论。不过，当某一危害发生时，如果不能确定其危险性，那么，必须知道可从何处获得正确的专业知识。如果有疑问，就需要将潜在危害视为真正的危害，并对此进行 HACCP 研究。这是一个最佳的方法，因为只有这样才能确保食品的安全性。

⑥ 危害分析工作单　美国 FDA 推荐的一份表格"危害分析工作单"（表 4-1）是一份较为适用的危害分析记录表格，通过填写这份工作单能顺利进行危害分析，确定关键控制点（CCP）。

表 4-1　危害分析工作单（FDA）

企业名称：　　　　　　　　　　　　　　　　　　　　企业地址：

| 加工步骤 | 食品安全危害 | 危害显著(是/否) | 判断依据 | 预防措施 | 关键控制点(是/否) |
|---|---|---|---|---|---|
| 1 | 生物性 | | | | |
| | 化学性 | | | | |
| | 物理性 | | | | |
| 2 | 生物性 | | | | |
| | 化学性 | | | | |
| | 物理性 | | | | |

（2）建立预防措施　当所有潜在危害被确定和分析后，接着需要列出有关每种危害的控制机制、某些能消除危害或将危害的发生率减少到可接受水平的预防措施。具体从以下几方面考虑：设备与设施的卫生；机械、器具的卫生；从业人员的个人卫生；控制微生物的繁殖；日常微生物检测与监控。

**8. 确定关键控制点（CCP）**

关键控制点（CCP）是指食品生产中的某一点、步骤或过程，通过对其实施控制，能预防、消除或最大程度地降低一个或几个危害。关键控制点的数量取决于产品或生产工艺的性质、复杂性和研究范围等，一般在生产中关键控制点（CCP）不要太多，否则容易失去控制重点。

CCP 判断树是正确确定 CCP 非常有用的工具（图 4-1）。在判断树中，针对存在的危害设计了一系列逻辑问题，只要按序回答判断树中的问题，便能决定某一步骤是否是 CCP。其具体工作程序如下。

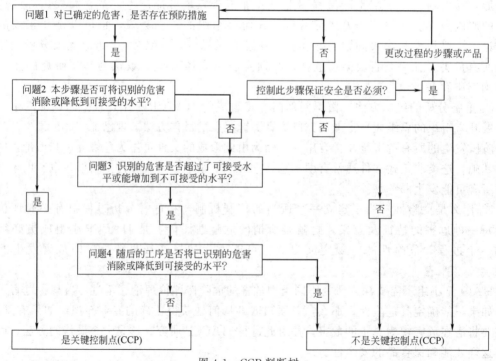

图 4-1　CCP 判断树

对于食品加工过程中的某一加工步骤，HACCP 小组在进行危害分析后，还要确定该加工步骤是否是关键控制点。依据 CCP 判断树，回答相应的问题，可以确定是否为关键控制点（CCP）。

问题 1　对已确定的危害，是否存在预防措施？

如果回答"是"，则继续"问题 2"的提问。如果回答"否"，则接着要问"控制此步骤保证安全是否必须？"，如果是"否"，说明该加工步骤不是关键控制点；如果"是"，则要"更改过程的步骤或产品"，并且回答"问题 1"。

问题 2　本步骤是否可将识别的危害消除或降低到可接受的水平？

如果对此问题的回答为"是"，那么就可以确定该点为 CCP，然后开始对下一步骤进行分析。如果回答为"否"，则进入问题 3。

问题 3　识别的危害是否超过了可接受水平或能增加到不可接受的水平？

如果答案为"是"，即可能存在危害或危害可能增加到不可接受的水平，那么进入问题 4。如果对此问题的回答为"否"，说明该加工步骤不是关键控制点，那么就考虑另一个危害或下一个加工步骤。

问题 4　随后的工序是否将已识别的危害消除或降低到可接受的水平？

如果对此问题的回答为"是"，那么所讨论的步骤不是"CCP"；如果回答为"否"，说明该加工步骤是关键控制点（CCP）。

### 9. 建立关键限值（CL）

CCP 的绝对允许极限，即用来区分安全与不安全的分界点，就是所谓的关键限值（CL）。如果超过了关键限值，那么就意味着这个 CCP 失控，产品可能存在潜在的危害。

确定关键限值（CL）应注重三项原则：有效、简捷和经济。有效是指在此限值内，显著危害能够被防止，消除或降低到可接受水平；简捷是指易于操作，可在生产线不停顿的情况下快速监控；经济是指较少的人力、财力的投入。好的关键限值应该是直观、易于实际监测，仅基于食品安全角度考虑、允许在较快的规定时间内完成，能使只销毁或处理较少的产品时就采取纠正措施，不打破常规方式，不是 GMP 或 SSOP 措施，不违背法规和标准。

关键限值（CL）的确认方法为：

（1）确认在本关键控制点（CCP）上要控制的显著危害与预防控制措施的对应关系。

（2）分析明确每种预防控制措施针对相应显著危害的控制原理。

（3）根据关键限值的确定原则和危害控制原理，分析确定关键限值的最佳项目和载体，可考虑的项目包括：温度、时间、湿度、厚度、纯度、黏度、pH 值、水分活度、盐度、体积等。

（4）确定关键限值的数值应根据法规法典和一些权威组织公布的数据（如农药残留限量）、科学文献、危害控制指南以及企业自行或委托试验的结论来确定（表 4-2），而非凭个人的臆想、经验随意作决定。如果得不到确定关键限值的信息，应选择一个保守的数值，用于确定一个关键限值的依据和参考资料应成为 HACCP 计划支持性文件的一部分。食品企业在遵循管理标准和指导手册的同时，应聘请高素质的专业人员对关键限值（临界值）进行充分论证，以确保设立的指标和措施能够有效地控制已知危害。

表 4-2　关键限值的来源

| 一般来源 | 例子 |
| --- | --- |
| 科学刊物 | 杂志文章、食品科学教科书、微生物参考书 |
| 法规性指南 | 国家或地方指南，USDA 指南、FDA 指南 |
| 专家 | NACMCF（国家食品微生物标准咨询委员会）、热工艺权威、顾问、食品科学家、微生物专家、设备制造商、大学科研机构、贸易商 |
| 试验研究 | 试验、对比实验室 |
| 实践经验 | 长期试验结果 |

关键限值的建立是与后面的监控以及纠正措施相互联系的，当监控发现加工一旦偏离了关键限值，就要及时采取纠正措施。纠正措施不但要查找和消除发生偏离的原因，防止偏离再次发生，还要隔离和重新评估发生偏离期间所生产的产品，以确保食品安全。因此只设立关键限值不利于生产控制，为此还要为关键控制点设立一个操作限值。

操作限值（OL）是比关键限值（CL）更严格的限度，由操作人员使用，是降低偏离风险的标准。操作限值应当确立在关键限值被违反以前所达到的水平，它的建立应考虑：设备操作中操作值的正常波动、避免超出一个关键限值、质量原因等。

操作限值不能与关键限值相混淆。在实际加工过程中，当监控值违反操作限值时，需要进行加工调整。加工调整是为了使加工回到操作限值内而采取的措施，不涉及产品，只是消除发生偏离操作限值的原因，使加工回到操作限值。加工人员可以使用加工调整以避免加工失控和采取纠正措施的必要，及早地发现失控的趋势并采取行动可以防止产品返工或造成产品的报废。只有监控值违反了关键限值时，才采取纠正措施。

**10. 建立每个CCP合适的监控程序**

监控程序是一个有计划的连续监测或观察过程，用以评估一个CCP是否受控，并为将来验证时使用。因此，它是HACCP计划的重要组成部分之一，是保证安全生产的关键措施。

监控的目的包括：①跟踪加工过程中的各项操作，及时发现可能偏离关键限值的趋势并迅速采取措施进行调整；②查明何时失控（查看监控记录，找出最后符合关键限值的时间）；③提供加工控制系统的书面文件。

监控程序通常应包括以下4项内容：①监控对象；②监控方法；③监控频率；④监控人员。

**11. 建立纠偏措施**

根据HACCP的原理与要求，当监测结果表明某一CCP发生偏离关键限值的现象时，必须立即采取纠偏措施。虽然实施HACCP的主要目的是防患于未然，但仍应建立适当的纠偏措施以备CCP发生偏离时之需。因此，HACCP小组需要研究有关纠偏措施的具体步骤，并将其标注在HACCP控制表上，这样，可减少需要采取纠偏措施时可能会发生的混乱或争论。同时，明确指定防止偏离和纠正偏离的具体负责人也是非常重要的。

**12. 建立验证程序**

"验证才足以置信"，这句话表明了验证原理的核心所在。HACCP计划的宗旨是防止食品安全危害，验证的目的是通过严谨、科学、系统的方法确认HACCP计划是否失效（即HACCP计划中采取的各项措施能否控制加工过程及产品中潜在的危害），是否被正确执行（因为有效的措施必须通过正确的实施过程才能发挥作用）。

利用验证程序不但能确定HACCP体系是否按预定计划运行，而且还可确定HACCP计划是否需要修改和再确认。所以，验证是HACCP计划实施过程中最复杂的程序之一，也是必不可少的程序之一。验证程序的正确制定和执行是HACCP计划成功实施的基础。

验证活动包括：①确认HACCP体系；②危害分析（HA）的确认；③CCP的验证审核，如监控设备的校准及校准记录的复查、针对性的取样和检测、CCP记录的复查；④HACCP体系的验证，如审核、终产品检验；⑤执法机构对HACCP体系的审核验证。

**13. 建立有效的记录和文件管理程序**

HACCP体系需建立和所有程序相关的文件，并对这些原则的应用情况进行记录。HACCP体系记录是采取措施的书面证据，方式有表格式、文字式（各种报告）、图形式（生产流程图、监控检测图）等，内容可分为两大部分：一是SSOP监控记录；二是

HACCP 计划要求的记录。

SSOP 监控记录可以用来证明卫生标准操作程序（SSOP）被执行的情况，以及 SSOP 制定的目标和频率能否达到 GMP 的要求。在制定 SSOP 时，应考虑各项卫生的监测方式、记录方式，怎样纠正出现的偏差。对各项卫生操作，都应记录其操作方式、场所、由谁负责实施等。记录的格式应易于使用和遵守，不能过于详细，也不能过松。

HACCP 计划要求保持的记录可提供 HACCP 计划制订的是否合理、HACCP 计划是否被有效实施以及 HACCP 计划被修改的必要性等方面的证据。它一般包括：危害分析（包括修改）、CCP 确定（判断树的使用）、关键限值的确定（支持性文件）、CCP 监控活动（包括设备及其校准）、纠正措施、HACCP 体系改进、HACCP 工作单、人员培训（包括资格证书）、HACCP 体系验证（内审、外审）等记录。

在制订 HACCP 计划时所需的支持性文件，作为可追溯性的证据，也应以记录的形式予以保存。HACCP 支持性文件包括：

用于制订 HACCP 计划的信息和资料，如书面的危害分析表、用于进行危害分析和建立关键限值的任何信息的记录。

制定抑制细菌性病原体生长的方法时所使用的数据，建立产品安全货架寿命所使用的数据，以及在确定杀死细菌性病原体加热强度时所使用的数据。

与有关顾问或其他专家进行咨询的信件。

HACCP 小组的名单和他们的职责，在制订 HACCP 计划中采取的预期步骤的概要以及必须先具备的程序等。

由于各项记录是判断 HACCP 是否在执行的依据或 CCP 是否受控的证据，因此必须确保记录产生的严肃性、真实性、原始性和完整性。各项记录必须在现场观察时记录，不允许提前记录或之后补记，更不允许伪造记录；不允许任意涂改、删除或篡改；各项记录必须完整，不允许缺页、缺项、缺内容。因此，设计记录表格时，在满足记录要求的前提下，应使其具有可操作性，避免繁琐。

根据法规要求，对监控记录、纠正措施记录和验证记录应进行定期评审，前两种记录要求在 1 周内完成，后一种记录要求在合理的时间内进行，所谓合理的时间是指加工企业应根据企业运转的情况，以及运转的稳定性来具体安排对验证记录的评审。审核时主要审核是否按规定的方法和次数进行监测，是否符合 CL，是否在必要时已采取了纠正措施。

各种记录应保持清晰、易于识别和检索。记录可以用计算机保存，但应注意资料的完整性以及是否签名的一致性。对记录的控制要求采用颜色、编号等方式对记录进行标识，以易于识别和检索；安排适宜的环境储存记录，防止记录的损坏或丢失；规定对记录的防护、保管和借阅的要求；根据产品的特点、法规要求及合同要求确定记录的保存期，如冷藏水产品为 1 年，而冷冻水产品或其他货物稳定的制品一般为 2 年等；对于需销毁的记录，在程序文件中应规定销毁和处置的方法。说到必须做到，按照记录保持程序的要求进行记录和控制，是 HACCP 体系成功运行和持续改进的需要，也是认证和官方验证的需要。

# 项目二　HACCP 管理体系文件编写

HACCP 管理体系文件是描述 HACCP 体系建立与实施过程的文件。编制管理体系文件是组织建立管理体系的需要，也是满足标准、法律法规要求的需要。管理体系文件的编制和发布是一个组织管理体系建立和运行的标志，其作用有规范组织的质量管理活动、为审核提供客观证据、有利于质量的改进和作为提高人员素质的基本教材。

## 一、HACCP管理体系文件编写依据

(1) 国际食品法典委员会（CAC）《食品卫生通则》。
(2) 国际食品法典委员会《HACCP体系及其应用准则》。
(3) GB/T 27341—2009《危害分析与关键控制点体系　食品生产企业通用要求》。
(4) GB/T 19001—2008《质量管理体系——要求》。
(5) GB/T 22000—2006《食品安全管理体系——食品链中各类组织的要求》。

## 二、HACCP管理体系文件编写原则

HACCP管理体系文件编写过程中，首先，要基于《HACCP体系及其应用准则》的内在要求，描述和规定HACCP体系建立与实施的全部内容；其次，为了满足第三方认证和官方验证的需要，要采用最新的质量管理体系文件的结构；同时，为了加强体系实施时的可操作性和有效性，要以过程方式描述HACCP体系，体现HACCP体系的技术特征，注意HACCP计划与产品加工工序的关系，运用HACCP计划与SSOP计划联合控制显著危害的方法。除此之外，HACCP管理体系文件在编写时还应注意下面一些问题。

**1. 应针对不同行业，彰显本企业特色**

文件的制定应根据产品种类、加工过程的风险、危害来源等内容综合考虑，做到既符合要求，又反映本产品的特点，最终制定文件的目的是让文件规范约束人的行为、达到有效执行、规避风险的目的。

**2. 识别动态变化，文件及时更新**

随着科学研究的不断进展，一些新型食品不断出现，食品生产工艺也发生了很大变化，尤其是近年来一些食品安全事件频繁发生，更促进了法律法规的不断更新变化。无论是从2009年6月1日开始实施的《食品安全法》，还是具体到某一产品的标准都处在动态更新过程中。因此以法律法规产品标准等为基础而建立的企业体系文件，也应及时对文件相关内容进行更新，这样才能不断符合新的法律法规和标准要求。

**3. 体现有效沟通，做好安全防护**

在ISO 22000标准中强调了沟通对于体系运行的重要作用。因此在体系文件中应更加突出沟通环节。不仅仅是对外沟通环节，还包括对内沟通的各环节，要求畅通质量和食品安全管理信息交流与协商渠道，确保在整个食品链中获得充分的信息，确保管理体系的有效运行。这既是外来信息更新快的要求，更是企业内部增加执行力的要求。

## 三、HACCP管理体系文件的构成

**1. 内容构成**

HACCP管理体系文件主体内容包括三部分：必备程序（GMP和SSOP），前提条件（管理层的支持、HACCP小组、人员培训计划、工厂维护保养计划、产品代码识别计划和产品回收计划等）及HACCP计划。

**2. 结构构成**

HACCP管理体系文件从结构上划分为四个层次：HACCP手册、HACCP程序文件、HACCP支持文件和HACCP记录。HACCP手册是企业建立和实施HACCP体系的法规性文件，对本企业建立的HACCP体系做出总体规定；程序文件是企业实施HACCP体系的执行性文件，通过以过程方法制定的程序实现HACCP手册的各项规定；支持文件是企业

建立和实施 HACCP 体系的技术性文件，支持程序文件的执行，使 HACCP 体系的运行能有效控制食品的安全危害；记录是企业实施 HACCP 体系的证据性文件，证实体系运行的有效性，并通过记录反映的问题改进 HACCP 体系。四个层次之间的关系可以用图 4-2 表示。

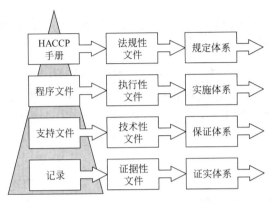

图 4-2　HACCP 管理体系文件的结构层次关系

## 四、HACCP 手册

对于一份有效可行的 HACCP 手册，编制时应该注意：对企业所建立的 HACCP 体系做出总体规定；描述 HACCP 体系各组成部分、各过程之间的相互关系和相互作用；将准则、法规的要求转化为对本企业的具体要求；在手册的规定与程序文件之间建立对应关系，确保规定能够被实施。一般情况下，企业 HACCP 手册包括如下内容。

**1. 封面**

HACCP 手册封面一般包括企业名称、受控状态、受控编号、编制人、审核人、批准人、发布日期和实施日期等。示例见表 4-3。

表 4-3　HACCP 手册封面示例

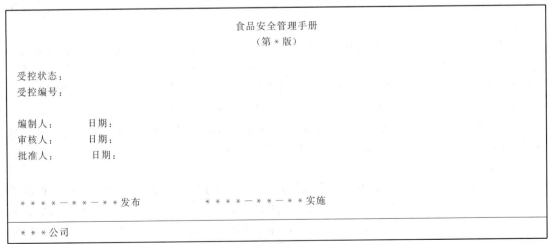

**2. 版头**

HACCP 手册版头一般包括文件名称、文件编号、版次/状态、页码等内容。示例见表 4-4。

表 4-4  HACCP 手册版头示例

| ＊＊＊＊（文件编号） | | 第＊页 | 共＊页 |
|---|---|---|---|
| 第＊章 | ＊＊＊＊（章节名称） | 版号/修改号 | ＊/＊ |

### 3. 手册颁布令

手册颁布令指的是为保证 HACCP 在企业内部的顺利执行，公司高层负责人对于该食品安全管理的认可。示例见表 4-5。

表 4-5  HACCP 手册颁布令示例

| 为确保对×××产品生产加工过程的安全卫生控制，本公司依据《HACCP 体系及其应用准则》(CAC)和相关法规，制定了 HACCP 体系文件，现予以颁布实施，公司各部门及全体员工自颁布之日起遵照执行。<br><br>总经理：<br>　　　　年　月　日 |
|---|

### 4. 手册正文（手册正文目录见表 4-6）

表 4-6  HACCP 手册正文目录

| 手册正文目录 | | | |
|---|---|---|---|
| 第 0.1 章 | 目录 | 第 4 章 | HACCP 体系说明 |
| 第 0.2 章 | 公司概况 | 第 5 章 | GMP 计划 |
| 第 0.3 章 | 公司安全卫生方针及目标 | 第 6 章 | SSOP 计划 |
| 第 0.4 章 | 组织机构图 | 第 7 章 | HACCP 前提计划 |
| 第 0.5 章 | HACCP 小组成员及职责 | 第 8 章 | HACCP 计划 |
| 第 1 章 | 范围 | 第 9 章 | HACCP 手册管理 |
| 第 2 章 | 引用标准 | 第 10 章 | HACCP 手册修改页 |
| 第 3 章 | 术语和定义 | 第 11 章 | 附录 |

### 5. 手册正文说明

（1）"第 4 章 HACCP 体系说明"主要包括体系文件的构成（体系文件的组成部分、体系文件各组成部分之间的相互关系）和文件控制。

文件控制的具体内容包括：规定 HACCP 体系文件的编制、审核、批准、发放的部门和人员的职责，确定文件的编号规则，明确文件的使用范围和保存方法，文件应分类保存并便于检索；规定文件的定期评审方式和文件更改的职责及审批权限，规定文件作废和销毁的申报审批程序和执行部门；有关文件控制的具体操作过程需建立《文件控制程序》。

（2）"第 7 章 HACCP 前提计划"指的是确保 HACCP 有效进行的必备工作，主要包括人员培训计划、工厂维修保养计划、产品识别代码计划和产品回收计划等。

① 人员培训计划

a. 培训对象　在 HACCP 体系建立实施过程中，负有进行危害分析、制定预防控制措施、制订 HACCP 计划、评估纠偏行动计划、修改 HACCP 计划、HACCP 计划的确认、危害分析的确认、HACCP 体系验证的记录复查等执行职责的人员，必须通过政府有关部门认可的培训，或具有与培训课程等同的知识。所以 HACCP 培训对象一般包括企业的管理人员、技术人员、检验人员、加工操作人员、仓储人员、销售人员、采购人员、运输人员等。

b. 培训内容　培训内容包括：相关标准、法规、规章培训；GMP 培训；SSOP 培训；HACCP 原理及应用（HACCP 计划）培训；HACCP 体系建立（HACCP 体系文件编制）

培训；HACCP 体系实施（本企业 HACCP 体系文件）培训。

c. 培训的实施　培训实施时，首先需制订具体培训计划，有关人员培训计划的具体操作过程需编制《人员培训控制程序》。

通常情况下，企业可派人参加有资格的认证培训机构举办的 HACCP 体系建立培训，也可请有资格的认证咨询机构对企业人员进行 HACCP 体系建立培训，并指导企业 HACCP 体系的建立与实施。

② 工厂维修保养计划　根据 GMP 的要求，工厂维修保养计划主要包括：厂区内环境保养、厂房和场地维修保养、工器具维修保养、仪器设备设施维修保养。

有关工厂维修保养计划的具体操作过程需编制《工厂维修保养控制程序》。

③ 产品回收计划　为保证企业产品进入市场后，出现安全或质量问题时能够及时有效处理，使不良影响降到最低，必须预先制订产品回收计划。有关产品回收计划的具体操作过程需编制《产品回收控制程序》。

④ 产品识别代码计划　产品识别代码计划包括：产品的标识和可追溯性；产品批次、批号管理；产品包装的识别代码，包括产品名称、生产日期、批号等。

有关产品识别代码计划的具体操作过程需编制《产品识别代码控制程序》。

(3)"第 8 章 HACCP 计划"包括 HACCP 体系计划的 13 个步骤，包括：组成 HACCP 小组，产品描述，确定预期用途和消费者，绘制生产流程图，现场确认流程图，进行危害分析，制定预防措施，确定关键控制点，确定各关键控制点的关键限值，建立各关键控制点的监控程序，建立纠偏措施，建立验证程序，建立记录管理程序。

(4)"第 9 章 HACCP 手册管理"，该部分内容包括手册由谁编制、审核、批准、修改和批准、发放和回收以及如何使用和保存、如何标识等。

(5)"第 10 章 HACCP 手册修改页"，该部分内容以表格的形式设立一个表格，内容包括：修改次数、修改章节、修改页码、修改内容说明、修改日期、修改人和批准人等。表格表头示例见表 4-7。

表 4-7　HACCP 手册修改页表格表头示例

| 序号 | 版本次/修改号 | 修改章节 | 修改理由 | 实施日期 | 编制 | 审核 | 批准 |
| --- | --- | --- | --- | --- | --- | --- | --- |

(6)"第 11 章　附录"，该部分内容主要是 HACCP 体系顺利实施的一些支撑性文件，主要包括 HACCP 程序文件清单、HACCP 支持文件清单、HACCP 记录表格清单、厂区和车间平面图、人流和物流图、给水网络图、鼠点分布图、主要生产设备明细表及主要监测设备明细表等。

## 五、HACCP 程序文件

**1. HACCP 程序文件编写要求**

(1) 执行 HACCP 手册的规定　程序文件内容编制时，要与 HACCP 手册中规定的内容一致。

(2) 采用过程方法　明确表达程序文件中各个过程的关系，指出程序文件过程的预期结果。

(3) 具有针对性和可操作性　要将程序文件理论与企业实际相结合，便于执行与操作。

(4) 与支持文件和记录建立完整联系　HACCP 程序文件中，要对相对应的支持文件和记录提出要求。

**2. HACCP 程序文件编写格式**

（1）版头　同 HACCP 手册版头。

（2）内容　HACCP 程序文件的内容主要包括目的、范围、职责、程序、相关文件和相关记录等。

**3. HACCP 程序文件组成**

HACCP 程序文件由：文件控制程序、GMP 控制程序、SSOP 控制程序、人员培训控制程序、工厂维修保养控制程序、产品回收控制程序、产品识别代码控制程序、HACCP 计划预备步骤控制程序、危害分析与预防控制措施控制程序、关键控制点确定控制程序、关键限值建立控制程序、关键控制点监控控制程序、纠偏行动控制程序、验证控制程序、记录保持控制程序等程序文件组成。

### 六、HACCP 支持文件

HACCP 支持文件是 HACCP 体系建立与实施的技术资源、技术保证、科学依据，是 HACCP 体系持续改进的技术来源，也是进行食品无危害生产、保证食品安全的有力工具、标准及行为准则。

HACCP 支持文件主要包括：相关法律法规；相关技术规范、标准、指南；相关研究实验报告和技术报告（危害分析技术报告等）；加工过程的工艺文件（作业指导书、设备操作规程、监控仪器校准规程、产品验收准则等）；人员岗位职责和任职条件、相关管理制度。

### 七、HACCP 记录

**1. HACCP 记录编写要求**

题目明确，题目应体现所记录活动的关键特征。

一般采用表格形式，内容完整、准确、简明，且表格各项目之间逻辑正确。可识别企业和部门，同时包含操作人员签字，并注明记录日期。

**2. HACCP 记录的组成**

HACCP 记录主要包括执行 GMP、SSOP 和 HACCP 体系计划的记录，主要包括：文件控制记录、GMP 实施记录、SSOP 卫生监控记录、人员培训记录、工厂维修保养记录、产品回收和识别代码操作记录、HACCP 计划预备步骤执行记录、危害分析记录、制定和实施预防控制措施的记录、制订 HACCP 计划的记录、关键控制点监控记录、纠偏行动记录、验证记录等。

# 项目三　HACCP 管理体系认证

### 一、HACCP 认证的意义

近年来，随着全世界人们对食品安全卫生的日益关注，食品工业和消费者对食品安全的要求越来越高。在美国、欧洲、英国、澳大利亚和加拿大等国家，越来越多的消费者要求将 HACCP 体系的要求变为市场的准入要求。各国政府为了保护本国消费者的利益，不仅加强了对食品市场的卫生检验和监管，而且把对进口食品的检验监管延伸到国外，对出口国的食品生产企业实行卫生注册制度。

国家认证认可监督管理委员会发布了《食品生产企业危害分析与关键控制点（HACCP）管理体系认证管理规定》，要求有关机构和出口食品加工企业按照该规定建立、实施、认证和验证 HACCP 管理体系。同时，国家质量监督检验检疫总局颁布的《出口食品生产企业卫生注册登记管理规定》，改变了出口食品企业自愿申请 HACCP 体系认证管理的模式，对风险程度较高的食品生产企业由自愿认证向强制性 HACCP 认证和卫生注册相结合的方向转变，规定强制要求卫生注册需评审 HACCP 体系的产品有六大类，即罐头类、水产品类（活品、冰鲜、晾晒、腌制品除外）、肉及肉制品、速冻蔬菜、果蔬汁、含肉或水产品的速冻方便食品。

企业实施 HACCP 认证的好处有：

① 通过定期审核来维持体系运行，防止系统崩溃；
② 通过对相关法规的实施，提高声誉，避免认证企业违反相关法规；
③ 认证能作为公司的敬业依据，降低负债倾向；
④ 当市场把认证作为准入要求时，可增加出口和进入市场的机会；
⑤ 提高消费者的信心；
⑥ 减少顾客审核的频度；
⑦ 与非认证企业相比，有更大的竞争优势；
⑧ 改善公司形象。

## 二、HACCP 认证程序

HACCP 体系的认证就是由经国家相关政府机构认可的第三方认证机构依据经认可的认证程序，对食品生产企业的食品安全管理体系是否符合规定的要求进行审核和评价，并依据评价结果，对符合要求的食品企业的食品安全管理体系给予书面保证。认证流程如图 4-3 所示。

第三方认证机构的 HACCP 认证，不仅可以为企业食品安全控制水平提供有力佐证，而且将促进企业 HACCP 体系的持续改善，尤其将有效提高顾客对企业食品安全控制的信任水平。在国际食品贸易中，越来越多的进口国官方或客户要求供方企业建立 HACCP 体系并提供相关认证证书，否则产品将不被接受。HACCP 体系认证通常分为四个阶段，即企业申请阶段、认证审核阶段、证书保持阶段、复审换证阶段。

**1. 企业申请阶段**

首先，企业申请 HACCP 认证必须注意选择经国家认可的、具备资格和资深专业背景的第三方认证机构，这样才能确保证的权威性及证书效力，确保认证结果与产品消费国官方验证体系相衔接。在我国，认证认可工作由国家认证认可监督管理委员会统一管理，其下属机构中国国家进出口企业认证认可委员会（CNAB）负责 HACCP 认证机构认可工作的实施，也就是说，企业应该选择经过 CNAB 认可的认证机构从事 HACCP 的认证工作。

认证机构将对申请方提供的认证申请书、文件资料、双方约定的审核依据等内容进行评估。认证机构将根据自身专业资源及 CNAB 授权的审核业务范围决定受理企业的申请，并与申请方签署认证合同。

在认证机构受理企业申请后，申请企业应提交与 HACCP 体系相关的程序文件和资料。

申请人应提交的文件和资料：

① 认证申请。
② 法律地位证明文件复印件。
③ 有关法规规定的行政许可文件和备案证明复印件（适用时）。
④ 组织机构代码证书复印件。

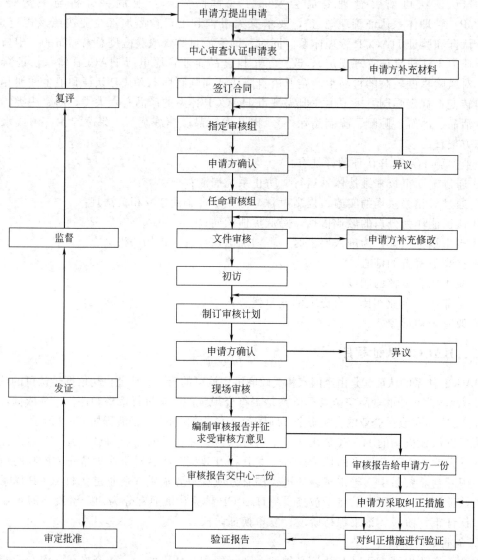

图 4-3　HACCP 认证程序

⑤ HACCP 手册[包括良好生产规范（GMP）]。

⑥ 组织机构图与职责说明。

⑦ 厂区位置图、平面图；加工车间平面图；产品描述、工艺流程图、工艺描述；危害分析单、HACCP 计划表；加工生产线、实施 HACCP 项目和班次的说明。

⑧ 食品添加剂使用情况说明，包括使用的添加剂名称、用量、适用产品及限量标准等。

⑨ 生产、加工或服务过程中遵守适用的我国和进口国（地区）相关法律、法规、标准和规范清单；产品执行企业标准时，提供加盖当地政府标准化行政主管部门备案印章的产品标准文本复印件。

⑩ 生产、加工主要设备清单和检验设备清单。

⑪ 多场所清单及委托加工情况说明（适用时）。

⑫ 产品符合卫生安全要求的相关证据；适用时，提供由具备资质的检验机构出具的接触食品的水、冰、汽符合卫生安全要求的证据。

⑬ 承诺遵守相关法律、法规、认证机构要求及提供材料真实性的自我声明。

⑭ 其他需要的文件。

申请企业还应声明已充分运行了 HACCP 体系。认证机构对企业提供和传授的所有资料和信息负有保密责任。认证机构应在申请人提交材料齐全后 10 个工作日内对其提交的申请文件和资料进行评审并保存评审记录。申请材料齐全、符合要求的，予以受理认证申请；未通过申请评审的，应书面通知认证申请人在规定时间内补充、完善，不同意受理认证申请应明示理由。认证费将根据企业规模、认证产品的品种、工艺、安全风险及审核所需人、天数，按照 CNAB 制定的标准计费。

**2. 认证审核阶段**

认证机构受理申请后，应根据受审核方的规模、生产过程和产品的安全风险程度等因素，对认证审核全过程进行策划，制定审核方案，确定审核小组，并按照拟定的审核计划对申请方的 HACCP 体系进行初访和审核。鉴于 HACCP 体系审核的技术深度，审核小组通常会包括熟悉审核产品生产的专业审核员，专业审核员是那些具有特定食品生产加工方面背景并从事以 HACCP 为基础的食品安全体系认证的审核员。必要时审核小组还会聘请技术专家对审核过程提供技术指导。申请方聘请的食品安全顾问可以作为观察员参加审核过程。

HACCP 体系认证初次认证审核应分两个阶段实施，均应在受审核方的生产或加工场所实施。

（1）第一阶段是进行文件审核，应包含以下方面内容。

① 收集关于受审核方的 HACCP 体系范围、过程和场所的必要信息，以及相关的法律、法规、标准要求和遵守情况。

② 充分识别委托加工等生产活动对食品安全的影响程度。

③ 初步评价受审核方厂区环境、厂房及设施、设备、人员、卫生管理等是否符合相对应的良好生产规范（GMP）的要求。

④ 了解受审核方对认证标准要求的理解，评审受审核方的 HACCP 体系文件。重点评审受审核方体系文件的符合性、适宜性和充分性，特别关注关键控制点、关键限值的确定及其支持性证据。

⑤ 充分了解受审核方的 HACCP 体系和现场运作，评价受审核方的运作场所和现场的具体情况及体系的实施程度，确认受审核方是否已为第二阶段审核做好准备，并与受审核方商定第二阶段审核的细节，明确审核范围，为策划第二阶段审核提供关注点。

审核组根据收集的信息资料将进行独立的危害分析，在此基础上同申请方达成关键控制点（CCP）判定眼光的一致。审核小组将听取申请方有关信息的反馈，并与申请方就第二阶段的审核细节达成一致。

（2）第二阶段审核必须在审核方的现场进行，审核的目的是评价受审核方 HACCP 体系实施的符合性和有效性。重点关注但不限于以下方面内容。

① 与我国和进口国（地区）适用法律、法规及标准的符合性，以及出口食品生产企业安全卫生要求的符合性（适用时）；

② HACCP 体系实施的有效性，包括 HACCP 计划、前提计划及防护计划的实施，对产品安全危害的控制能力；

③ 原辅料及与食品接触材料的食品安全危害识别的充分性和控制的有效性；

④ 生产加工过程中的卫生标准操作程序（SSOP）执行的有效性；

⑤ 生产过程中对食品安全危害控制的有效性；

⑥ 产品可追溯性体系的建立及不合格产品的控制；

⑦ 食品安全验证活动安排的有效性及食品安全状况；

⑧ 受审核方对投诉的处理。

现场审核结束，认证机构应出具书面不符合报告，要求受审核方在规定的期限内分析原因，并说明为消除不符合已采取或拟采取的具体纠正和纠正措施，并提出明确的验证要求。认证机构应审查受审核方提交的纠正和纠正措施，以确定其是否可被接受。受审核方对不符合采取纠正和纠正措施的时间不得超过 3 个月。审核组应为每次审核编写书面审核报告，认证机构应向受审核方提供审核报告。

**3. 证书保持阶段**

HACCP 体系认证证书有效期为 3 年。认证机构应依法对获证组织实施跟踪监督，包括监督审核、跟踪调查等。认证机构应根据获证组织及体系覆盖产品的风险，合理确定监督审核的时间间隔或频次。当体系发生重大变化或发生食品安全事故时，认证机构应增加监督审核的频次。

监督审核应至少每年进行一次。初次认证后的第一次监督审核应在第二阶段审核最后一天起 12 个月内进行。每次的监督审核应尽可能覆盖 HACCP 体系认证范围内的所有产品。由于产品生产的季节性等原因，在每次监督审核时难以覆盖所有产品的，在认证证书有效期内的监督审核必须覆盖 HACCP 体系认证范围内的所有产品。

监督审核应包括但不限于以下内容：

(1) 体系变化和保持情况；

(2) 重要原、辅料供方及委托加工的变化情况；

(3) 产品安全性情况；

(4) 组织的良好生产规范（GMP）、卫生标准操作程序（SSOP）、关键控制点、关键限值的保持和变化情况及其有效性；

(5) 顾客投诉及处理；

(6) 涉及变更的认证范围；

(7) 对上次审核中确定的不符合所采取的纠正措施；

(8) 持续符合我国和进口国（地区）相关法律法规标准的情况；

(9) 质量监督或行业主管部门抽查的结果；

(10) 证书的使用。

**4. 复审换证阶段**

认证证书有效期满前三个月，获证组织可申请再认证。再认证程序与初次认证程序一致，但可不进行第一阶段现场审核。当体系或运作环境（如区域、法律法规、食品安全标准等）有重大变更，并经评价需要时，再认证需实施第一阶段审核。通过复审认证机构向获证企业换发新的认证证书。此外，根据法规及顾客的要求，在证书有效期内，获证方还可能接受官方及顾客对 HACCP 体系的验证。

# 项目四　HACCP 管理体系现场审核

## 一、HACCP 审核的目的和意义

HACCP 体系审核是验证食品安全活动及其结果是否达到生产安全食品目标的系统性的、独立的审核。依据审核准则评审企业自身的 HACCP 体系，验证体系是否有效并能持续满足企业内部策划的安排和要求。审核程序应该执行 ISO 19011《质量和环境体系审核指南》的要求。HACCP 体系的审核，包括了对 GMP、SSOP 和 HACCP 计划的审核。

HACCP 体系审核的意义在于：

① 有助于强化全体员工的质量意识及其对质量体系的理解；
② 了解质量体系运转的情况；
③ 进行独立和客观的审查；
④ 保证 HACCP 体系的可靠性；
⑤ 确定改进的方向；
⑥ 清除过时的文件；
⑦ 通过定期审核，不断取得进步。

## 二、HACCP 审核的分类

HACCP 体系审核可分为三种基本类型：第一方、第二方、第三方审核。

第一方审核用于内部目的，由组织自己或以组织的名义进行，可作为组织自我合格声明的基础。"第一方审核"通常称为"内部审核"。第二方审核是由组织的顾客或由其他人以顾客的名义进行的审核，审核依据更注重双方签订的合同要求，审核的结果通常作为顾客决定购买的因素。第三方审核由外部独立的组织进行，这类组织通常是经认可的，提供符合要求的认证或注册。

HACCP 内部审核与外部审核的区别见表 4-8。

表 4-8 HACCP 内部审核和外部审核的区别

| 审核方式 | 内部审核 | 外部审核 | |
| --- | --- | --- | --- |
| | 第一方审核 | 第二方审核 | 第三方审核 |
| 审核目的 | 改进自身 HACCP 体系，提高自身安全控制水平 | 决定是否批准，鉴定购货合同 | 决定是否批准对某一组织的认证注册 |
| 审核内容 | HACCP 计划 | GMP、SSOP、HACCP 计划和记录 | GMP、SSOP、HACCP 计划和记录 |
| 审核重点 | 发现问题，采取纠正措施 | 寻找与审核依据相符合的客观证据 | 寻找与审核依据相符合的客观证据 |
| 审核依据的次序 | (1) HACCP 体系文件；(2) 法律法规；(3) 顾客合同 | (1) 顾客合同；(2) 相关标准；(3) 法律法规；(4) HACCP 体系文件 | (1) 通用标准；(2) 法律法规；(3) HACCP 体系文件；(4) 顾客合同 |
| 提建议能力 | 很大（永远有提建议的权力） | 取决于顾客方针及合同的大小 | 不提 |
| 影响力 | 表面上很小，实际上很大 | 取决于合同的大小及顾客的管理水平 | 表面上很大，实际上很小 |
| 审核时间 | 自己掌握，较充足 | 事先已约定，取决于供需双方的协议 | 按照有关规定执行，通常只有几天 |
| 审核范围 | 可灵活掌握 | 按合同约定 | 审核组长与受审核方共同决定 |

## 三、HACCP 体系的现场审核

（1）现场审核的准备 审核的准备阶段是 HACCP 体系审核必不可少的重要阶段。审核准备是指配备审核资源、确定审核范围、制订审核计划、编制检查表等活动，以确保审核的有序性和完整性。对于 HACCP 审核来说，专业性要求非常强，这就要求审核组成员不论是否是专业审核员,均应了解产品的特点、生产工艺、CCP、与产品安全有关的法律法规要求、了解相应产品的产品标准等。

① 组成审核组　审核组一般由 2~4 名具有不同专长的人员组成,至少有一名熟悉该产品加工生产技术的成员,还应有具备审核专业知识和熟悉 HACCP 原理的成员。审核组长应具备相当的管理能力和经验,具有较强的组织协调能力和处理审核活动中各种有关问题的能力;相应的专业及广泛的相关技术知识;了解相关的食品安全法律、法规要求,能判断企业自身对法律、法规的符合性;了解审核准则的要求。

② 确定审核的目的和范围　审核目的确定了审核要完成的事项,包括以下内容。

a. 判断 HACCP 体系符合审核依据的程度;

b. 贯彻食品安全方针,符合食品安全法律、法规的审核;

c. 验证良好的 HACCP 体系已经建立和保持,包括确认危害分析合理,对应于所识别的 CCP 制定的监控措施有效,监控、记录保持和验证活动实施有效;

d. 验证产品设计、加工的特殊要求是安全、适宜的并能持续达到预期目的;

e. 评估 HACCP 体系参与人员的综合能力;

f. 在第二方、第三方认证前纠正不足;

g. 作为一种监督的机制,确保经批准的文件得到有效执行;

h. 作为一种自我改进、持续提高的机制。

确定审核范围就是界定受审核方对于产品安全承诺和实施的责任范围,确认所审核的 HACCP 体系所覆盖的产品范围、加工、制造方法、活动范围以及现场区域和生产线。审核范围由审核委托方作最后决定,由认证机构派出的审核组通过审核加以确认。

③ 文件审核　文件审核也叫桌面审核,是现场审核的基础。文件审核的目的是评审 HACCP 体系文件化的规定是否科学、合理,是应在第一阶段现场审核之前就该完成的。通过初步审查文件化的 HACCP 体系来对受审核方的 HACCP 体系进行初步评价。文件审核主要包括如下工作。

a. 文件资料是否齐全;

b. 根据企业图纸分析企业是否存在设计、布局上与法规上的缺陷;

c. 审核企业的前提方案文件;

d. 根据企业提供的工艺流程图和产品描述,进行自己的危害分析;

e. 审查企业的危害分析表、HACCP 计划及管理手册;

f. 记录下疑点,等待现场审核时核实。

如下是一份 HACCP 文件审核表的表头样式,仅供参考(表 4-9)。

表 4-9　××食品厂 HACCP 文件审核表

| 资料名称 | 有/无 | 是否符合要求 | 不符合情况描述 | 审查人 | 日期 |
| --- | --- | --- | --- | --- | --- |
| 工厂平面图 | | | | | |
| 车间平面图(物流、人流图) | | | | | |
| 车间的加工工艺说明 | | | | | |
| 工艺流程图 | | | | | |
| 供、排水网络图 | | | | | |
| 加工设施、设备维护保养计划 | | | | | |
| 产品标识、质量追踪和产品回收计划 | | | | | |

续表

| 资料名称 | 有/无 | 是否符合要求 | 不符合情况描述 | 审查人 | 日期 |
|---|---|---|---|---|---|
| 程序文件(如文件资料控制等) | | | | | |
| 实验室质量控制计划 | | | | | |
| PRP 文件 | | | | | |
| 各产品的危害分析工作表 | | | | | |
| 各产品的 HACCP 计划 | | | | | |
| 员工培训计划 | | | | | |

文件审核完毕后，审核人员应出具文件审核报告，审核报告应包括审核文件清单、符合性及充分性评价（包括具体的不符合项内容）、审核结论。

④ 制订审核计划　审核计划是对一次具体审核的审核活动和安排的描述。对审核组来说，审核计划明确了审核的具体内容和要求，为审核的实施提供了预先的安排和参照。对被审核方来说，审核计划使其了解审核活动的内容和安排，以便提前做好有关的准备。

审核计划应包括以下内容：审核目的；审核准则；审核范围；现场审核活动的起止日期；审核组成员；现场审核活动的日程安排。

⑤ 编制检查表　检查表是审核员进行审核的重要工具，也是审核的重要原始资料。检查表的内容包括如下方面。

a. 受审核部门、审核时间、审核员姓名。

b. 审核依据栏、标明本项审核内容所依据的审核准则中的条款要求（或 HACCP 体系文件的要求）。

c. 检查事项及检查方式栏：在本栏填写本项检查的内容及检查方式。包括提问的问题、检查记录及文件的内容。

d. 检查及跟踪记录栏：在现场审核中作为审核结果的记录，或跟踪审核的记录。

e. 必须将审核观察到的符合/不符合事项加以详细记录。

(2) 实施现场审核　现场审核程序为：首次会议→现场审核→评审总结审核证据，确定不符合项，提出审核结果→与受审核方沟通审核结果→末次会议→编写审核报告。

① 首次会议　首次会议是现场审核活动的序幕，标志着现场审核活动的正式开始。由审核组长主持，向受审核方介绍审核组成员，并介绍审核的目的、范围、依据和方法，以及审核的顺序、时间和计划，说明不符合项的分类和处理方法，协调、澄清有关问题。通过这个会议可确定审核范围、时间表和人员方面的要求，还可确定末次会议的时间和地点以及需要的人员，并索要现场文件，及审查所需的所有其他文件。

② 收集和验证信息　审核员在审核中，与审核目的、范围和准则有关的信息，包括与职能、活动和过程间接有关的信息，应当通过适当的抽样进行收集并验证。只有可验证的信息方可作为审核证据。审核证据应当予以记录。信息的来源可以包括企业员工、审核员对环境和条件的观察、各类文件（GMP、SSOP、食品安全计划、标准、作业指导书等）、记录（检验记录、监控记录、纠偏记录、测量结果等）、HACCP 验证和确认结果、相关报告（顾客反馈、各部门的抽查结果）及其他方面的信息。

③ 确认审核发现及不符合项报告　报告"不符合项"是用来在评审或审核中向一个组织指出其体系偏离规定体系要求的一种方法。对现场审核中发现的问题，诸如违反 HACCP 体系标准、合同、HACCP 手册、程序、作业指导书以及有关法律等以不符合项报告的方式

提交给受审核部门,并以此做出对组织 HACCP 体系有效评价的结论。不符合项报告应包括受审核部门或场所、审核准则和依据以及不符合事实描述等内容,如表 4-10 所示。

表 4-10　不符合项报告

| 公司: | 日期: | 报告参考号: |
|---|---|---|
| 不符合项类别: | | |
| 1. 不符合项描述<br>(包括不符合项对最终产品/服务的潜在影响) | | |
| HACCP—不符合项分类:<br>关键——一个或多个 CCP 失去控制<br>主要—HACCP 体系明显的不符合<br>次要—次要或单一的缺陷 | | |
| 被审核方<br>签字: | 审核员<br>签字: | |
| 2. 体系改进措施:<br><br>被审核方签字:_____<br>措施完成日期:_____ | | |
| 3. 答复评估(仅✓一栏)<br>纠正措施结果:<br><br>审核员签字和日期:_____ | | |
| 4. 验证:　　　认可　　　不认可(提出新的 NCR 并升级新的 NCR 类别) | | |
| 5. 审核员结案签字: | 日期: | |
| 6. 总经理(签字): | 日期: | |

④ 形成审核结论　审核组内部要对所有的审核发现进行评审,并与受审方的有关负责人共同确认所有不符合项的事实依据,对 HACCP 体系建立和实施的有效性进行判断,结合此次审核的目的,给出最终审核结果。

⑤ 末次会议　末次会议是现场审核的结论性会议,通常在审核组完成了现场审核活动、获得了审核发现并作出了审核结论之后进行。在末次会议上,由审核组长说明不合格报告的数量和分类,并按重要程度依次宣读这些不合格报告并要求部门负责人认可事实(在不合格报告上签名),尽快提出纠正措施计划的建议。

⑥ 审核报告　审核报告是审核组结束现场审核工作后必须编制的一份文件,通常由审核组成员编制而成,经审批后发放给受审核部门。审核报告通常包括:基本情况、审核组成员名单、审核结果、审核结论、预计受审核部门采取纠正措施的时间、审核组长签字等。

(3) 审核后续活动的实施　审核后续活动是针对审核组提出的不符合项或其他改进需求而采取的活动。通常由受审核方确定并在商定的期限内实施,不视为审核的一部分。受审核方应当将这些措施的状态告知审核委托方。

审核后续活动可以包括:受审部门确定和实施纠正、预防或改进措施,报告实施纠正、预防或改进措施的状态;审核组对纠正措施的实施情况及其有效性进行验证、判断和记录。

审核后续活动的程序如下。

① 纠正措施的提出 审核组在现场审核中发现不合格项时,除要求受审核部门负责人确认不合格事实外,还要求他们调查分析造成不合格的原因,提出纠正措施的建议,其中包括完成纠正措施的期限。

② 纠正措施建议的认可与批准 受审核部门负责人提出的纠正措施的建议首先要经过审核组的认可,审查该建议是否针对不合格的原因采取了措施,以及纠正措施的可行性及有效性。经过审核员认可的纠正措施还要经过质量负责人的批准,尤其是全局性的纠正措施或牵涉到几个部门的纠正措施,质量负责人还要加以协调甚至请示最高领导后决定。经批准后,纠正措施建议变成正式的纠正措施计划。

③ 纠正措施计划的实施 内部质量体系审核中对纠正措施计划的实施期限规定视各单位情况而定,一般为 15 天。纠正措施实施如发生问题不能按期完成,须由受审核部门向质量负责人说明原因,请求延期,质量负责人批准后,应通知质量管理部门修改纠正措施计划。若在实施中发生困难,一个部门难以解决,应向质量负责人提出,请最高领导解决。纠正措施实施中的有关记录应予以保存。

④ 纠正措施的跟踪和验证 审核组应对纠正措施实施情况进行跟踪,即关心和经常过问纠正措施完成的情况,发现问题及时向质量负责人反映。纠正措施完成后,审核员应对纠正措施的完成情况进行验证。验证内容包括:计划是否按规定日期完成;计划中的各项措施是否都已完成;完成后的效果如何;实施情况是否有记录可查、记录是否按规定编号保存。审核员验证并认为纠正措施计划已完成后,在不合格报告验证一栏中签名,这项不合格项就得到了纠正。

# 项目五 HACCP 管理体系的实施

HACCP 计划的实施过程包括以下步骤:①组建 HACCP 工作小组并确立职责;②产品描述;③绘制和确认生产工艺流程图;④危害分析;⑤确定关键控制点;⑥建立关键限量;⑦关键控制点的监控;⑧制定纠偏措施;⑨建立验证程序;⑩建立记录保持程序。

以××乳品有限公司为例,其对主要巴氏杀菌乳产品制订 HACCP 计划的过程如下所示。

## 一、组建 HACCP 工作小组并确立职责

HACCP 小组负责制订 HACCP 计划以及实施和验证 HACCP 体系。HACCP 小组的人员构成应保证建立有效 HACCP 计划所需的相关专业知识和经验,应包括企业具体管理 HACCP 计划实施的领导、生产技术人员、工程技术人员、质量管理人员以及其他必要人员。技术力量不足的部分小型企业可以外聘专家。HACCP 小组成员都接受过出口食品卫生要求、HACCP 七个原理、相关法律法规要求等相关知识的培训。

HACCP 小组成员职责为:
① 制订 HACCP 计划;
② 制定相关程序文件和卫生标准操作规范(SSOP);
③ 实施和验证 HACCP 体系;
④ 负责公司内部有关 HACCP 的培训工作;
⑤ 负责 HACCP 和 SSOP 各项记录的编制与审核;
⑥ 修改和完善 HACCP 体系,确保 HACCP 体系的有效运行和持续改进。

## 二、产品描述

描述产品，确定产品的预期用途。

HACCP 工作的首要任务是对实施 HACCP 系统管理的产品进行描述。

描述的内容包括：产品名称（说明生产过程类型）、产品的原料和主要成分、产品的理化性质（包括水分、pH 等）及杀菌处理、包装方式、储存条件、保质期限、销售方式、销售区域、有关食品安全的流行病学资料、产品的预期用途和消费人群。如表 4-11 所示。

表 4-11 巴氏杀菌乳产品说明

| 产品名称 | 巴氏杀菌乳 | 所用原料 | 生乳 | 储存条件 | 4℃以下储存 |
|---|---|---|---|---|---|
| 预期用途 | 产品直接食用 | 包装方式 | 用纸盒，再放入纸箱 | 保质期 | 21 天 |
| 理化特性 | 略 | 微生物特性 | 略 | 物理特性 | 略 |
| 生产方式 | 将生乳升温、配料、均质、杀菌、冷却、灌装、包装 | | | | |
| 交付方式 | 采用保温车或长途采用冷藏车运输 | | | | |
| 产品标识 | 在包装上标识公司名称、净含量、储藏方法、保质期、产品标准编号、电话、传真、生产日期等内容 | | | | |
| 销售方式 | 对经销商采取批发、零售相结合的方式 | 搬运和运输方式 | 搬运不得破坏产品包装<br>运输用冷藏车 | | |

## 三、绘制和确认生产工艺流程图

HACCP 工作小组应深入生产线，详细了解产品的生产加工过程，在此基础上绘制产品的生产工艺流程图，制作完成后需要现场验证流程图。见图 4-4。

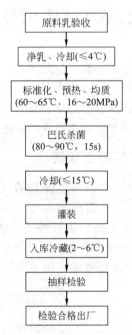

图 4-4 巴氏杀菌乳工艺流程

## 四、危害分析

危害分析可分为两项活动——自由讨论和危害评价。自由讨论时，范围要广泛、全面，要包含所用的原料、产品加工的每一步骤和所用设备、终产品及其储存和分销方式以及消费者如何使用产品，等等。在此阶段，要尽可能列出所有可能出现的潜在危害。没有发生理由的危害不会在 HACCP 计划中做进一步考虑。自由讨论后，小组对每一个危害发生的可能性及其严重程度进行评价，以确定出对食品安全非常关键的显著危害（具有风险性和严重性），并将其纳入 HACCP 计划。列出危害分析工作单。危害分析工作单可以用来组织和明确危害分析的思路（见表 4-12）。HACCP 工作小组还应考虑对每一危害可采取哪种控制措施。

**表 4-12 巴氏杀菌乳危害分析工作单**

企业名称：××乳品有限公司　　　　　　　　　企业地址：
产品：巴氏杀菌乳　　　　　　　　　　　　　　生产工艺：原料乳杀菌、冷藏
销售和储存方式：2~6℃冷藏，保质期 21 天　　　预期用途：直接饮用

| 序号 | 配料/加工步骤 | 食品安全危害 | 潜在危害是否显著 | 判断的依据是什么 | 用什么措施来预防显著危害 | 是否为关键控制点 |
|---|---|---|---|---|---|---|
| 1 | 原料验收 | 生物的：致病菌（中温菌、嗜冷菌、芽孢菌、耐热芽孢菌等） | 是 | 挤奶过程及运输过程中可能会污染 | 后工序的杀菌可控制危害 | 是 |
| | | 化学的：黄曲霉、抗生素残留、三聚氰胺 | 是 | 奶牛饲养过程，饲料中、兽药残留 | 选择合格供方，供应商提供产品控制书面证明，如每车抽样进行抗生素检测、酒精试验、酸度测定 | |
| | | 物理的：草屑、牛毛、饲料、昆虫等 | 否 | 原料污染 | 过滤分离可除去 | |
| 2 | 过滤净化 | 生物性危害：病原体污染 | 是 | 操作过程中由员工手、设备、管道等带来的细菌污染 | 严格执行 SSOP。后工序灭菌可消除此危害 | 否 |
| | | 化学性危害：设备、管道中的清洗剂、消毒剂残留 | 否 | CIP 清洗操作不当，后续冲洗不彻底，有可能残留 | 按《CIP 操作控制》严格进行 CIP 清洗，pH 计检测残液，设备管道使用前的热水循环消毒 | |
| | | 物理性危害：杂质 | 否 | 容器中混入、过滤过程带入杂质 | SSOP 控制，GMP 控制 | |
| 3 | 标准化 | 生物性危害：病原体污染 | 否 | 操作过程中由员工手、设备、管道等带来的细菌污染 | 严格执行 SSOP，后工序灭菌可消除此危害 | 否 |
| | | 化学性危害：设备、管道中的清洗剂、消毒剂残留 | 是 | CIP 清洗操作不当，后续冲洗不彻底，有可能残留 | 按《CIP 操作控制》严格进行 CIP 清洗，pH 计检测残液，设备管道使用前的热水循环消毒 | |
| | | 物理性危害：储存容器密封不合适带来的环境污染物 | 是 | 容器中混入、分离盘磨损带入杂质 | SSOP 控制进行气密性检查，GMP 控制 | |

模块四　食品企业 HACCP 管理体系的建立与实施

续表

| 序号 | 配料/加工步骤 | 食品安全危害 | 潜在危害是否显著 | 判断的依据是什么 | 用什么措施来预防显著危害 | 是否为关键控制点 |
|---|---|---|---|---|---|---|
| 4 | 预热均质 | 生物性危害:芽孢菌、致病菌污染 | 否 | 乳自身携带的以及后来增殖的,配料过程中引入的 | 后序的杀菌可控制危害 | 否 |
| | | 化学性危害:设备、管道中的清洗剂、消毒剂残留。均质机泄漏造成机油混入奶中 | 是 | 清洗不当造成的残留,机油密封泄漏喷入均质奶中 | 按《CIP操作控制》严格进行CIP清洗,pH计检测残液,GMP控制 | |
| | | 物理性危害:设备磨损引入、空间混入物理杂质 | 否 | 由于存在与环境接触的时间,设备运转 | SSOP控制、GMP控制 | |
| 5 | 杀菌 | 生物性危害:微生物残存 | 是 | 温度、时间未能满足要求,可能致病菌残留 | 按《杀菌浓缩岗位作业指导书》严格进行高温消毒,控制合适的温度、时间 | 是 |
| | | 化学性危害:设备、管道中的清洗剂、消毒剂残留 | 是 | 清洗不当造成的残留 | 按《CIP操作控制》严格进行CIP清洗,pH计检测残液,GMP控制 | |
| | | 物理性危害:无 | 否 | 不存在造成物理危害的环境 | | |
| 6 | 冷却 | 生物的:人员、工具交叉污染 | 是 | 空气中有可能引入微生物 | SSOP控制 | 否 |
| | | 化学的:无 | 否 | | | |
| | | 物理的:温度 | 否 | 控制冷却温度及时间 | | |
| 7 | 包装材料验收 | 生物的:细菌病原体污染 | 是 | 加工储运过程中污染 | 选择合格供方、供方卫生许可证、验收检验合格证明、使用前紫外线照射杀灭致病菌 | 是 |
| | | 化学的:有害物质 | 是 | 采购的包材可能不符合食品安全要求 | | |
| | | 物理的:灰尘、纸屑、塑料纤维等 | 否 | 加工储运过程中污染,SSOP控制 | 拒收不符合食品卫生要求的内包装材料 | |
| 8 | 灌装 | 生物的:微生物、致病菌 | 是 | 分装容器灭菌不足 | 重新杀菌并采用无菌灌装 | 否 |
| | | 化学的:清洁剂 | 否 | 清洗机械残留清洁剂 | 按《CIP操作控制》严格进行CIP清洗,pH计检测残液,GMP控制 | |
| | | 物理的:可能混入杂质 | 否 | | | |
| 9 | 冷藏 | 生物的:细菌增殖、产毒、产酶、酶解产生的苦味以及排泄物的污染 | 是 | 密封漏气,环境缺陷,温度过高引起微生物繁殖,导致变质 | SSOP控制 | 否 |
| | | 化学的:无 | 否 | | | |
| | | 物理的:温度控制不当 | 否 | | 低温冷藏,控制温度在4℃ | |

注:当应用判断树得出的结论与实际危害分析不一致时,以实际分析为准。

签名:　　　　　　日期:　　　　　审核:　　　　　日期:

## 五、确定关键控制点

应用判定树的逻辑推理方法,确定 HACCP 系统中的关键控制点(CCP)。对判定树的应用应当灵活,必要时也可使用其他方法(表 4-13)。

如果在某一步骤上对一个确定的危害进行控制对保证食品安全是必要的,然而在该步骤及其他步骤上都没有相应的控制措施,那么,对该步骤或其前后步骤的生产或加工工艺必须进行修改,以便使其包括相应的控制措施。

## 六、建立关键限值

每个关键控制点会有一项或多项控制措施确保预防、消除已确定的显著危害或将其减至可接受的水平。每一项控制措施要有一个或多个相应的关键限值。见表 4-13。

表 4-13 巴氏杀菌乳 HACCP 计划表

| 关键控制点 | 关键限值 | 监控对象 | 监控方法 | 监控频率/监控人员 | 纠偏措施 | 记录 | 验证 |
| --- | --- | --- | --- | --- | --- | --- | --- |
| 原料乳的验收 | 黄曲霉、抗生素残留、三聚氰胺检测为阴 | 黄曲霉、抗生素残留、三聚氰胺快速检测 | 用快速检测试剂条检测黄曲霉、抗生素残留、三聚氰胺 | 1 次/车检验员<br>1 次/车检验员<br>1 次/车检验员 | 根据数据偏离情况处理为拒收 | 原料乳接收单 | ①查记录;<br>②对温度表进行校准 |
| 杀菌 | ①温度 85~95℃<br>②时间 15~20s | ①杀菌温度;<br>②杀菌时间 | 目测 | 1 次/操作工 | 重新杀菌 | 杀菌记录 | ①查记录;<br>②对温度表进行校准 |

签名:    日期:                审核:    日期:

## 七、关键控制点的监控

通过监测能够发现关键控制点是否失控。此外,通过监测还能提供必要的信息,以及时调整生产过程,防止超出关键限值。如原料乳的验收工序的监控,通过检验员每车原料乳检测 1 次的方式进行监控。

## 八、建立纠偏措施

在 HACCP 计划中,对每一个关键控制点都应预先建立相应的纠偏措施,以便在出现偏离时实施。如发现配料步骤出现偏离情况,纠偏措施确定为:
(1) 隔离超标产品,查找超标原因,采取纠正措施,防止再发生;
(2) 由 HACCP 小组对超标产品进行再评估,决定处理方法。

## 九、建立验证程序

验证的频率:验证的频率应足以确认 HACCP 体系在有效运行,每年至少进行一次或在系统发生故障时、产品原材料或加工过程发生显著改变时或发现了新的危害时进行。

## 十、建立记录保持程序

由于各项记录是判断 HACCP 是否在执行的依据或 CCP 是否受控的证据,因此必须确保记录产生的严肃性、真实性、原始性和完整性。各项记录必须在现场观察时记录,不允许提前记录或之后补记，更不允许伪造记录；不允许任意涂改、删除或篡改；各项记录必须完整，不允许缺页、缺项、缺内容。因此，设计记录表格时，在满足记录要求的前提下，应使其具有可操作性，避免繁琐。在记录保持程序中，要规定对记录进行评审的间隔。根据法规要求，对监控记录、纠正措施记录和验证记录应进行定期评审，前两种记录要求在1周内完成，后一种记录要求在合理的时间内进行。对记录的控制要求采用颜色、编号等方式对其进行标识，以易于识别和检索；安排适宜的环境储存记录，防止记录的损坏或丢失；规定对记录的防护、保管和借阅的要求；根据产品的特点、法规要求及合同要求确定记录的保存期；对于需销毁的记录，在程序文件中应规定销毁和处置的方法。

❈ 【学习引导】

1. 什么是HACCP？HACCP包括哪几项基本原理？
2. 讲述HACCP的起源和发展。
3. 食品企业实施HACCP体系有什么意义？
4. 讲述HACCP的具体内容与要求。
5. 讲述关键限值（CL）的确认方法。
6. 讲述HACCP管理体系文件编写的依据。
7. 讲述HACCP认证程序。
8. 讲述HACCP体系现场审核的程序。
9. 讲述HACCP管理体系实施的流程。

❈ 【思考问题】

1. 食品企业实施HACCP体系时，如何分析控制危害？
2. 讲述HACCP的起源和发展。

❈ 【实训项目】

## 实训一　绘制食品生产工艺流程图

【实训准备】

1. 组织学生到校外实训基地进行参观学习，了解食品企业实施HACCP体系的实际情况。
2. 利用各种搜索引擎，查找阅读与HACCP体系相关的案例。
3. 学习一种熟悉的食品生产工艺。

【实训目的】

通过绘制食品生产工艺流程图，让学生认识如何开始建立食品企业的HACCP计划。

【实训安排】

1. 根据班级学生人数进行分组，一般每组5~8人。
2. 通过学习、企业实习和网络查找资料，每组分别绘制出一份喜欢的某种食品生产企业的食品生产工艺流程图。
3. 分组汇报和讲评本组的"食品生产工艺流程图"，学生、老师共同进行提问评价。
4. 教师和企业专家共同点评"食品生产工艺流程图"的绘制质量以及对HACCP计划的作用。

【实训成果】
提交一份食品企业的"食品生产工艺流程图"。
【实训评价】
由学生、教师和企业专家共同评价,权重建议分别为20%、40%、40%。具体评价表格和权重,请各位老师自行设计。

## 实训二　分析食品生产工序存在的潜在危害

【实训准备】
1. 学习本任务中食品企业实施HACCP体系的相关内容。
2. 组织学生到校外实训基地进行参观学习,了解食品企业实施HACCP体系的实际情况。
3. 利用各种搜索引擎,查找阅读与HACCP体系相关的案例。
【实训目的】
在实训一的基础上,进行食品生产工序中潜在危害的分析。让学生学习危害分析（HA）的实际方法。
【实训安排】
1. 根据班级学生人数进行分组,一般每组5~8人。
2. 以本组绘制出的某种食品生产工艺流程（实训一）为基础,应用危害分析表进行危害分析（HA）。
3. 分组汇报和讲解本组的"危害分析（HA）结果",学生、老师共同进行讨论、提问、评价。
4. 教师和企业专家共同点评"危害分析（HA）结果"。
【实训成果】
提交一份食品企业的"危害分析（HA）结果"。
【实训评价】
由学生、教师和企业专家共同评价,权重建议分别为20%、40%、40%。具体评价表格和权重,请各位老师自行设计。

## 实训三　确定关键控制点（CCP）

【实训准备】
1. 学习本任务中食品企业实施HACCP体系的相关内容。
2. 组织学生到校外实训基地进行参观学习,了解食品企业实施HACCP体系的实际情况。
3. 利用各种搜索引擎,查找阅读与HACCP体系相关的案例。
【实训目的】
在实训二的基础上,对各食品生产工序是否为关键控制点（CCP）进行分析,确定关键控制点（CCP）。让学生学习确定关键控制点（CCP）的实际方法。
【实训安排】
1. 根据班级学生人数进行分组,一般每组5~8人。
2. 以本组绘制出的某种食品生产工艺流程（实训一）和食品生产工序中潜在危害的分析（实训二）为基础,分别应用CCP判断树和危害分析表方法确定关键控制点（CCP）。

3. 分组汇报和讲解本组确定的关键控制点（CCP）及过程，学生、老师共同进行讨论、提问、评价。

4. 教师和企业专家共同点评确定的"关键控制点（CCP）"。

【实训成果】

提交一份食品企业的"关键控制点（CCP）"。

【实训评价】

由学生、教师和企业专家共同评价，权重建议分别为 20％、40％、40％。具体评价表格和权重，请各位老师自行设计。

## 实训四　编写 HACCP 计划表

【实训准备】

1. 学习本任务中食品企业实施 HACCP 体系的相关内容。

2. 组织学生到校外实训基地进行参观学习，了解食品企业实施 HACCP 体系的实际情况。

3. 利用各种搜索引擎，查找阅读与 HACCP 体系相关的案例。

【实训目的】

在实训三的基础上，编写该食品企业的 HACCP 计划表。让学生学习食品企业实施 HACCP 计划的实际过程。

【实训安排】

1. 根据班级学生人数进行分组，一般每组 5～8 人。

2. 在本组绘制出的某种食品生产工艺流程（实训一）、食品生产工序中潜在危害的分析（实训二）和关键控制点（CCP）确定（实训三）的基础上，编写 HACCP 计划表。

3. 分组汇报和讲解本组编写的"HACCP 计划表"，学生、老师共同进行讨论、提问、评价。

4. 教师和企业专家共同点评编写的"HACCP 计划表"。

【实训成果】

提交一份食品企业的"HACCP 计划表"。

【实训评价】

由学生、教师和企业专家共同评价，权重建议分别为 20％、40％、40％。具体评价表格和权重，请各位老师自行设计。

---

**学 习 拓 展**

请描述 HACCP 体系、GMP 体系、SSOP 体系之间的关系。

# 模块五

# 食品企业 ISO 22000 食品安全管理体系的建立与实施

【学习目标】

1. 能够讲述 ISO 22000 食品安全管理体系的主要内容。
2. 能够参与食品企业的 ISO 22000 食品安全管理体系文件编写。
3. 能够讲述 ISO 22000 食品安全管理体系认证的要点。
4. 能够编写内部审核的计划、内审检查表、内审报告。
5. 能够参与 ISO 22000 食品安全管理体系现场审查。

## ※【案例引导】

小李为某高职院校大专生,毕业后在一家正规食品公司担任采购员,前三个月主要跟在老采购员后面学习,工作中他发现了一个奇怪的现象,在对比不同企业提供的样品时,老员工首先不是鉴别原料的品质,而是查看企业的资质和食品安全管理体系认证情况,虽然在校期间他学习过一些关于 ISO 9001、HACCP 等认证知识,但对于 ISO 22000 对食品企业的真正意义并不知晓,带着好奇的心理,他开始深入了解 ISO 22000 食品安全管理体系。

## 项目一 ISO 22000 食品安全管理体系的内容与要求

食品是人类赖以生存和发展的最基本的物质条件,食品工业在全球国民经济中已成为第一大产业。如何确保食品的安全,建立从"农场到餐桌"整个过程的安全质量保证体系,是各国食品生产者、行业管理者和政府主管部门关心的重要议题。

### 一、ISO 22000 标准的由来和发展

由于在食品链的任何环节都可能引入食品安全危害,且食品本身的加工过程十分复杂,所以导致影响食品安全的因素繁多。因而,必须通过食品链上的所有参与者共同努力,并在食品链上建立有效的沟通,才可能充分地预防和控制食品安全危害。这也促使各国政府重新审视食品安全问题,并把它提升到国家公共安全的高度,纷纷加大监管力度。

20 世纪 60 年代,美国 Pillsbury 公司为美国太空项目尽其努力提供安全卫生食品时,率先使用了 HACCP(hazard analysis critical control point,即危害分析及关键控制点)的

概念，美国 FDA 于 1973 年决定在低酸罐头食品中采用。

2004 年 9 月 1 日，国务院发布了《国务院关于进一步加强食品安全工作的决定》，决定采取切实有效的措施，进一步加强食品安全工作。食品安全涉及多部门、多层面、多环节，是一个复杂的系统工程。

2005 年 9 月 1 日，为保证全球食品安全，国际标准化组织（international standard organization，简称 ISO）于 2005 年 9 月以英语、法语、俄语三种语言发布了 ISO 22000：2005《食品安全管理体系——适用于对食品链中各类组织的要求》。我国以等同采用的方式制定了国家标准 GB/T 22000—2006《食品安全管理体系食品链中各类组织的要求》，并于 2006 年 3 月 1 日发布，2006 年 7 月 1 日开始实施。

## 二、ISO 22000 系列标准

ISO 22000 是国际标准化组织继 ISO 9000、ISO 14000 标准后推出的又一管理体系国际标准。它建立在 GMP、SSOP 和 HACCP 基础上，首次提出针对整个食品供应链进行全程监管的食品安全管理体系要求。

ISO 22000 是该标准族中的第一个文件，该标准族包括下列文件。

ISO/TC 22004《食品安全管理体系》、ISO 22000：2005《应用指南》，于 2005 年 11 月发布。

ISO/TC 22004《食品安全管理体系对提供食品安全管理体系审核和认证机构的要求》，将对 ISO 22000 认证机构的合格评定提供协调一致的指南，并详细说明审核食品安全管理体系符合标准的规则，于 2006 年第一季度发布。

ISO 22005《饲料和食品链的可追溯性——体系设计和发展的一般原则和指导方针》，它将立刻作为一个国际标准草案运行。

## 三、ISO 22000 标准的适用范围、用途和特点

### 1. ISO 22000 标准的适用范围

本标准适用于食品链中各种规模和复杂程度的所有组织，包括直接或间接涉及食品链中的一个或多个环节的组织。直接涉及的组织：①饲料生产者、收获者；②农作物种植者；③辅料生产者、食品生产者、零售商；④餐饮服务与经营者；⑤提供清洁和消毒、运输、储存和销售服务者。间接涉及的组织包括设备、清洁剂、包装材料以及其他与食品接触的材料的供方。

### 2. ISO 22000 标准的用途

（1）ISO 22000 标准用作食品安全管理体系建立和第一方审核。任何类型的组织都可以按照 ISO 22000 要求，建立食品安全管理体系。组织建立的食品安全管理体系可以 ISO 22000 作为内部审核准则，对体系的符合性和有效性进行评价。

（2）ISO 22000 标准用作第二方食品安全管理体系审核。一些组织在选择或评价供方，进行产品和服务采购时，按 ISO 22000 标准的要求，对供方进行食品安全管理体系审核，以满足本标准要求作为合格供方评价的重要条件之一。

（3）ISO 22000 标准用作第三方食品安全管理体系审核。第三方认证机构对组织建立的食品安全管理体系进行认证审核时，ISO 22000 用作认证审核的准则之一，只有符合本标准的要求后，才能获得认证证书。

（4）其他用途，如在采购合同中引用，规定对供方食品安全体系的要求；为法规引用，作为强制性要求。

**3. ISO 22000 标准的特点**

① 本着自愿性原则，面向所有食品链的组织，通用性强；
② 与其他标准（如 ISO 9001：2000）的兼容性强；
③ 本标准关注持续改进和食品风险的预防；
④ 本标准强调满足与食品安全有关的法律法规和其他要求；
⑤ 食品安全管理体系是建立在 HACCP 计划和操作性前提方案基础上。

## 四、ISO 22000 认证对食品企业的作用

尽管 ISO 22000 认证是一个自愿性标准，但由于其是在各国现行的食品安全管理标准和法规的基础上的整合，是一个统一的国际标准，所以采用 ISO 22000 认证国际标准是与国际接轨的一个标志。因此，企业采用 ISO 22000 认证可以获得如下诸多好处：

① 可以与贸易伙伴进行有组织的、有针对性的沟通；
② 在组织内部及食品链中实现资源利用最优化；
③ 改善文献资源管理；
④ 加强计划性，减少过程后的检验；
⑤ 更加有效和动态地进行食品安全风险控制；
⑥ 所有的控制措施都将进行风险分析；
⑦ 对必备方案进行系统化管理；
⑧ 由于关注最终结果，该标准适用范围广泛；
⑨ 可以作为决策的有效依据；
⑩ 充分提高勤奋度；
⑪ 聚焦于对必要问题的控制；
⑫ 通过减少冗余的系统审计而节约资源。

## 五、ISO 22000 与 HACCP、ISO 9001 的关系

**1. HACCP 管理体系与 ISO 22000 的关系**

HACCP 是控制危害的预防性体系，是用于保护食品防止生物、化学、物理危害的一种管理工具。HACCP 虽然不是一个零风险体系，却是目前食品安全控制的最有效的体系。HACCP 作为最有效的食源疾患控制体系已经被多个国家的政府、标准化组织或行业集团采用，或是在相关法规中作为强制性要求，或是在标准中作为自愿性要求予以推荐，或是作为对供方的强制要求。

ISO 22000 标准的主要目标是：符合国际食品法典委员会（CAC）的 HACCP 原理；协调自愿性的国际标准；提供一个用于审核（内审、第二方审核、第三方审核）的标准；条款编排形式与 ISO 9001 相一致；提供一个关于 HACCP 概念的国际交流平台。

因此，ISO 22000 不仅仅是通常意义上的食品加工规则和法规要求，还是寻求一个为集中、一致和整合的食品安全体系。它将 HACCP 体系的基本原则与应用步骤融合在一起，既是描述食品安全管理体系要求的使用指导标准，又是可供认证和注册的可审核标准，为我们带来了一个在食品安全领域将多个标准统一起来的机会，也成为在整个食品供应链中实施 HACCP 技术的一种工具。

ISO 22000 特别关注并强调相互沟通，包括企业内部和外部的信息交流，在系统的危害分析并获取信息的基础上，确保在食品链每个环节中所有相关的食品危害均得到识别和充分控制。因此可以说 ISO 22000 是从以 HACCP 为核心的控制体系发展到食品安全管理体系。

ISO 22000 和 HACCP 体系都是一种风险管理工具，能使实施者合理地识别将要发生的危害，并制订一套全面有效的计划，以防止和控制危害的发生。但 HACCP 体系是源于企业内部对某一产品安全性的控制体系，以生产全过程的监控为主，适用范围较狭窄。而 ISO 22000 是适用于整个食品链的食品安全管理体系，不仅包含了 HACCP 体系的全部内容，并将其融入到企业的整个管理活动中，逻辑性强，体系更为完整。

ISO 22000 与 HACCP 相比有以下特点：①突出了体系管理理念；②强调了沟通的作用；③体现了对遵守食品法律法规的要求；④提出了前提方案；⑤强调了"确认"和"验证"的重要性；⑥增加了"应急准备和响应"规定；⑦建立可追溯性系统和对不安全产品实施撤回机制。

### 2. ISO 22000 与 ISO 9001 的关系

ISO 22000 标准并不一定提出一些基本的强制性生产实践要求，而是对那些期望满足食品安全强制要求的企业给出管理要求，即要求组织将所有适用食品安全的有关法规和规章的要求融入食品安全管理体系中。ISO 22000 食品安全管理体系标准以 ISO 9001 质量管理体系的基本原则和过程方法为基础，按 ISO 描述管理体系要求的标准框架，提供了食品安全管理体系的框架，从而保证 ISO 22000 具有与 ISO 9001 一致的结构，以有助于企业建立整合的管理体系。ISO 22000 也不是 HACCP 七项管理原则与 ISO 9001 要求的简单组合，而是一种风险管理工具，能使实施者合理地识别将要发生的危害，并制订一套全面有效的计划，来防止和控制危害的发生。因此，食品链上的任何行业在控制和降低风险的过程中，都可以参考以 HACCP 为精髓的 ISO 22000 的管理思路。

## 六、ISO 22000：2005 食品安全管理体系标准条款解读

ISO 22000：2005 共有 8 个章节。第 1 章范围，第 2 章规范性引用文件，第 3 章术语和定义，这三个章节是目前所有标准基本都具有的结构；第 4 章食品安全管理体系总的要求，只是名称叫做"食品安全管理体系"，也就是说，后面的四个章节是要展开第 4 章的；第 5 章管理职责，说的是人和权的问题；第 6 章资源管理，说的是资源的问题，也就是物的问题，有了人、权、物，于是进入第 7 章安全产品的策划和实现；食品安全处处不放心，管理体系处处有关联，所以还有第 8 章食品安全管理体系的确认、验证和改进。下面对该标准进行具体解读。

> 0 引言
>
> 食品安全和消费环节（有消费者摄入）食源性危害的存在状况有关。由于食品链的任何环节均可能引入食品安全危害，应对整个食品链进行充分的控制，因此，食品安全应通过食品链中所有参与方的共同努力来保证。
>
> 食品链中的组织包括：饲料生产者、食品初级生产者以及食品生产制造者、运输和仓储经营者、零售分包商、餐饮服务与经营者（包括与其密切相关的其他组织，如设备、包装材料、清洁剂、添加剂和辅料的生产者），也包括相关服务的提供者。
>
> 为了确保整个食品链直至最终消费的食品安全，本标准规定了食品安全管理体系的要求，该体系结合了下列普遍认同的关键要素：
> ——相互沟通；
> ——体系管理；
> ——前提方案；
> ——HACCP 原理。

为了确保在食品链每个环节所有相关的食品危害均得到识别和充分控制，整个食品链中各组织的沟通必不可少。因此，组织与其在食品链中的上游和下游组织之间均需要沟通。尤其对于已确定的危害和采取的控制措施，应与顾客和供方进行沟通，这将有助于明确顾客和供方的要求（如在可行性、需求和对终产品的影响方面）。

为了确保整个食品链中的组织进行有效的相互沟通，向最终消费者提供安全的食品，认清组织在食品链中的作用和所处的位置是必要的。

图 5-1 为食品链中相关方之间沟通渠道的一个实例。

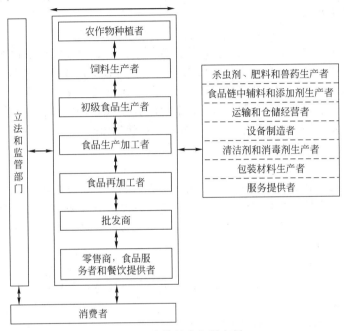

图 5-1　食品链中沟通实例

在已构建的管理体系框架内，建立、运行和更新最有效的食品安全体系，并将其纳入组织的整体管理活动，将为组织和相关方带来最大利益。本标准与 GB/T 19001—2000 相协调，以加强两者的兼容性。

本标准可以独立于其他管理体系标准之外单独使用，其实施可结合或整合组织已有的相关管理体系要求，同时组织也可利用现有的管理体系建立一个符合本标准要求的食品安全管理体系。

本标准整合了国际食品法典委员会（CAC）制定的危害分析和关键控制点（HACCP）体系和实施步骤；基于审核的需要，本标准将 HACCP 计划与前提方案（PRP）相结合。由于危害分析有助于建立有效的控制措施组合，所以它是建立有效的食品安全管理体系的关键。本标准要求对食品链内合理预期发生的所有危害，包括与各种过程和所用设施有关的危害，进行识别和评价。因此，对于已确定的危害是否需要组织控制，本标准提供了判断并形成文件的方法。

在危害分析过程中，组织应通过组合前提方案、操作性前提方案和 HACCP 计划，选择和确定危害控制的方法。

为便于应用，本标准制定为可适用于认证标准。但各组织也可根据各自的需要，选择相应的方法和途径来满足本标准要求。为帮助各组织实施本标准，ISO/TS 22004

提供了本标准的应用指南。

虽然本标准仅对食品安全方面进行了阐述,但本标准提供的方法同样可用于食品的其他特定方面,如风俗习惯、消费者意识等。

本标准允许组织［如小型和（或）欠发达组织］实施由外部制定的控制措施组合。

本标准旨在满足食品链内经营与贸易活动的需要,协调全球范围内关于食品安全管理的要求,尤其适用于组织寻求一套重点突出、连贯且完整的食品安全管理体系,而不仅仅是满足于通常意义上的法规要求。本标准要求组织通过食品安全管理体系以满足与食品安全相关的法律法规要求。

标准解读:

引言部分主要阐述了食品链与食品安全控制的关系、食品链中包含的组织类型及相互关系;阐述了食品安全管理体系的关键要素的内容及内涵,并说明 ISO 22000 与其他管理体系标准及与 HACCP 原理的关系;阐明了前提方案的概念,并提出安全产品的有效生产要求有机地整合两种前提方案和详细的 HACCP 计划;阐述了 ISO 22000 与 ISO/TS 22004 的关系,阐述了小型欠发达组织使用 ISO 22000 的原则,阐述了 ISO 22000 与法律法规的关系。

1 范围

本标准规定了食品安全管理体系的要求,当组织:需要证实其有能力控制食品安全危害,以稳定地提供安全的终产品,同时满足商定的顾客要求与适用和规定的食品安全法律法规要求;旨在通过有效控制食品安全危害,包括更新体系的过程,增强顾客满意。

本标准规定的要求使组织能够:

——策划、实施运行、保持和更新食品安全管理体系,确保提供的产品按预期用途对消费者是安全的;

——证实符合适用的食品安全法律法规要求;

——评价和评估顾客要求,并证实符合双方协定的与食品安全有关的顾客要求,以增强顾客满意;

——与供方、顾客及食品链中的其他相关方在食品安全方面进行有效沟通;

——确保符合其声明的食品安全方针;

——证实符合其他相关方的要求;

——寻求由外部组织对其食品安全管理体系的认证,或进行符合性自我评估或自我声明。

本准则所有要求都是通用的,旨在适用于在食品链中的所有组织,无论其规模大小和复杂程度。

标准解读:

范围一章主要体现了 5W1H:阐述了 ISO 22000 标准的内容（What）——ISO 22000 提供了食品安全管理体系的基本要素;阐述了 ISO 22000 标准的适用范围（Who）——谁来用,食品链中所有方面和任何规模的、希望通过实施食品安全管理体系以稳定提供安全产品的所有组织;阐述了使用 ISO 22000 标准可以达到的目标（Why）——食品安全管理体系是一套实用的工具,食品链中的各类组织通过采用该体系,可以确保其符合法律、法令、法规和（或）顾客规定的要求;说明了食品链中所有组织都可以使用 ISO 22000（Where、When）;说明了特殊情况下如何使用 ISO 22000（How）——ISO/TS 22004 提供了应用指南，也可以实施外部开发的控制措施组合，一个组织的食品安全管理体系的设计和实施受许多因素的影响，特别是食品安全危害、所提供的产品、采用的过程、组织的规模和结构。

2 规范性引用文件

下列文件中的条款通过本标准的引用而成为本标准的条款。凡是注日期的引用文件，其随后所有的修改单（不包括勘误的内容）或修订版均不适用于本标准。然而，鼓励根据本标准达成协议的各方研究是否可使用这些文件的最新版本。凡是不注日期的引用文件，其最新版本适用于本标准。

标准解读：

ISO 22000 引用了 GB/T 19000—2000 标准。GB/T 19000 是我国等同采用 ISO 9000 制定的国家标准，国际标准的顺序号与国家标准的顺序号相差一个"1"。目前这个标准已经更新为 GB/T 19000—2008/ISO 9000：2008。

GB/T 19000—2000 质量管理体系 基础和术语（等同 ISO 9000：2000）

3 术语和定义

GB/T 19000—2000 确立的以及下列术语和定义适用于本准则。

为方便本准则的使用者，对引用 GB/T 19000—2000 的部分定义加以注释，但这些注释仅适用于特定用途。

注：未定义的术语保持其字典含义。定义中黑体字表明参考了本章的其他术语，引用的条款号在括号内。

3.1 食品安全 food safety

食品在按照预期用途进行制备和（或）食用时不会伤害消费者的概念。

注：食品安全与食品安全危害（3.3）的发生有关，但不包括其他与人类健康相关的方面，如营养不良。

3.2 食品链 food chain

从初级生产直至消费的各环节和操作的顺序，涉及食品及其辅料的生产、加工、分销、储存和处理。

注1：初级生产包括食源性动物饲料的生产和用于食品生产的动物饲料的生产。

注2：食品链也包括用于食品接触材料或原材料的生产。

3.3 食品安全危害 food safety hazard

食品中所含有的对健康有潜在不良影响的生物、化学或物理因素或食品存在状况。

注1：术语"危害"不应和"风险"混淆，对食品安全而言，"风险"是食品暴露于特定危害时对健康产生不良影响的概率（如生病）与影响的严重程度（死亡、住院、缺勤等）之间形成的函数。风险在 ISO/IEC 导则 51 中定义为伤害发生的概率和严重程度的组合。

注2：食品安全危害包括过敏源。

注3：在饲料和饲料配料方面，相关食品安全危害是那些可能存在或出现于饲料和饲料配料内，继而通过动物消费饲料转移至食品中，并由此可能导致人类不良健康后果的成分。在不直接处理饲料和食品的操作中（如包装材料、清洁剂等的生产者），相关的食品安全危害是指那些按所提供产品和（或）服务的预期用途可能直接或间接转移到食品中，并由此可能造成人类不良健康后果的成分。

3.4 食品安全方针 food safety policy

由组织的最高管理者正式发布的该组织总的食品安全（3.9）宗旨和方向。

3.5 终产品 end product

组织不再进一步加工或转化的产品。

注：需其他组织进一步加工或转化的产品，是该组织的终产品或下游组织的原料或辅料。

3.6 流程图 flow diagram

依据各步骤之间的顺序及相互作用以图解的方式进行系统性表达。

3.7 控制措施 control measure

《食品安全》能够用于防止或消除食品安全危害（3.3）或将其降低到可接受水平的行动或活动。

3.8 前提方案 prerequisite program（PRP）

《食品安全》在整个食品链（3.2）中为保持卫生环境所必需的基本条件和活动，以适合生产、处置和提供安全终产品和人类消费的安全食品。

注：前提方案决定于组织在食品链中的位置及类型，等同术语例如：良好农业规范（GAP）、良好兽医规范（GVP）、良好操作规范（GMP）、良好卫生规范（GHP）、良好生产规范（GPP）、良好分销规范（GDP）、良好贸易规范（GTP）。

3.9 操作性前提方案 operational prerequisite program（OPRP）

通过危害分析确定的、必需的前提方案PRP（3.8），以控制食品安全危害（3.3）引入的可能性和（或）食品安全危害在产品或加工环境中污染或扩散的可能性。

3.10 关键控制点 critical control point（CCP）

《食品安全》能够施加控制，并且该控制对防止或消除食品安全危害（3.3）或将其降低到可接受水平是所必需的某一步骤。

3.11 关键限值 critical limit（CL）

区分可接受和不可接受的判定值。

注：设定关键限值保证关键控制点（CCP）（3.10）受控。当超出或违反关键限值时，受影响产品应视为潜在不安全产品进行处理。

3.12 监视 monitoring

为评价控制措施（3.7）是否按预期运行，对控制参数实施的一系列策划的观察或测量活动。

3.13 纠正 correction

为消除已发现的不合格所采取的措施。[GB/T 19000—2000，定义3.6.6]

注1：在本准则中，纠正与潜在不安全产品的处理有关，所以可以连同纠正措施（3.14）一起实施。

注2：纠正可以是重新加工，进一步加工，和（或）消除不合格的不良影响（如改做其他用途或特定标识）等。

3.14 纠正措施 corrective action

为消除已发现的不合格或其他不期望情况的原因所采取的措施。[GB/T 19000—2000，定义3.6.5]

注1：一个不合格可以有若干个原因。

注2：纠正措施包括原因分析和采取措施防止再发生。

3.15 确认 validation

《食品安全》获得通过HACCP计划和OPRP管理的控制措施能够有效的证据。

注：本定义比GB/T 19000的定义更适用于食品安全（3.1）领域。

3.16 验证 verification

通过提供客观证据对规定要求已得到满足的认定。[GB/T 19000—2000，定义3.8.4]

3.17 更新 updating

为确保应用最新信息而进行的即时和（或）有计划的活动。

标准解读：

本标准共列出17条术语，并给出定义——食品安全、食品链、食品安全危害、食品安全方针、终产品、流程图、控制措施、前提方案、操作性前提方案、关键控制点、关键限值、监视、纠正、纠正措施、确认、验证、更新。

4 食品安全管理体系

4.1 总要求

组织应按本准则要求建立有效的食品安全管理体系，形成文件，加以实施和保持，并在必要时进行更新。

组织应确定食品安全管理体系的范围。该范围应规定食品安全管理体系中所涉及的产品或产品类别、过程和生产场地。

组织应：确保在体系范围内合理预期发生的与产品相关的食品安全危害得以识别和评价，并以组织的产品不直接或间接伤害消费者的方式加以控制；

在食品链范围内沟通与产品安全有关的适宜信息；

在组织内就有关食品安全管理体系建立、实施和更新进行必要的信息沟通，以确保满足本准则要求的食品安全；

对食品安全管理体系定期评价，必要时进行更新，确保体系反映组织的活动，并纳入有关需控制的食品安全危害的最新信息。

针对组织所选择的任何影响终产品符合性的源于外部的过程，组织应确保控制这些过程。对此类源于外部的过程的控制应在食品安全管理体系中加以识别，并形成文件。

4.2 文件要求

4.2.1 总则

食品安全管理体系文件应包括：

形成文件的食品安全方针和相关目标的声明（见5.2）；

本准则要求的形成文件的程序和记录（见4.2.3）；

组织为确保食品安全管理体系有效建立、实施和更新所需的文件。

4.2.2 文件控制

食品安全管理体系所要求的文件应予以控制。记录是一种特殊类型的文件，应依据4.2.3的要求进行控制。

这种控制应确保所有提出的更改在实施前加以评审，以确定其对食品安全的作用以及对食品安全管理体系的影响。

应编制形成文件的程序，以规定以下方面所需的控制：

a) 文件发布前得到批准，以确保文件是充分与适宜的；

b) 必要时对文件进行评审与更新，并再次批准；

c) 确保文件的更改和现行修订状态得到识别；

d) 确保在使用处获得适用文件的有关版本;
e) 确保文件保持清晰、易于识别;
f) 确保相关的外来文件得到识别,并控制其分发;
g) 防止作废文件的非预期使用,若因任何原因而保留作废文件时,确保对这些文件进行适当的标识。

#### 4.2.3 记录控制

应建立并保持记录,以提供符合要求和食品安全管理体系有效运行的证据。记录应保持清晰、易于识别和检索。应编制形成文件的程序,以规定记录的标识、储存、保护、检索、保存期限和处理所需的控制。

### 5 管理职责

#### 5.1 管理承诺

最高管理者应通过以下活动,对其建立、实施食品安全管理体系并持续改进其有效性的承诺提供证据。

a) 表明组织的经营目标支持食品安全;
b) 向组织传达满足与食品安全相关的法律法规、本准则以及顾客要求的重要性;
c) 制定食品安全方针;
d) 进行管理评审;
e) 确保资源的获得。

#### 5.2 食品安全方针

最高管理者应制定食品安全方针,形成文件并对其进行沟通。

最高管理者应确保食品安全方针:

a) 与组织在食品链中的作用相适应;
b) 符合与顾客商定的食品安全要求和法律法规要求;
c) 在组织的各层次得以沟通、实施并保持;
d) 在持续适宜性方面得到评审(5.8);
e) 充分阐述沟通(5.6);
f) 由可测量的目标来支持。

#### 5.3 食品安全管理体系策划

最高管理者应确保:

对食品安全管理体系的策划,满足4.1以及支持食品安全的组织目标的要求;
在对食品安全管理体系的变更进行策划和实施时,保持体系的完整性。

#### 5.4 职责和权限

最高管理者应确保规定各项职责和权限并在组织内进行沟通,以确保食品安全管理体系有效运行和保持。

所有员工有责任向指定人员汇报与食品安全管理体系有关的问题。指定人员应有明确的职责和权限,以采取措施并予以记录。

#### 5.5 食品安全小组组长

组织的最高管理者应任命食品安全小组组长,无论其在其他方面的职责如何,应具有以下方面的职责和权限:

a) 管理食品安全小组(7.3.2),并组织其工作;
b) 确保食品安全小组成员的相关培训和教育;

c) 确保建立、实施、保持和更新食品安全管理体系;
d) 向组织的最高管理者报告食品安全管理体系的有效性和适宜性。
注:食品安全小组组长的职责可包括与食品安全管理体系有关事宜的外部联络。

5.6 沟通

5.6.1 外部沟通

为确保在整个食品链中能够获得充分的食品安全方面的信息,组织应制定、实施和保持有效的措施,以便与下列各方进行沟通:

a) 供方和分包商;
b) 顾客或消费者,特别是在产品信息(包括有关预期用途、特定储存要求以及适宜时含保质期的说明书)问询、合同或订单处理及其修改,以及包括抱怨的顾客反馈;
c) 主管部门;
d) 对食品安全管理体系的有效性或更新产生影响,或将受其影响的其他组织。

这种沟通应提供组织的产品在食品安全方面的信息,这些信息可能与食品链中其他组织相关,特别是应用于那些需要由食品链中其他组织控制的已知的食品安全危害。应保持沟通记录。

应获得来自顾客和主管部门的食品安全要求。

指定人员应有规定的职责和权限,进行有关食品安全信息的对外沟通。通过外部沟通获得的信息应作为体系更新(见8.5.2)和管理评审(见5.8.2)的输入。

5.6.2 内部沟通

组织应建立、实施和保持有效的安排,以便与有关的人员就影响食品安全的事项进行沟通。

为保持食品安全管理体系的有效性,组织应确保食品安全小组及时获得变更的信息,例如包括但不限于以下方面:

a) 产品或新产品;
b) 原料、辅料和服务;
c) 生产系统和设备;
d) 生产场所,设备位置,周边环境;
e) 清洁和卫生方案;
f) 包装、储存和分销系统;
g) 人员资格水平和(或)职责及权限分配;
h) 法律法规要求;
i) 与食品安全危害和控制措施有关的知识;
j) 组织遵守的顾客、行业和其他要求;
k) 来自外部相关方的有关问询;
l) 表明与产品有关的食品安全危害的抱怨;
m) 影响食品安全的其他条件。

食品安全小组应确保食品安全管理体系的更新(见8.5.2)包括上述信息。最高管理者应确保将相关信息作为管理评审的输入(见5.8.2)。

5.7 应急准备和响应

最高管理者应建立、实施并保持程序,以管理可能影响食品安全的潜在紧急情况和事故,并应与组织在食品链中的作用相适宜。

5.8 管理评审

5.8.1 总则

最高管理者应按策划的时间间隔评审食品安全管理体系,以确保其持续的适宜性、充分性和有效性。评审应包括评价食品安全管理体系改进的机会和变更的需求,包括食品安全方针。

管理评审的记录应予以保持(见4.2.3)。

5.8.2 评审输入

管理评审输入应包括但不限于以下信息:

a) 以往管理评审的跟踪措施;
b) 验证活动结果的分析(见8.4.3);
c) 可能影响食品安全的环境变化(见5.6.2);
d) 紧急情况、事故(见5.7)和撤回(见7.10.4);
e) 体系更新活动的评审结果(见8.5.2);
f) 包括顾客反馈的沟通活动的评审(见5.6.1);
g) 外部审核或检验。

注:撤回包括召回。

资料的提交形式应使最高管理者能将所含信息与已声明的食品安全管理体系的目标相联系。

5.8.3 评审输出

管理评审输出应包括与如下方面有关的决定和措施:

a) 食品安全保证(见4.1);
b) 食品安全管理体系有效性的改进(见8.5);
c) 资源需求(见6.1);
d) 组织食品安全方针和相关目标的修订(见5.2)。

6 资源管理

6.1 资源提供

组织应提供充足资源,以建立、实施、保持和更新食品安全管理体系。

6.2 人力资源

6.2.1 总则

食品安全小组和其他从事影响食品安全活动的人员应是能够胜任的,并具有适当的教育、培训、技能和经验。

当需要外部专家帮助建立、实施、运行或评价食品安全管理体系时,应在签订的协议或合同中对这些专家的职责和权限予以规定。

6.2.2 能力、意识和培训

组织应:

a) 识别从事影响食品安全活动的人员所必需的能力;
b) 提供必要的培训或采取其他措施以确保人员具有这些必要的能力;
c) 确保对食品安全管理体系负责监视、纠正、纠正措施的人员受到培训;
d) 评价上述a)、b)和c)的实施及其有效性;
e) 确保这些人员认识到其活动对实现食品安全的相关性和重要性;
f) 确保所有影响食品安全的人员能够理解有效沟通(见5.6)的要求;

g) 保持培训和 b)、c) 中所述措施的适当记录。

### 6.3 基础设施
组织应提供资源以建立和保持实现本准则要求所需的基础设施。

### 6.4 工作环境
组织应提供资源以建立、管理和保持实现本准则要求所需的工作环境。

## 7 安全产品的策划和实现

### 7.1 总则
组织应策划和开发实现安全产品所需的过程。

组织应实施、运行策划的活动及其更改，并确保有效；这些活动和更改包括前提方案以及操作性前提计划和（或）HACCP 计划。

### 7.2 前提方案（PRP）
7.2.1 组织应建立、实施和保持前提方案（PRP），以助于控制：

a) 食品安全危害通过工作环境进入产品的可能性；

b) 产品的生物、化学和物理污染，包括产品之间的交叉污染；

c) 产品和产品加工环境的食品安全危害水平。

7.2.2 前提方案（PRP）应：

a) 与组织在食品安全方面的需求相适宜；

b) 与运行的规模和类型、制造和（或）处置的产品性质相适宜；

c) 无论是普遍适用还是适用于特定产品或生产线，前提方案都应在整个生产系统中实施；

d) 并获得食品安全小组的批准。

组织应识别与以上相关的法律法规要求。

7.2.3 当选择和（或）制定前提方案（PRP）时，组织应考虑和利用适当信息（如法律法规要求、顾客要求、公认的指南、国际食品法典委员会的法典原则和操作规范，国家、国际或行业标准）。

当制定这些方案时，组织应考虑如下：

a) 建筑物和相关设施的布局和建设；

b) 包括工作空间和员工设施在内的厂房布局；

c) 空气、水、能源和其他基础条件的提供；

d) 包括废弃物和污水处理的支持性服务；

e) 设备的适宜性，及其清洁、保养和预防性维护的可实现性；

f) 对采购材料（如原料、辅料、化学品和包装材料）、供给（如水、空气、蒸汽、冰等）、清理（如废弃物和污水处理）和产品处置（如储存和运输）的管理；

g) 交叉污染的预防措施；

h) 清洁和消毒；

i) 虫害控制；

j) 人员卫生；

k) 其他适用的方面。

应对前提方案的验证进行策划（见 7.8），必要时应对前提方案进行更改（7.7）。应保持验证和更改的记录。

文件宜规定如何管理前提方案中包括的活动。

### 7.3 实施危害分析的预备步骤

#### 7.3.1 总则

应收集、保持和更新实施危害分析所需的所有相关信息,并形成文件。应保持记录。

#### 7.3.2 食品安全小组

应任命食品安全小组。

食品安全小组应具备多学科的知识和建立与实施食品安全管理体系的经验。这些知识和经验包括但不限于组织的食品安全管理体系范围内的产品、过程、设备和食品安全危害。

应保持记录,以证实食品安全小组具备所要求的知识和经验(见6.2.2)。

#### 7.3.3 产品特性

##### 7.3.3.1 原料、辅料和与产品接触的材料

应在文件中对所有原料、辅料和与产品接触的材料予以描述,其详略程度为实施危害分析所需(见7.4)。适用时,包括以下方面:

a) 化学、生物和物理特性;
b) 配制辅料的组成,包括添加剂和加工助剂;
c) 产地;
d) 生产方法;
e) 包装和交付方式;
f) 储存条件和保质期;
g) 使用或生产前的预处理;
h) 与采购材料和辅料预期用途相适宜的有关食品安全的接收准则或规范。

组织应识别与以上方面有关的食品安全法律法规要求。

上述描述应保持更新,包括需要时按照7.7要求进行的更新。

##### 7.3.3.2 终产品特性

终产品特性应在文件中予以描述,其详略程度为实施危害分析所需(见7.4),适用时,包括以下方面的信息:

a) 产品名称或类似标识;
b) 成分;
c) 与食品安全有关的化学、生物和物理特性;
d) 预期的保质期和储存条件;
e) 包装;
f) 与食品安全有关的标识和(或)处理、制备及使用的说明书;
g) 分销方法。

组织应识别与以上方面有关的食品安全法律法规的要求。

上述描述应保持更新,包括需要时按照7.7要求进行的更新。

#### 7.3.4 预期用途

应考虑终产品的预期用途和合理的预期处理,以及非预期但可能发生的错误处置和误用,并应将其在文件中描述,其详略程度为实施危害分析所需(见7.4)。

应识别每种产品的使用群体,适用时,应识别其消费群体;并应考虑对特定食品安全危害的易感消费群体。

上述描述应保持更新,包括需要时按照7.7要求进行的更新。

### 7.3.5 流程图、过程步骤和控制措施

#### 7.3.5.1 流程图

应绘制食品安全管理体系所覆盖产品或过程类别的流程图。流程图应为评价食品安全危害可能的出现、增加或引入提供基础。

流程图应清晰、准确和足够详尽。适宜时,流程图应包括:

a) 操作中所有步骤的顺序和相互关系;
b) 源于外部的过程和分包工作;
c) 原料、辅料和中间产品投入点;
d) 返工点和循环点;
e) 终产品、中间产品和副产品放行点及废弃物的排放点。

根据7.8要求,食品安全小组应通过现场核对来验证流程图的准确性。经过验证的流程图应作为记录予以保持。

#### 7.3.5.2 过程步骤和控制措施的描述

应描述现有的控制措施、过程参数和(或)其实施的严格度,或影响食品安全的程序,其详略程度为实施危害分析所需(见7.4)。

还应描述可能影响控制措施的选择及其严格程度的外部要求(如来自顾客或主管部门)。

上述描述应根据7.7的要求进行更新。

### 7.4 危害分析

#### 7.4.1 总则

食品安全小组应实施危害分析,以确定需要控制的危害,确保食品安全所需的控制程度,以及所要求的控制措施组合。

#### 7.4.2 危害识别和可接受水平的确定

7.4.2.1 应识别并记录与产品类别、过程类别和实际生产设施相关的所有合理预期发生的食品安全危害。这种识别应基于以下方面:

a) 根据7.3收集的预备信息和数据;
b) 经验;
c) 外部信息,尽可能包括流行病学和其他历史数据;
d) 来自食品链中,可能与终产品、中间产品和消费食品的安全相关的食品安全危害信息;应指出每个食品安全危害可能被引入的步骤(从原料、生产和分销)。

7.4.2.2 在识别危害时,应考虑:

a) 特定操作的前后步骤;
b) 生产设备、设施/服务和周边环境;
c) 在食品链中的前后关联。

7.4.2.3 针对每个识别的食品安全危害,只要可能,应确定终产品中食品安全危害的可接受水平。确定的水平应考虑已发布的法律法规要求、顾客对食品安全的要求、顾客对产品的预期用途以及其他相关数据。确定的依据和结果应予以记录。

#### 7.4.3 危害评价

对每种已识别的食品安全危害(7.4.2)进行危害评价,以确定消除危害或将危害降至可接受水平是否是生产安全食品所必需的;以及是否需要控制危害以达到规定的可接受水平。

应根据食品安全危害造成不良健康后果的严重性及其发生的可能性,对每种食品安全危害进行评价。应描述所采用的方法,并记录食品安全危害评价的结果。

7.4.4 控制措施的选择和评价

基于 7.4.3 的危害评价,应选择适宜的控制措施组合,预防、消除或减少食品安全危害至规定的可接受水平。

在选择的控制措施组合中,应根据 7.3.5.2 中的描述,对每个控制措施确定的食品安全危害的有效性进行评审。

应对所选择的控制措施进行分类,以决定其是否需要通过操作性前提方案或 HACCP 计划进行管理。

选择和分类应使用包括评价以下方面的逻辑方法:

a) 相对于应用强度,控制措施控制食品安全危害的效果;
b) 对该控制措施进行监视的可行性(如及时监视以便能立即纠正的能力);
c) 相对其他控制措施该控制措施在系统中的位置;
d) 该控制措施作用失效或重大加工的不稳定性的可能性;
e) 一旦该控制措施的作用失效,结果的严重程度;
f) 控制措施是否有针对性地制定,并用于消除或将危害水平大幅度降低;
g) 协同效应(即,两个或更多措施作用的组合效果优于每个措施单独效果的总和)。

属于 HACCP 计划管理的控制措施应按照 7.6 实施,其他控制措施应作为操作性前提方案(OPRP)按 7.5 实施。

应在文件中描述所使用的分类方法和参数,并记录评价的结果。

7.5 操作性前提方案的建立

操作性前提方案(OPRP)应形成文件,针对每个方案应包括如下信息:

a) 由方案控制的食品安全危害(见 7.4.4);
b) 控制措施(见 7.4.4);
c) 有监视程序,以证实实施了操作性前提方案(OPRP);
d) 当监视显示操作性前提方案失控时,采取的纠正和纠正措施(分别见 7.10.1 和 7.10.2);
e) 职责和权限;
f) 监视的记录。

7.6 HACCP 计划的建立

7.6.1 HACCP 计划

HACCP 计划应形成文件;针对每个已确定的关键控制点,应包括如下信息:

a) 关键控制点(见 7.4.4)所控制的食品安全危害;
b) 控制措施(CCP)(见 7.4.4);
c) 关键限值(见 7.6.3);
d) 监视程序(见 7.6.4);
e) 关键限值超出时,应采取的纠正和纠正措施(见 7.6.5);
f) 职责和权限;
g) 监视的记录。

7.6.2 关键控制点(CCP)的确定

对于由 HACCP 计划（见 7.4.4）控制的每个危害，针对已确定的控制措施确定关键控制点。

7.6.3　关键控制点的关键限值的确定

对于每个关键控制点建立的监视，应确定其关键限值。

应建立关键限值，以确保终产品（见 7.4.2）食品安全危害不超过其可接受水平。

关键限值应可测量。

应将选定关键限值合理性的证据形成文件。

基于主观信息（如对产品、过程、处置等的感官检验）的关键限值，应有指导书、规范和（或）教育及培训的支持。

7.6.4　关键控制点的监视系统

对每个关键控制点应建立监视系统，以证实关键控制点处于受控状态。该系统应包括所有针对关键限值的、有计划的测量或观察。

监视系统应由相关程序、指导书和表格构成，包括以下内容：

a) 在适宜的时间框架内提供结果的测量或观察；
b) 所用的监视装置；
c) 适用的校准方法（见 8.3）；
d) 监视频次；
e) 与监视和评价监视结果有关的职责和权限；
f) 记录的要求和方法。

当关键限值超出时，监视的方法和频率应能够及时确定，以便在产品使用或消费前对产品进行隔离。

7.6.5　监视结果超出关键限值时采取的措施

应在 HACCP 计划中规定关键限值超出时所采取的策划的纠正和纠正措施。这些措施应确保查明不符合的原因，使关键控制点控制的参数恢复受控，并防止再次发生（见 7.10.2）。

应建立和保持形成文件的程序，以适当处置潜在不安全产品，确保评价后再放行（见 7.10.3）。

7.7　预备信息的更新、描述前提方案和 HACCP 计划的文件的更新

制定操作性前提方案（见 7.5）和（或）HACCP 计划（7.6）后，必要时，组织应更新如下信息：

a) 产品特性（见 7.3.3）；
b) 预期用途（见 7.3.4）；
c) 流程图（见 7.3.5.1）；
d) 过程步骤（见 7.3.5.2）；
e) 控制措施（见 7.3.5.2）。

必要时，应对 HACCP 计划（见 7.6.1）以及描述前提方案（见 7.2）的程序和指导书进行修改。

7.8　验证的策划

验证策划应规定验证活动的目的、方法、频次和职责。验证活动应确保：

a) 操作性前提方案得以实施（见 7.2）；
b) 危害分析（见 7.3）的输入持续更新；

c) HACCP 计划（见 7.6.1）中的要素和操作性前提方案（见 7.5）得以实施且有效；

d) 危害水平在确定的可接受水平之内（见 7.4.2）；

e) 组织要求的其他程序得以实施，且有效。

该策划的输出应采用适于组织运作的形式。

应记录验证的结果，且传达到食品安全小组。应提供验证的结果以进行验证活动结果的分析（见 8.4.3）。

当体系验证是基于终产品的测试，且测试的样品不符合食品安全危害的可接受水平时（见 7.4.2），受影响批次的产品应按照 7.10.3 潜在不安全产品处置。

### 7.9 可追溯性系统

组织应建立且实施可追溯性系统，以确保能够识别产品批次及其与原料批次、生产和交付记录的关系。

可追溯性系统应能够识别直接供方的进料和终产品的首次分销途径。

应按规定的时间间隔保持可追溯性记录，足以进行体系评价，使潜在不安全产品和如果发生撤回时能够进行处置。可追溯性记录应符合法律法规要求、顾客要求，例如可以是基于终产品的批次标识。

### 7.10 不符合控制

#### 7.10.1 纠正

根据终产品的用途和放行要求，组织应确保关键控制点（见 7.6.5）超出或操作性前提方案失控时，受影响的终产品得以识别和控制。

应建立和保持形成文件的程序，规定：

a) 识别和评价受影响的产品，以确定对它们进行适宜的处置（见 7.9.4）；

b) 评审所实施的纠正。

在已经超出关键限值的条件下生产的产品是潜在不安全产品，应按 7.10.3 要求进行处置。对不符合操作性前提方案条件下生产的产品，在评价时应考虑不符合原因和由此对食品安全造成的后果；并在必要时，按 7.10.3 的要求进行处置。评价应予以记录。

所有纠正应由负责人批准并予以记录，记录还应包括不符合的性质及其产生原因和后果以及不合格批次的可追溯性信息。

#### 7.10.2 纠正措施

操作性前提方案和关键控制点监视得到的数据应由具备足够知识（见 6.2）和具有权限（见 5.4）的指定人员进行评价，以启动纠正措施。

当关键限值发生超出（见 7.6.5）和不符合操作性前提方案时，应采取纠正措施。

组织应建立和保持形成文件的程序，规定适宜的措施以识别和消除已发现的不符合的原因；防止其再次发生；并在不符合发生后，使相应的过程或体系恢复受控状态，这些措施包括：

a) 评审不符合（包括顾客抱怨）；

b) 对可能表明向失控发展的监视结果的趋势进行评审；

c) 确定不符合的原因；

d) 评价采取措施的需求以确保不符合不再发生；

e) 确定和实施所需的措施；

f) 记录所采取纠正措施的结果;
g) 评审采取的纠正措施,以确保其有效。

纠正措施应予以记录。

7.10.3 潜在不安全产品的处置

7.10.3.1 总则

组织应采取措施处置所有不合格产品,以防止不合格产品进入食品链,除非可能确保:

a) 相关的食品安全危害已降至规定的可接受水平;
b) 相关的食品安全危害在产品进入食品链前将降至确定的可接受水平(7.4.2);
c) 尽管不符合,但产品仍能满足相关食品安全危害规定的可接受水平。

可能受不符合影响的所有批次产品应在评价前处于组织的控制之中。

当产品在组织的控制之外,且被确定为不安全时,组织应通知相关方,采取撤回(见7.10.4)。

注:术语撤回包括召回。

处理潜在不安全产品的控制要求、相关响应和权限应形成文件。

7.10.3.2 放行的评价

受不符合影响的每批产品应在符合下列任一条件时,才可在分销前作为安全产品放行:

a) 除监视系统外的其他证据证实控制措施有效;
b) 证据表明,针对特定产品的控制措施的组合作用达到预期效果(即达到按照7.4.2确定的可接受水平);
c) 抽样、分析和(或)其他验证活动证实受影响批次的产品符合相关食品安全危害确定的可接受水平。

7.10.3.3 不合格品处置

评价后,当产品不能放行时,产品应按如下之一处理:

a) 在组织内或组织外重新加工或进一步加工,以确保食品安全危害消除或降至可接受水平;
b) 销毁和(或)按废物处理。

7.10.4 撤回

为能够并便于完全、及时地撤回确定为不安全的终产品批次:

a) 最高管理者应指定有权启动撤回的人员和负责执行撤回的人员;
b) 组织应建立、保持形成文件的程序,以便:
1) 通知相关方[如主管部门、顾客和(或)消费者];
2) 处置撤回产品及库存中受影响的产品;
3) 采取措施的顺序。

被撤回产品在被销毁、改变预期用途、确定按原有(或其他)预期用途使用是安全的或重新加工以确保安全之前,应在监督下予以保留。

撤回的原因、范围和结果应予以记录,并向最高管理者报告,作为管理评审(见5.8.2)的输入。

组织应通过使用适宜技术验证并记录撤回方案的有效性(例如模拟撤回或实际撤回)。

## 8 食品安全管理体系的确认、验证和改进

### 8.1 总则

食品安全小组应策划和实施对控制措施和控制措施组合进行确认所需的过程,并验证和改进食品安全管理体系。

### 8.2 控制措施组合的确认

在实施包含操作性前提方案 OPRP 和 HACCP 计划的控制措施之前,及在变更后(见 8.5.2),组织应确认(见 3.15):

a) 所选择的控制措施能使其针对的食品安全危害实现预期控制;

b) 控制措施和(或)其组合时有效,能确保控制已确定的食品安全危害,并获得满足规定可接受水平的终产品。

当确认结果表明不能满足一个或多个上述要素时,应对控制措施和(或)其组合进行修改和重新评价(7.4.4)。

修改可能包括控制措施[即生产参数、严格度和(或)其组合]的变更,和(或)原料、生产技术、终产品特性、分销方式、终产品预期用途的变更。

### 8.3 监视和测量的控制

组织应提供证据表明采用的监视、测量方法和设备是适宜的,以确保监视和测量的结果。

为确保结果的有效性,必要时,所使用的测量设备和方法应:

a) 对照能溯源到国际或国家标准的测量标准,在规定的时间间隔或在使用前进行校准或检定;当不存在上述标准时,校准或检定的依据应予以记录;

b) 进行调整或必要时再调整;

c) 得到识别,以确定其校准状态;

d) 防止可能使测量结果失效的调整;

e) 防止损坏和失效。

校准和验证结果记录应予保持。

此外,当发现设备或过程不符合要求时,组织应对以往测量结果的有效性进行评价。当测量设备不符合时,组织应对该设备以及任何受影响的产品采取适当的措施。这种评价和相应措施的记录应予保持。

当计算机软件用于规定要求的监视和测量时,应确认其满足预期用途的能力。确认应在初次使用前进行。必要时,再确认。

### 8.4 食品安全管理体系的验证

#### 8.4.1 内部审核

组织应按照策划的时间间隔进行内部审核,以确定食品安全管理体系是否:

a) 符合策划的安排、组织所建立的食品安全管理体系的要求和本准则的要求;

b) 得到有效实施和更新。

策划审核方案要考虑拟审核过程和区域的状况和重要性,以及以往审核(见 8.5.2 和 5.8.2)产生的更新措施。应规定审核的准则、范围、频次和方法。审核员的选择和审核的实施应确保审核过程的客观性和公正性。审核员不应审核自己的工作。

应在形成文件的程序中规定策划和实施审核以及报告结果和保持记录的职责和要求。

负责受审核区域的管理者应确保及时采取措施,以消除所发现的不符合情况及原因,不能不适当地延误。跟踪活动应包括对所采取措施的验证和验证结果的报告。

8.4.2 单项验证结果的评价

食品安全小组应系统地评价所策划的验证(见7.8)的每个结果。

当验证证实不符合策划的安排时,组织应采取措施达到规定的要求。该措施应包括但不限于评审以下方面:

a) 现有的程序和沟通渠道(见5.6和7.7);

b) 危害分析的结论(见7.4)、已建立的操作性前提方案(见7.5)和HACCP计划(见7.6.1);

c) PRP(见7.2);

d) 人力资源管理和培训活动(见6.2)的有效性。

8.4.3 验证活动结果的分析

食品安全小组应分析验证活动的结果,包括内部审核(见8.4.1)和外部审核的结果。应进行分析,以:

a) 证实体系的整体运行满足策划的安排和本组织建立食品安全管理体系的要求;

b) 识别食品安全管理体系改进或更新的需求;

c) 识别表明潜在不安全产品高事故风险的趋势;

d) 建立信息,便于策划与受审核区域状况和重要性有关的内部审核方案;

e) 提供证据证明已采取纠正和纠正措施的有效性。

分析的结果和由此产生的活动应予以记录,并以相关的形式向最高管理者报告,作为管理评审(见5.8.2)的输入;也应用作食品安全管理体系更新的输入(见8.5.2)。

8.5 改进

8.5.1 持续改进

最高管理者应确保组织采用沟通(见5.6)、管理评审(见5.8)、内部审核(见8.4.1)、单项验证结果的评价(见8.4.2)、验证活动结果的分析(见8.4.3)、控制措施组合的确认(见8.2)、纠正措施(见7.10.2)和食品安全管理体系更新(见8.5.2),以持续改进食品安全管理体系的有效性。

注:GB/T 19001阐述了质量管理体系的有效性的持续改进。GB/T 19004在GB/T 19001之外提供了质量管理体系有效性和效率持续改进的指南。

8.5.2 食品安全管理体系的更新

最高管理者应确保食品安全管理体系持续更新。

为此,食品安全小组应按策划的时间间隔评价食品安全管理体系,继而应考虑评审危害分析(7.4)、已建立的操作性前提方案PRP(7.5)和HACCP计划(7.6.1)的必要性。

评价和更新活动应基于:

a) 来自5.6中所述的内部和外部沟通的输入;

b) 来自有关食品安全管理体系适宜性、充分性和有效性的其他信息的输入;

c) 验证活动结果分析(8.4.3)的输出;

d) 管理评审的输出(见5.8.3)。

体系更新活动应予以记录,并以适当的形式报告,作为管理评审的输入(见5.8.2)。

# 项目二　ISO 22000 食品安全管理体系文件编写

## 一、食品安全管理体系文件的基本要求

企业食品安全管理体系文件是客观地描述企业食品安全管理体系的法规性文件，为企业全体人员了解食品安全管理体系创造了必要条件。

**1. 食品安全管理体系文件的基本结构**

为便于运作并具有可操作性，食品安全管理体系文件分成 3 个层次，即管理手册、程序文件、作业文件和记录等。下一层次文件的内容应与上一层次的内容相衔接，下一层次文件应比上一层次文件更具体、更详细。各层次文件可以分开，也可以合并，公司根据各自的实际情况和需要确定。

（1）食品安全管理手册　食品安全管理手册是阐明组织的食品安全方针并描述其食品安全管理体系的文件。它是公司根据食品安全政策和目标，对食品安全体系的基本结构和原则的描述。其中包括：

① 说明公司食品安全政策、全部过程的原则；

② 制定食品安全体系结构和内容，以及相关人员的职责和权限；

③ 制定食品安全体系各项活动的准则和程序。

（2）食品安全程序文件　食品安全程序文件是描述开展食品安全管理体系活动过程的文件。

程序是针对食品安全管理手册所提出的管理与控制要求，规定的具体实施办法。程序文件为完成食品安全体系的主要活动规定了职责和权限、方法和指导。

（3）其他作业文件　作业文件是为程序文件提供更详细的操作方法。指导执行具体的工作方法，如安全使用规程、操作指导书等。作业文件和程序文件的区别在于，作业文件只涉及一项独立的具体任务，而程序文件涉及食品安全体系某个过程的整体活动。如前提方案，操作性前提方案，原料、辅料及产品接触材料的信息，终产品特性，关键限值的合理证据，HACCP 计划，作业指导书，规范，指南，图样，报告，表格等。

（4）记录　记录是食品安全体系运行的证据。食品安全记录一般是以其他文件为载体存在的，在不同层次的文件中都可能存在。

**2. 食品安全管理体系文件的编写步骤**

（1）文件编制的准备

① 指定文件编写机构（一般为食品安全小组），指导和协调文件编写工作。

② 收集整理企业现有文件。

③ 对编写人员进行培训，使之明白编写的要求、方法、原则和注意事项。

④ 编写指导性文件。为了使食品安全管理体系文件统一协调，达到规范化和标准化要求，应编写指导性文件，就文件的要求、内容、体例和格式等作出规定。

（2）文件编制的策划与组织实施

① 确定要编写的文件目录。

② 制订编写计划，落实编写、审核、批准人员，拟订编写进度。

（3）文件编写的注意事项

① 遵守文件编制的原则。

② 文字精练、准确、通顺。
③ 使用便于文件管理的格式。
④ 对于同类文件，尽量做到格式统一。
⑤ 注意逻辑性，避免前后矛盾。
⑥ 术语使用要严谨。

**3. 食品安全管理体系文件的编写方式**

编写食品安全管理体系文件也可采取如下的编写方式。

（1）自上而下依序展开方式　即按管理手册、程序文件、作业文件和记录的顺序编写，这样有利于上一层次文件与下一层次文件的衔接，但对文件编写人员的素质要求较高，文件编写所需时间较长，且可能需要反复地修改。

（2）自下而上的编写方式　即按基础性作业文件、程序文件、管理手册的顺序编写。这种方法适用于管理基础较好的公司。

（3）从程序文件开始，向两边扩展的编写方式　即先编写程序文件，再编写管理手册和基础性作业文件。从分析活动、确定活动程序开始，将ISO 2200标准要求与公司实际紧密结合，可缩短文件编写时间。

## 二、食品安全管理手册的编写

食品安全管理手册是对食品安全管理体系进行总体性描述，展示食品安全的总框架，描述组织的方针、目标，为食品安全管理体系的有效运行提供纲领性和权威、原则。

食品安全管理手册的结构与内容如下。

（1）食品安全管理手册的基本结构　食品安全管理手册包括：封面、手册发布令、目录、手册说明、手册管理、术语和定义、企业概况、方针和目标、组织结构与职责、要素描述或引用程序文件、手册使用指南、支持性文件附录、修订页等。

（2）食品安全管理手册的内容

① 封面　公司食品安全管理手册的封面应有：名称、手册标题、文件编号、手册版本、颁布日期、批准人签字、手册发放号等内容。见图5-2。

② 任命书　管理者代表/HACCP小组任命书
员工代表确认书
示例：某食品公司任命书截图（图5-3）。

③ 手册目录　手册各章节的题目。

④ 手册说明　手册说明包括：适用的产品/服务、手册依据的标准、产品/服务的范围、适用的食品安全体系要素等内容。

⑤ 术语和定义　写明使用国际或国家标准的术语和定义、特有术语和概念定义。

⑥ 公司概况　公司概况要明确描述：公司名称；主要产品/服务；业务情况、主要背景、历史和规模等；地点及通讯方法；公司组织结构图；公司主要生产流程；主要产品及消费者群体、目标市场和主要客户等。

⑦ 食品安全方针和目标　要有明确的公司食品安全方针、公司食品安全目标，经最高管理者批准签名。

⑧ 组织机构、责任和权限　组织机构设置（组织机构图），与食品安全管理相关部门和人员的责任、权限及相互关系等。

⑨ 食品安全管理体系要素描述或引用程序文件　主要是食品安全管理体系要素描述的原则和相关标准，以及满足法规要求、合同要求等。要阐明实施要素要求的目的、过程中所

南京**食品有公司

# 质量和食品安全管理体系手册

(依据ISO 22000：2008标准)

文件编号：ZTY-SC01-2011
版本号：B/0
分发号：03

编制：食品安全小组
审核：***
批准：***

2013年6月1日发布　　　2013年6月1日实施
南京**食品有限公司

图 5-2　食品安全管理手册封面

任命***同志为我公司的食品安全小组组长，其职责是：
1. 确保食品安全管理体系所需的过程得到建立、实施、保持和更新；
2. 向总经理报告食品安全管理体系的控制情况、业绩和改进需求；
3. 确保在整个公司内提高满足顾客食品安全要求的意识；
4. 确定食品安全小组成员接受相关食品安全方面的培训和教育；
5. 就食品安全管理体系有关事宜与有关各方联络等。

望公司所有有关人员服从协调，共同履行食品安全职能，以确保食品安全管理体系有效运行。

事业部总经理：

年　月　日

图 5-3　某食品公司任命书截图

涉及的部门或人员的责任、适用的活动、全部活动的原则和要求、列出实施要素要求所需的各类可供参考的文件。

⑩ 手册使用　需要时设立本章，目的是便于查阅食品安全手册。

⑪ 支持性文件附录　需要时设立本章，附录可能列入的支持性文件：程序文件、作业文件、技术标准及管理标准、其他。

⑫ 修订页　用修订记录表的形式说明手册中各部分的修改情况。

### 三、食品安全体系程序文件的编写

食品安全程序文件是为有效实施食品安全要素过程和活动所规定的方法，它是食品安全管理手册的支持性文件。它描述实施食品安全体系的各个职能部门的活动，主要供各职能部门使用。每一程序文件应针对食品安全体系中一个独立的活动。

程序文件的作用在于使食品安全活动受控，对影响食品安全的各项活动规定方法和评定的准则；阐明与食品安全有关人员的职责和权限，是执行、评审食品安全活动的依据。

ISO 22000 标准并不要求公司对每一个体系要素都制定程序文件，中小企业由于生产经营活动简单，只需少数几个程序就可以满足标准要求；大型企业生产经营活动相对复杂，在建立食品安全管理体系时则需要策划较多的程序。

**1. 程序文件的格式及基本内容**

程序文件的基本内容一般包括以下几点。

（1）目的  说明程序所控制的目的及活动。

（2）适用范围  规定程序所涉及的有关产品、活动、过程、部门、相关人员。

（3）职责  规定实施该程序的部门或人员及其责任和权限。

（4）工作程序  按活动的顺序写出开展该项活动的各个细节，采用过程方法，PDCA 的思路。运用"5W2H"方法，即：（What）规定应做什么——目的；（Who）明确谁来做——职责、人员能力；（Why）为何——目标、接收/验收准则；（When）规定活动的时间——时机、接口、进度；（Where）说明活动地点——设施、环境；（How）如何——步骤、方法、监视、测量；（How much）多少——记录、业绩评价。

（5）引用的相关文件  包括相关程序文件、引用的作业文件、操作规程及其他技术文件，以及所使用的记录。

**2. 程序文件的结构设计及编写方法**

（1）结构设计  程序文件在编写前应按如下方法进行结构设计：列出每个程序涉及的活动及其对应的要素；按活动的顺序展开；将具体活动方法进行分析写入相应的内容；程序文件实施后留下的记录。

（2）编写方法  程序文件的编写方法如下：将程序文件结构的流程进行展开；将流程关键内容作为程序文件的主要条款；根据上述构架增加具体的内容细则，作为主要条款的分条款；结构内容应主要描述"谁"来实施、"如何"实施及实施后留下的记录等。

**3. 程序文件的审查**

（1）程序文件审查的目的

① 保证程序文件符合食品安全体系标准的要求。

② 保证程序文件的规定是切实可行的。

③ 保证程序文件表述准确，可实现"理解的唯一性"。

④ 保证程序文件的结构合理、便于管理，考虑文件控制的要求。

⑤ 保证程序文件与食品安全管理手册的衔接层次清楚。

⑥ 保证各项活动的接口协调统一。

（2）程序文件审查的内容

① 文件格式是否正确，文件编号是否符合文件控制要求，文件控制、修改审批手续是否齐全。

② 文件内容是否符合标准的要求，与其他食品安全管理体系文件是否协调一致，是否适合于食品安全管理体系运作，是否具有可操作性。

**4. 程序文件的管理**

程序文件的控制与管理包括以下 4 个环节。

（1）程序文件的审批  一般由起草人进行文件起草，由审核人进行文件审查，相关部门进行会签，最后由授权人批准颁布。

（2）程序文件的颁布文件  经打印、校对、制作后批准颁布，为便于执行者熟悉文件内容，文件颁布应尽可能在生效日期前。

（3）程序文件的更改　文件更改一般由原审批部门或人员进行审核和批准，文件更改的生效日期要明确，更改内容应明确，并及时地传达给文件的使用者；程序文件的更改应有修改状态标识。

（4）作废文件管理　根据发文登记，及时更换或撤回作废文件，作废文件应加盖作废章。需保留的作废文件，应有明显的标识，隔离保存于规定的地方。

### 四、管理体系作业文件及记录的编写

作业文件是围绕质量和食品安全管理手册、程序文件的要求，描述具体的工作岗位和工作现场如何完成某项工作任务的具体做法，主要供个人或小组使用。

**1. 作业文件的作用和要求**

作业文件是程序文件的支持性文件。为了使各项活动具有可操作性，一个程序文件可能需要几个作业文件的支持，但程序文件可以描述清楚的活动，就不必再缩写作业文件。作业文件必须与相关要素的程序相对应，它是对程序文件全部或者某些条款的补充和细化，不能脱离程序另搞一套作业文件。作业文件是一个详细的工作文件，比程序文件的要求更加具体，通常包括活动的目的和范围，做什么和谁来做，何时、何地以及如何做，采用什么方法和工具，采用哪些关键控制点对活动进行控制和记录。

**2. 作业文件的内容和格式**

（1）文件标题　标题应明确说明开展的活动及其特点。

（2）目的和使用范围　一般简单说明开展这项活动的目的和涉及的范围。

（3）职责　注明实施文件的部门及其职责、权限、接口及相互关系。

（4）文件内容　作为文件的核心部分，应列出开展此项活动的步骤，保持合理的编写顺序，明确各项活动的接口关系、职责、措施，明确每个过程中各项活动由谁做、什么时间做、什么场合（地点）做、做什么、怎么做之如何控制及所要达到的要求，需形成记录和报告的内容，出现例外情况的处理措施等，必要时辅以流程图。

**3. 作业文件的编写程序**

（1）清理和分析现行文件　根据程序文件的要求，收集、清理现行的各种制度、规定和办法等文件，其中一些具有作业文件的功能，根据程序文件的要求和公司资源，按作业文件的内容及格式要求进行改写。

（2）主管部门负责编写　程序文件的主管部门根据标准和体系的规定，根据部门资源和条件，对照程序文件的要求，按照操作步骤顺序，逐一编写作业文件。

**4. 记录的编写**

记录是食品安全文件最基础的部分，它是已完成的活动或达到的结果的客观证据，是证明公司各部门食品安全是否达到要求和检查食品安全管理体系运行是否有效的证据，它具有可追溯的特点。

（1）食品安全记录的作用　记录包括各类图表、表格、报告、登记表、许可证、活动记录等，如人事记录、未成年工登记表、工作时间记录卡、工人产量记录、工资单、事故报告、会议记录、审核报告、工人投诉，以及客户和利益相关者的信息反馈记录等。

食品安全记录覆盖体系运行过程中的各个阶段，它是体系文件的组成部分，是食品安全职能活动的反映和载体。它是食品安全体系运行结果是否达到预期目标的主要证据，是体系运行是否有效的证明文件，它还为采取补救行动和纠正行动提供了依据。

（2）食品安全记录的结构和内容

① 记录名称　简短反映记录对象和结果特征。

② 记录编码　编码是每种记录的识别标记，每种记录只有一个编码。
③ 记录内容　按记录对象要求，确定编写内容。
④ 记录人员　记录填写人、会签人和审批人等。
⑤ 记录时间　按活动时间填写，一般写清年、月、日。
⑥ 记录单位名称。

(3) 食品安全记录的编写要求　食品安全记录的设计应与编写程序文件和作业文件同步进行，使食品安全记录与程序文件和管理作业文件协调一致、接口清楚。

① 编写记录总体要求　根据标准、手册和程序文件的要求，对体系中所需记录进行统一规划，对记录表格和记录要求作出统一的规定。

② 记录设计　在编写程序文件与作业文件的同时，分别制定与各程序相适应的记录表格。必要时可附在程序文件和作业文件的后面。

# 项目三　ISO 22000 食品安全管理体系认证

## 一、ISO 22000 食品安全管理体系认证的办理流程

ISO 22000 认证办理流程主要有四大块，四大流程主要如下。

**1. 了解 ISO 22000 认证的组成模块**

最先需要弄清楚的就是，一个完整的认证由哪几块组成，是由两部分组成：一部分是前期的咨询；另一部分是后期的认证审核。我们国家严格规定，为了保证认证的公正和有效，咨询和认证是分开的，不能由同一个公司进行，咨询公司不能取得认证资质，认证公司不能取得咨询资质。

**2. 意识到 ISO 22000 认证的作用**

咨询和认证在整体工作的过程中分别起到什么作用？简单说咨询公司就像是一个种地的老农，从撒种、翻土、浇水、上肥到结出果实，老农一直在照顾；认证公司就像是超市采购商，来看一下，检测一下果实，得出结论，能还是不能进入卖场。同样，不同的认证机构就代表不同的超市；认证机构越好，得到的认证越权威，在市场上的认可率也就越高。就好比一个产品放入了顶级商场的展览柜，和放在街边小店的效果是截然不同的。

**3. 咨询好各个方面的要求**

(1) 前期准备　任命管理者代表、明确体系负责部门、建立质量管理体系咨询工作组、确定内审员、拟定质量方针、拟定质量目标、整理现有的文件和记录。

(2) 现场调研　了解贵公司质量管理的基本状况。

(3) 体系策划　确定人员职能职责、商定咨询工作计划。

(4) 人员培训　提高管理意识；理解质量管理体系标准的内容及要求；掌握文件编写方法。

(5) 文件编写/发布　建立文件化的质量管理体系，并确保管理体系的适宜性、符合性、可操作性。

(6) 体系运行　贯彻落实管理体系的方针、目标、指标、管理方案及管理职责等，使体系文件得到贯彻执行。

(7) 第一次内部审核　培训内部审核组的实际审核能力；检查综合型管理体系的符合性和有效性，查找存在的问题并进行整改。

(8) 管理评审　对管理体系的充分性、适宜性和有效性做出评价。

(9) 第二次内部审核（必要时）　检查质量管理体系的符合性和有效性，完善第一次内审中发现的问题。

(10) 模拟审核（审核准备）　评价质量管理体系的符合性、有效性，判断是否可申请认证审核。

**4. 最后阶段进行 ISO 22000 认证**

经咨询机构前期在企业内建立、运行体系成熟后，企业将向认证公司提交申请，由认证公司安排审核，审核通过，则发给证书。

## 二、ISO 22000 食品安全管理体系认证步骤

**1. 认证申请与受理申请**

(1) 认证申请　企业向认证机构提出书面申请，并提供下列资料：营业执照及卫生许可证复印件；申请认证所覆盖范围的产品简介以及组织的概况；简要的工艺流程图、厂区平面图、组织结构图；填写好的认证申请表；食品安全管理手册和程序文件；PRP、OPRP 文件；HACCP 计划文件及有关附件；适用的法律法规及其他要求清单；设备和检测设备清单。

(2) 受理申请　认证机构对企业（受审核方）的申请资料进行初步检查，确定是否受理申请。如果发现不符合的地方，认证机构通知企业进行修正或补充。

**2. 第一阶段审核**

第一阶段审核主要是从总体上了解受审核方食品安全管理体系的基本情况，确认受审核方是否具备认证审核条件，为第二阶段审核的策划提供依据。审核的重点在于审核食品安全管理体系文件，了解受审核方的活动、产品或服务的全过程，判断食品安全危害分析的状况，并对受审核方食品安全管理体系的策划、HACCP 计划的建立及内审情况等进行初步审查。

(1) 文件审核　认证机构对企业提供的食品安全管理手册、HACCP 计划等体系文件进行审查，如果发现不符合的地方，认证机构通知企业进行修正或补充。文件审核内容包括：

① 确认食品安全管理体系文件符合审核准则的各项要求；

② 确认食品安全管理体系文件符合法律法规要求；

③ 确认危害分析、关键控制点的确定、关键限值、监控措施、确认措施、验证措施、记录文件化的充分性和一致性；

④ 组织机构和职责的设置是否合理；

⑤ 前提方案、操作性前提方案、HACCP 计划制订的可行性与正确性。

(2) 第一阶段现场审核准备

① 确定现场审核日期。

② 编制第一阶段现场审核计划。

③ 编制检查表。

(3) 第一阶段现场审核

① 见面会　审核组与组织的管理者、食品安全小组组长及有关人员会面，说明第一阶段审核的目的、范围、内容、程序和方法，并陈述保密声明。

② 现场检查　检查并评审组织食品安全管理体系策划的可行性和正确性，组织机构、管理职责、资源条件的适宜性。

与食品安全小组组长交谈，了解组织基本情况以及食品安全管理体系整体运行情况。

到现场调查，了解显著危害有无遗漏，操作性前提方案、HACCP 计划是否合理，关键控制点（CCP）是否得到控制，审核方式是审阅文件、查阅记录、现场观察。

检查组织法律、法规获取识别情况以及法律、法规符合性。检查并评审组织的内审情况。证实管理评审已实施。

③ 开不符合报告。

④ 交流会　现场审核结束前，召开交流会，审核组长向受审企业通报第一阶段审核结论，指出存在的不符合项，提出纠正要求，并确定第二阶段审核的条件和具体事宜。在以下特定情况下，第一阶段审核可不进行现场审核：受审核方组织规模及现场范围很小，危害明确且风险不大；审核组长已充分了解受审核方的现场及其危害与风险影响，认为具备认证审核的条件；审核组有充分的资源保证，在受审核方的配合下，可确保通过一个阶段的审核，就能满足审核的全部要求。

(4) 编制第一阶段审核报告　第一阶段审核完成后，审核组应编制审核报告，报告内容包括审核的实施情况与审核结论、发现的问题及下一步工作的重点。

**3. 第二阶段审核**

第二阶段审核是对组织食品安全管理体系的全面审核与评价。

(1) 第二阶段审核准备　审核组综合考虑第一阶段审核结论及受审核方对不符合项的纠正情况，确定进行第二阶段审核的时机和条件是否成熟。在此基础上，审核组进行第二阶段审核的准备工作：①确定现场审核日期；②编制第二阶段现场审核计划；③编制检查表。

(2) 第二阶段现场审核

① 首次会议。

② 现场检查，收集审核证据。

③ 内部评定　审核组（受审核申请方不参加）汇总分析审核证据，确定不符合项，提出审核结论。

④ 末次会议　审核组向受审核的企业领导，包括食品安全小组组长等，报告审核过程总体情况，发现的不符合项、审核结论、现场审核结束后的有关安排等。

审核结论可能是推荐认证通过、推迟推荐认证通过或不推荐认证通过。

(3) 编制审核报告　现场审核后，审核组应编制审核报告，作出审核结论。审核组将审核报告提交认证机构、申请方等。

**4. 企业对审核中的不符合项采取纠正措施**

(1) 受审核企业制定纠正措施计划并实施。

(2) 审核组验证纠正措施的有效性并给出结论。

**5. 审批与注册发证**

认证机构对审核组提出的审核报告进行全面审查。经审查，若批准通过认证，由认证机构颁发体系认证证书并予以注册。

**6. 获准注册后的监督**

认证机构对获准注册的组织实施监督检查，每年不少于一次。监督检查的过程与初次现场审核相似，但在检查内容上有很大的精简。

每次监督审核必查的内容有：

(1) 认证标志的使用；

(2) 顾客的投诉；

(3) 文件化体系的更改以及更改涉及的区域；

(4) HACCP 计划的执行；

(5) 食品安全管理体系的持续改进情况；
(6) 内部审核的情况；
(7) 对上次审核期间确定的不合格项所采取的纠正措施；
(8) 食品安全管理体系在实现组织目标方面的有效性。

# 项目四  ISO 22000 食品安全管理体系文件审核

## 一、文件审核概述

受审核方建立和提交的管理体系文件一般包括管理手册和（或）涉及食品安全方针目标、组织结构、职责、食品安全小组成员及职责的文件、程序文件、前提方案、操作性前提方案、HACCP 计划、原辅料及终产品特性描述、工艺流程图及工艺要求说明、操作规程、食品安全管理制度、食品安全记录等相关的管理体系文件，以及受审核方相关的申请资料。

文件审核时首先应对管理手册和（或）涉及食品安全方针目标、组织结构、职责、食品安全小组成员及职责的文件及程序文件进行审核，同时结合行业特点对与食品安全相关的管理体系文件（包括前提方案、操作性前提方案、HACCP 计划、原辅料及终产品特性描述、工艺流程图及工艺要求说明等）进行文件审核，主要审核管理体系文件与企业规模、性质和复杂程度的适宜性，与目的范围的一致性，与审核准则及法律法规的符合性，以及管理体系文件的可操作性和审查文件是否有错漏等方面。

对受审核方的文件审核分现场审核前对受审核方管理体系文件的初审及现场文件审核两个阶段进行，应全面判断管理体系文件的符合性、充分性和适宜性。初审时应了解受审核方的基本情况，同时判断是否可以进行现场审核。现场审核时应特别注重审核文件的作用和有效性。

文件审核应贯穿整个审核的全过程，再认证审核及监督审核（变化时）也应进行文件审核。

## 二、现场审核前的文件初审

在初审和再认证审核前受审核方均要上报必要的申请资料，同时在监督审核前也应沟通变化情况，并应关注和了解食品链上的重大食品安全信息。

在现场审核前，根据申请资料的信息，再认证及监督的变化情况以及重大食品安全信息对受审核方的文件进行初步审核，审核的重点内容包括管理手册和（或）涉及食品安全方针目标、组织结构、职责、食品安全小组成员及职责的文件、程序文件、前提方案、操作性前提方案、HACCP 计划、原辅料及终产品特性描述、工艺流程图及工艺要求说明等相关文件。

文件初审应由组长或指定人员进行，必要时，应由专业审核员或在技术专家支持下完成。

对形成文件化的管理体系文件进行书面审核，主要审核文件的符合性，包括与食品生产许可范围的符合性，与食品安全法律法规要求的符合性，与原辅料、成品国家标准（食品安全标准）或行业标准、地方标准或企业标准的符合性，与食品安全管理体系认证的相关标准及准则要求的符合性，以及审核管理体系文件是否符合企业实际情况（申请资料）及行业惯例。其次要审核管理体系文件中是否关注了重大的食品链上相关的食品安全信息。最后还要审核管理体系文件是否具备可操作性，文件是否有错漏情况，使文件审核人员对管理体系文件有一个初步了解和判断，便于在现场审核过程中进一步对管理体系文件进行审核和澄清。

### 三、现场审核过程中的文件审核

因受审核方的管理体系文件的数量与详略程度取决于其规模、性质及复杂程度，因此文件审核时调阅的范围、层次及数量与受审核方的规模、性质及复杂程度有关。同时，对文件充分性的判断也需要结合受审核方的规模、性质及复杂程度做出，因此，在现场审核过程中，应继续进行深入的管理体系文件审核。

现场审核过程中，除对管理手册和（或）涉及食品安全方针目标、组织结构、职责、食品安全小组成员及职责的文件、程序文件继续进行审核外，还要通过人员沟通、现场观察、文件和记录审查等方式，充分了解受审核方的管理体系文件，更加切合实际地分析文件的充分性。其重点审核包括管理手册和（或）涉及食品安全方针目标、组织机构、职责、食品安全小组成员及职责的文件、程序文件、前提方案、操作性前提方案、HACCP 计划、原辅料及终产品特性描述、工艺流程图及工艺要求说明、操作规程、食品安全管理制度、食品安全记录等相关文件。

对管理文件的符合性做进一步审核，进一步了解和确认管理体系文件是否完全符合国家相关食品安全法规及标准要求，了解和确认文件与受审核方组织规模、性质和复杂程度的适宜性以及审核目标及范围的一致性，了解和确认文件是否覆盖了审核目标及范围内相关技术要求等。

有关食品安全管理体系文件，如管理手册和（或）涉及食品安全方针目标、组织结构、职责、食品安全小组成员及职责的文件、程序文件、前提方案、操作性前提方案、HACCP 计划、食品安全相关的管理体系文件等，其充分性和适宜性的总体结论，也应在现场审核之后得出。

### 四、再认证或监督审核的文件审核

再认证或监督审核也必须对文件进行审核，重点审核管理体系文件变化的情况，如文件变化后是否符合国家相关食品安全法律法规和标准要求，与受审核方组织规模、性质和复杂程度的适宜性以及审核目标及范围的一致性，是否充分覆盖了审核目标及范围内相关技术要求。有关变化的管理体系文件可能包括：管理手册和（或）涉及食品安全方针目标、组织机构、职责、食品安全小组成员及职责的文件、程序文件、前提方案、操作性前提方案、HACCP 计划、食品安全相关的技术文件等，其充分性和适宜性的总体结论，同样要在现场审核之后得出。

在文件审核过程中，如发现管理体系文件不符合审核准则及国家相关食品安全法律法规规定、与受审核方的实际情况或行业惯例明显不一致、文件描述不充分，审核组长应通知审核委托方、审核方案管理人员及受审核方，明确提出有关文件评审问题并进行沟通确认。针对文件评审提出的问题，对问题的轻重程度及审核风险程度进行谨慎判断，确定审核是否进行或暂停，直至有关问题解决。

### 五、文件审核结论和报告

对于第三方认证审核，包括初审、再认证、监督（有变化时），对受审核方文件的审核应得出文件审核结论，并出具报告，文件审核结论一般应规范表述为：

① 符合；

② 基本符合，受审核方对文件进行修改并结合现场审核予以验证；
③ 需对文件进行修改，并经认证机构验证符合后，才能进行现场审核；
④ 不符合。

# 项目五　ISO 22000 食品安全管理体系的实施

## 一、建立 ISO 22000：2005 食品安全管理体系的准备工作

食品企业建立食品安全管理体系的主要准备工作如下。

**1. 任命食品安全小组组长**

由最高管理者任命的食品安全小组组长的素质与水平直接决定食品安全管理体系的水准乃至运行的符合性与有效性，对于大型食品组织的食品安全小组组长就其体系方面而言应该通过外部培训与自我钻研达到审核员的水平。食品安全小组组长可以从食品组织中的副总经理、总工程师、总工艺师、技术经理或其他合适人员中选定，并应赋予其足够的职责与权限，包括与食品安全管理相关的人员、资源与资金调配和使用权力，同任何其他管理一样，没有相应的权限作为手段其目的是难以达成的。

**2. 成立食品安全小组**

食品安全小组是四大管理体系标准中唯一明确规定的辅佐食品安全小组组长（食品安全管理体系的管理者代表）的机构，一般情况下其成员都是兼职性质的，来自包括技术、品控、品保、生产、行政、采购、销售等各个部门，体系建立、运行与实施认证等过程中的起码 70% 以上的工作要靠食品安全小组来完成。最高管理者与食品小组组长应该定期给予食品安全小组成员不同形式的鼓励与激励。

**3. 制定食品安全方针和目标**

在开始建立食品安全管理体系的初期，最高管理者就可以发布组织的食品安全方针，在食品安全管理体系正式运行前最高管理者应该批准食品安全目标，以指导和确定食品安全管理体系有效运行的方向和宗旨、目的。

**4. 编制食品安全管理体系文件**

编制管理体系试运行组织的食品安全管理手册（如果编制的话）、前提方案、程序文件、HACCP 计划等最好立足于食品安全小组编制，经相关人员批准发布后实施，实施前应对这些文件的使用人员进行培训。食品安全管理体系试运行中的主要活动有各类监视和测量，对象包括食品安全目标、食品危害可接受水平、HACCP 计划等；各类确认和验证，对象包括前提方案、HACCP 计划；至少一次的内部审核以及管理评审等，如此才能为体系的认证审核做好准备。

**5. 培训全体员工**

全员食品安全管理培训是保证食品安全管理体系及食品安全管理绩效的决定性因素，务必在仔细策划与资金保证下扎扎实实地有序进行。

## 二、实施过程中存在的问题和建议

由于 ISO 22000 食品安全管理体系真正发展和普及是近几年才刚刚开始的，时间较短，因此在推行和实施过程中，还存在着一些需要改进的问题。

**1. 存在的问题**

① 企业对实施食品安全管理体系认识不足；

② 对食品安全管理体系理解不到位；
③ 缺乏对食品安全管理体系的有效策划；
④ 企业缺乏食品安全管理方面的专业人员；
⑤ 内部审核活动流于形式；
⑥ 认证机构自身存在的问题。

**2. 建议**

① 食品企业的管理者应提高食品安全意识；
② 规范认证市场；
③ 加强对食品安全管理体系审核员的管理。

## ※【学习引导】

1. 什么叫 ISO 22000？ISO 22000 标准的用途和特点是什么？
2. 食品企业为什么要实施 ISO 22000？
3. ISO 22000 与 HACCP、ISO 9001 有何关联？
4. ISO 22000 标准中关键要素是什么？
5. ISO 22000 标准的适用范围包括哪些？
6. 如何编写 ISO 22000 食品安全管理体系文件？
7. 企业如何进行 ISO 22000 食品安全管理体系认证？

## ※【思考问题】

1. 第一阶段审核和第二阶段审核有何不同？
2. 如何解决 ISO 22000 食品安全管理体系存在的不足？

## ※【实训项目】

### 实训一 食品安全方针与目标的制定

【实训准备】

1. 组织学生到校外实训基地进行参观学习，了解食品企业质量安全管理体系的食品安全方针和食品安全目标。
2. 利用各种搜索引擎，查找阅读"食品安全方针和食品安全目标"案例。

【实训目的】

通过学习制定企业食品安全方针与目标，明白食品安全方针与目标编写的基本原则与要求。

【实训安排】

1. 根据班级学生人数进行分组，一般 5~8 人一组。
2. 根据 ISO 22000 的要求，通过网络查找食品安全方针与目标的案例，每组以当地的食品企业（产品不同）为例，编制一份"食品安全方针与目标"。
3. 分组汇报和讲解本组的"食品安全方针与目标"，学生、老师共同进行模拟提问。
4. 教师和企业专家共同点评"食品安全方针与目标"的编写质量。

【实训成果】

每小组提交一份食品企业的食品安全方针与目标。

【实训评价】
由学生、教师和企业专家共同评价,权重建议分别为 20%、40%、40%。具体评价表格和权重,请各位老师自行设计。

## 实训二 食品企业质量管理体系纠正措施程序文件编制

【实训准备】
1. 组织学生到校外实训基地进行参观学习,了解食品企业质量安全管理体系中的纠正措施。
2. 利用各种搜索引擎,查找阅读"食品企业质量管理体系纠正措施程序文件编制"范例。

【实训目的】
通过学习食品企业质量管理体系纠正措施程序文件的编制,掌握编制食品企业质量管理体系程序文件的基本原则与要求。

【实训安排】
1. 根据班级学生人数进行分组,一般 5~8 人一组。
2. 根据 ISO 22000 的要求,通过网络查找食品企业质量管理体系纠正措施程序文件编制范例,每组以当地的食品企业(产品不同)为例,编制一份"纠正措施程序文件"。
3. 分组汇报和讲解本组编制的"纠正措施程序文件",学生、老师共同进行讨论提问。
4. 教师和企业专家共同点评"纠正措施程序文件"的编写质量。

【实训成果】
每小组提交一份食品企业的"纠正措施程序文件"。

【实训评价】
由学生、教师和企业专家共同评价,权重建议分别为 20%、40%、40%。具体评价表格和权重,请各位老师自行设计。

## 实训三 HACCP 在食品生产中的应用

【实训准备】
1. 组织学生到校外实训基地进行参观学习,了解食品企业实施 HACCP 体系的情况。
2. 利用各种搜索引擎,查找阅读"食品企业实施 HACCP 体系"的范例。

【实训目的】
通过制订某种食品的 HACCP 计划,训练学生对食品生产过程进行危害分析、找出关键控制点、编制 HACCP 计划的能力。

【实训安排】
1. 根据班级学生人数进行分组,一般 5~8 人一组,确定小组长。
2. 每组以当地的食品企业(产品不同)为例,制订一份食品企业的"HACCP 计划"。
3. 根据 ISO 22000 的要求,运用 CCP 判断树、分析表进行危害分析,找出关键控制点,确定关键限值。
4. 分组汇报和讲解本组制订的"HACCP 计划",学生、老师共同进行讨论提问。
5. 教师和企业专家共同点评"HACCP 计划"的制订质量。

【实训成果】

每小组提交一份食品企业的"HACCP 计划"。

【实训评价】

由学生、教师和企业专家共同评价,权重建议分别为 20%、40%、40%。具体评价表格和权重,请各位老师自行设计。

---

### 学 习 拓 展

通过各种搜索引擎查阅"食品企业实施 ISO 22000"的案例,学习食品企业 ISO 22000 体系的建立与实施。

# 模块六

# 食品企业 ISO 9001 质量管理体系的建立与实施

【学习目标】

1. 能够讲述 ISO 9001 的基本内容和要求。
2. 能够参与食品企业 ISO 9001 质量管理体系文件的编写。
3. 能够讲述 ISO 9001 质量管理体系认证的要点。
4. 能够参与 ISO 9001 质量管理体系现场审查。
5. 能够讲述 ISO 9001 质量管理体系实施的程序。

## ※【案例引导】

第二次世界大战期间,因战争需要大量的武器,而美国军火商因为武器制造工厂的规模、技术、人员限制,未能满足"战争"需求。为了扩大武器生产量,同时又要保证武器的质量,于是,美国国防部组织了军工企业的技术人员编写技术标准文件,开设培训班,对来自其他相关原机械工厂的员工(如五金、工具、铸造工厂)进行大量训练,使其能在很短的时间内学会识别工艺图及工艺规则,掌握武器制造所需的关键技术,从而将"专用技术"迅速"复制"到其他机械工厂,从而奇迹般地有效解决了大量生产质量有保证的武器这一难题。二战后,又将该宝贵的"工艺文件化"经验进行总结、丰富,编制更加详细的标准在全国工厂推广应用,并同样取得了满意效果。

后来,美国军工企业的这个经验很快被其他工业发达国家军工部门所采用,并逐步推广到民用工业,并且在西方各国蓬勃发展起来。但是,由于各国质量管理方面标准的差异,造成评审要求不同,阻碍了经济贸易的交往与发展,为此,国际标准化组织在1979年成立了"质量管理和质量保证技术委员会(TC 176)",总结研究各国质量管理的经验,于1986年6月发布了《ISO 8402 质量术语标准》,成为质量管理方面的第一个国际通用标准。

## 项目一 ISO 9001 质量管理体系的内容和要求

ISO 9001《质量管理体系 要求》由 ISO/TC176/SC2 质量管理和质量保证技术委员会质量体系分委会制定,是 ISO 9000 族标准四个核心标准之一,规定了质量管理体系的要求。标准包括范围、规范性引用文件、术语和定义、质量管理体系、管理职责、资源管理、产品实现以及测量、分析和改进共八个部分的内容。

ISO 9001 可作为审核、认证和合同的依据，可用于组织证实其有能力稳定地提供满足顾客和适用法律法规要求的产品，也可用于组织通过体系的有效应用，包括持续改进体系的过程及保证符合顾客与适用法规的要求，以增强顾客满意（见图 6-1）。

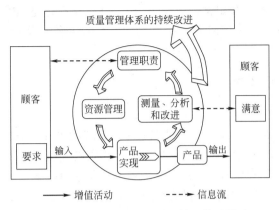

图 6-1 以过程为基础的质量管理体系模式

# 一、引言

引言部分强调了采取质量管理体系是组织的一项战略决策，组织的最高管理者应给予充分的理解和重视。一个组织质量管理体系的设计和实施受组织的环境、需求、目标、提供的产品、采用的过程、规模和结构的影响，因此组织应根据自身的特点设计和实施质量管理体系。质量管理体系应当适当地文件化，但其目的不是统一质量管理体系的结构或文件。

ISO 9001 标准规定的质量管理体系要求是对产品要求的补充，除了产品质量保证之外，还在于增强顾客的满意。ISO 9001 标准能用于内部和外部评价，可作为第一方审核、第二方审核和第三方审核的依据。

ISO 9001 鼓励组织在建立、实施和改进质量管理体系及提高其有效性时，采用过程方法，通过满足顾客要求增强顾客满意。组织在采用过程方法时，需要系统识别所应用的过程和过程之间的相互作用，并对其进行管理。

# 二、范围

**1. 体系要求**

ISO 9001 标准规定了质量管理体系的要求，组织在有下列任一需求时可以按标准的要求，结合组织自身的特点和产品的特点建立、实施和改进质量管理体系。

（1）组织需要证实其具有稳定地提供满足顾客和适用的法律法规要求的产品的能力。

（2）组织希望通过体系的有效应用，包括体系持续改进过程的有效应用，以及保证符合顾客要求和适用的法律法规要求，旨在增强顾客满意。

**2. 应用**

ISO 9001 标准规定的所有要求是通用的，适用于各种类型、不同规模和提供不同产品的组织。但达到标准要求的方法、途径和措施会因组织的背景、产品的类型和复杂程度而不同。即组织质量管理体系的设计和实施除了满足标准的要求外，还应符合组织的实际情况。

由于组织及其产品的性质导致本标准任何要求不适用时，可以考虑对其删减。如果进行了删减，应仅限于本标准第 7 章的要求，并且这样的删减不影响组织提供满足顾客和适用法律法规要求的产品的能力或责任，否则不能声称符合本标准。

## 三、规范性引用文件、术语和定义

该部分明确了标准的引用标准是 ISO 9000：2008《质量管理体系——基础和术语》以及 ISO 9000 中所确立的术语和定义。无论是 ISO 9001 标准还是 ISO 9000 标准都有可能会被修订，所有的标准使用者应随时跟踪标准的修订情况，探讨使用这些标准最新版本的可能性。

## 四、质量管理体系要求

### 1. 总要求

该条款遵循了 ISO 9000 标准中质量管理体系基础描述的建立和实施质量管理体系的方法步骤。运用了"过程方法"、"管理的系统方法"的质量管理原则和"PDCA 循环"的管理思想，给出了建立质量管理体系，形成文件，实施、保持和持续改进质量管理体系有效性总的思路和要求，还特别明确了外包过程的管理要求。为实现该条款要求，组织应：

① 确定质量管理体系所需的全部过程及这些过程在组织中的作用；
② 确定这些过程的排列顺序，以及过程之间的内在联系和相互作用；
③ 确定对过程进行控制所需的准则和方法，以确保这些过程的运行和控制有效；
④ 确保可以获得必要的资源和信息，以支持这些过程的运行和监视；
⑤ 规定过程的监视、测量（适用时）及分析的方法，以了解过程运行的趋势及实现策划结果的程度，采取必要措施，持续改进这些过程的有效性；
⑥ 组织应对任何影响产品符合要求的外包过程加以识别和控制，对此类外包过程控制的类型和程度应在质量管理体系中加以规定。

### 2. 文件要求

质量管理体系文件是质量管理体系运行的依据，可以起到沟通、统一行动的作用。本条款阐述了组织应制定的质量管理体系文件的范围，包括：

① 形成文件的质量方针和质量目标。
② 质量手册。
③ 本标准所要求的形成文件的程序和记录；ISO 9001 规定的应制定形成文件的程序有文件控制、质量记录的控制、内部审核、不合格控制、纠正措施、预防措施等六项。
④ 组织确定的为确保其过程的有效策划、运行和控制所需的文件，包括记录。

文件控制是指对文件的编制、评审、批准、发放、使用、更改、再次批准、标识、回收和作废等全过程活动的管理，目的是确保文件的充分性和适宜性，在文件的使用现场能够得到有关文件的适用版本，防止作废文件或不适用的文件的非预期使用。

记录是一种特殊的文件，可提供产品、过程和体系符合要求及体系有效运行的证据，具有追溯、证实和依据记录采取纠正和预防措施的作用。因此，记录应按 ISO 9001 标准中 4.2.4 要求执行。

组织应能识别适用于其质量管理体系过程和产品有关的外来文件，包括适用的质量管理体系的标准、与产品和过程有关的法律法规、顾客提供的图纸、产品标准等。

ISO 9001 标准强调了只要是证明产品、过程和质量管理体系与要求的符合性及证明质量管理体系是否有效运行、作用的记录，都属本条款的控制范畴。组织应编制形成文件的程序，以规定记录的标识、储存、保护、检索、保留和处置所需的控制。记录应保持清晰、易于识别和检索。

## 五、管理职责

该部分主要阐述了最高管理者应承担的管理职责,并从管理承诺,以顾客为关注的焦点,质量方针,策划,职责、权限和沟通,管理评审六个方面对最高管理者提出要求,并确保顾客的要求得到满足,旨在增强顾客满意。

**1. 管理承诺**

本条款提出了最高管理者应在建立、实施质量管理体系并持续改进其有效性活动中应承担的管理职责并作出承诺。应通过以下活动对其履行管理承诺提供证据:

① 向组织传达满足顾客要求和法律法规要求的重要性;
② 制定质量方针;
③ 确保质量目标的制定;
④ 进行管理评审;
⑤ 确保资源的获得。

**2. 以顾客为关注焦点**

本条款体现了"以顾客为关注焦点"的原则。最高管理者应确保组织通过有效的方法和途径来识别和获知顾客的要求,并将这些要求转化为组织应达到的要求和目标,并通过质量管理体系的有效运行满足顾客的要求。

**3. 质量方针**

质量方针应由最高管理者正式发布,最高管理者应对质量方针的实现负责。最高管理者通过正式发布质量方针,确立组织在质量方面的统一宗旨和方向。对质量方针的要求包括:

① 与组织的宗旨相适应;
② 包括对满足要求和持续改进质量管理体系有效性的承诺;
③ 提供制定和评审质量目标的框架;
④ 在组织内得到沟通和理解;
⑤ 在持续适宜性方面得到评审。

**4. 策划**

(1) 质量目标  质量目标是指在质量方面所追求的目的。最高管理者应确保在组织的相关职能和层次上建立质量目标,质量目标包括满足产品要求所需的内容。质量目标应是可测量的,并与质量方针保持一致。

(2) 质量管理体系策划  质量管理体系策划是组织战略性决策的体现,最高管理者应在策划活动中起领导作用。策划时应充分考虑到组织质量管理体系实际情况及其发展前景、质量管理体系所需的过程及其相互作用、顾客要求和适用法律要求及其发展变化、质量管理体系标准的要求等因素,使组织的质量管理体系具备实现质量目标的能力,并能满足 ISO 9001 标准中对质量管理体系的总要求。

当内、外部分要求、条件、环境发生重大变化时,往往会影响到质量管理体系的适宜性、充分性和有效性,这时质量管理体系需要进行适当的调整和变更。组织应对质量管理体系的变更进行策划,应采取适宜的措施防止质量管理体系因变更而造成的失效或失控,以确保质量管理体系的完整性。

**5. 职责、权限与沟通**

(1) 职责和权限  该条款对指挥、控制和协调组织的质量管理体系活动及实现组织的质量目标至关重要,是质量管理体系有效运行的组织保证。因此要求最高管理者应确定组织内各职能层次、部门和岗位的设置,明确各职能层次、部门和岗位的职责和权限,并确保组织内的职责、权限得到有效的沟通。

（2）管理者代表　最高管理者应在本组织管理层中指定一名成员担任管理者代表，并赋予其职责和权限，使其真正承担起管理和协调质量管理体系的责任，并有足够的管理权限去推动涉及各相关职能的整个质量管理体系的工作。

（3）内部沟通　最高管理者应确保在组织内建立适当的内部沟通的制度和渠道，使组织内有关质量管理体系有效性方面的信息得到及时地传递、交流和理解，以提高工作的有效性和效率。

6. 管理评审

（1）总则　管理评审是最高管理者的重要职责之一，目的是通过按策划时间间隔对质量管理体系进行系统评价，以确保其持续的适宜性、充分性和有效性。评审应包括评价改进的机会和质量管理体系变更的需求，包括质量方针和质量目标变更的需求。应保持管理评审的记录。

（2）评审输入　评审的输入是为管理评审提供充分和准确的信息，是管理评审有效实施的前提条件，应包括：

① 审核结果；

② 顾客反馈；

③ 过程的绩效和产品的符合性；

④ 预防措施和纠正措施的状况；

⑤ 以往管理评审的跟踪措施；

⑥ 可能影响质量管理体系的变更；

⑦ 改进的建议。

（3）评审输出　评审的输出是管理评审活动的结果，是最高管理者对组织的质量管理体系乃至经营宗旨作出战略性决策的重要基础。应包括与以下方面有关的任何决定和措施：

① 质量管理体系有效性及其过程有效性的改进；

② 与顾客要求有关的产品的改进；

③ 资源需求。

## 六、资源管理

ISO 9001 标准将人力资源、基础设施和工作环境三项资源作为建立、实施、保持和持续改进质量管理体系的基本保障而对其规定了相应的要求，同时也提出资源应涉及持续改进质量管理体系有效性和满足顾客要求，增强顾客满意所需的资源。

1. 人力资源

人力资源是支持和保障质量管理活动和过程的最重要的资源。对人力资源进行管理的目的是确保从事影响产品要求符合性的人员能够胜任其职责，具备有效实施和完成特定职责所规定的工作任务的能力。人员是否具备胜任其工作任务的能力，组织可从员工的受教育程度、接受的培训、工作技能和工作经验等方面加以衡量和评价。

组织应根据其质量管理体系的特点和各岗位的职责、权限，通过提供适宜的培训和其他方法提高员工的能力，增强员工的质量意识和顾客意识，满足质量工作能力。组织应保存适当的记录，以证实员工在教育、培训、技能和经验等方面的能力。

2. 基础设施

基础设施是组织运行所必需的设施、设备和服务的体系，是实施产品符合性的物质保证。组织应确定并提供为使产品符合要求所需的基础设施，并对这些基础设施进行适当的维修和保养。根据组织对资源的策划要求，基础设施可包括建筑物、工作场所和相关的设施，过程设备（硬件和软件）和支持性服务（如运输、通讯或信息系统）。

**3. 工作环境**

工作环境是指工作时所处的一组条件，包括物理的、环境的和其他因素等，必要的工作环境是组织实现产品符合性的支持条件。组织应根据其产品质量特点以及对工作环境的要求，确定为达到产品符合要求所需的工作环境，并确保其工作环境能够得到保持。

### 七、产品实现

产品实现过程包括策划、设计、生产或提供直到交付及售后的一系列过程。产品实现过程始于识别和确定包括顾客要求和相关法律法规要求在内的与产品有关的要求，因此产品实现的全过程要充分体现持续满足顾客要求和法律法规要求。

**1. 产品实现的策划**

产品实现过程的策划是指对组织提供的产品、项目或合同的实现过程的策划，是质量管理体系策划的一部分，是保证产品达到质量目标和要求的重要手段。

组织无论提供哪类产品，都要对该类产品的实现所需的过程进行策划，而组织在针对某一特定产品策划其实现过程时，应识别被策划的产品所需的所有过程（包括管理活动、资源管理、产品实现和测量/分析/改进所需的过程），确定这些过程的顺序和相互作用，确定控制、监视和改进这些过程的具体方法和准则等。

策划的输出形式可因组织的规模、产品的特点而异，可以是口头的、文件化或实物形式的。质量计划是一种常见的输出形式。

**2. 与顾客有关的过程**

（1）与产品有关的要求的确定　组织只有充分了解与产品有关的全部要求，才能向顾客提供满足要求的产品，实现增强顾客满意。与产品有关的要求，包括：

① 顾客规定的要求，包括对交付及交付后活动的要求；

② 顾客虽然没有明示，但规定的用已知的预期用途所必需的要求；

③ 适用于产品的法律法规要求；

④ 组织认为必要的任何附加要求。

（2）与产品有关的要求的评审　评审的目的是通过评审可保证组织已正确理解了与产品有关的要求并确保组织有能力实现这些要求。评审应在组织向顾客作出提供产品的承诺之前进行（如：提交标书、接受合同或订单及接受合同或订单的更改），评审结果及评审所引起的措施的记录应予保持。若顾客没有提供形成文件的要求，组织在接受顾客要求前应对顾客要求进行确认。若产品要求发生变更，组织应确保相关文件得到修改，并确保相关人员知道已变更的要求。

（3）顾客沟通　与顾客沟通的目的是为了使组织充分理解顾客要求与期望，并建立获得顾客满意情况的信息与沟通途径，确保实现顾客要求。组织应明确需要与顾客沟通的信息、沟通的渠道和方法、沟通过程的有关要求等。与顾客沟通的内容主要包括产品信息；问询、合同或订单的处理，包括对其修改；顾客反馈，包括顾客抱怨。

**3. 设计和开发**

（1）设计和开发策划　设计和开发过程是产品实现过程的关键环节，它将决定产品的特性或规范，为产品实现的其他活动和过程提供依据，而设计和开发策划是确保设计和开发过程达到预期目标的基础。在设计和开发策划中，组织应确定设计和开发阶段：

① 适合于每个设计和开发阶段的评审、验证和确认活动；

② 设计和开发的职责和权限。

组织应对参与设计和开发的不同小组之间的接口进行管理,以确保有效的沟通,并明确职责分工。随着设计和开发的进展,在适当时,策划的输出应予更新。

(2) 设计和开发输入　产品的设计和开发输入是实施设计和开发活动的依据和基础。设计和开发输入的内容决定着后续过程的组织实施、资源的配置及设计开发输出的结果,因此输入的准确性、全面性与适宜性对设计和开发输出结果的正确性起着决定性作用。

组织应确定与产品要求有关的输入,保持记录,并进行评审,应确保设计和开发的输入要求是充分的。这些输入应包括:

① 功能要求和性能要求;

② 适用的法律、法规要求;

③ 适用时,来源于以前类似设计的信息;

④ 设计和开发所必需的其他要求。

(3) 设计和开发输出　设计和开发输出提供了对后续的产品实现过程的指导性文件、图纸或规范,因此在发放前应按规定由授权部门的责任人批准,以确保其满足设计和开发输入的要求。设计和开发输出应:

① 满足设计和开发输入的要求;

② 给出采购、生产和服务提供的适当信息;

③ 包含或引用产品接收准则;

④ 规定对产品的安全和正常使用所必需的产品特性。

(4) 设计和开发评审　设计和开发评审是指为了确保设计和开发结果的适宜性、充分性、有效性达到规定的目标所进行的系统的活动。评审的目的在于评价设计和开发各阶段的结果满足要求的能力,识别存在的问题,防止各种不合格和缺陷的发生。

组织应按设计和开发策划的安排在适宜的阶段对设计和开发进行系统的评审。评审的阶段、内容、方式因产品和组织承担的设计和开发的责任不同而异。评审方式可采用会议评审、专家评审、逐级审查、同行评审等。评审的参加者应包括与所评审的设计和开发阶段有关的职能的代表。评审结果及任何必要措施的记录应予保持。

(5) 设计和开发验证　为确保设计和开发输出满足输入的要求,应依据所策划的安排对设计和开发进行验证,一般在形成设计输出时进行,验证结果及任何必要措施的记录应予保持。验证的方法可以是变换方法进行计算;试验证实;与已证实的类似设计的比较结果和对设计输出结果进行评审。

(6) 设计和开发确认　设计和开发确认的目的是证实设计和开发的产品满足规定的使用要求或已知的预期用途的要求,因此组织应依据所策划的安排对设计和开发进行确认。只要可行,确认应在产品交付或实施之前完成。确认结果及任何必要措施的记录应予保持。确认的方式可包括实验、模拟、鉴定会、对证据进行认定、展销会、试运行等。需要时,可以请产品的特定顾客的代表参与确认活动。

(7) 设计和开发更改的控制　设计和开发更改包括对已输出的设计产品,如已交付使用的建筑工程图纸的更改,也包括设计和开发各阶段输出的设计产品,如对经批准的设计任务书和设计方案等的更改。

组织应识别设计和开发的更改,并对这种更改予以标识。对任何设计和开发的更改,组织都要根据更改的具体情况及更改可能造成的影响程度确定是否需要对该更改进行评审、验证和确认,并在正式实施前得到授权人的批准。设计和开发更改的评审应包括评价更改对产品组成部分和已交付产品的影响。更改的评审结果及任何必要措施的记录应予保持。

**4. 采购**

(1) 采购过程　组织所采购的产品的质量直接影响本组织最终产品的质量，因此采购过程必须予以控制。控制内容包括针对不同的采购产品确定不同的控制类型和程度，同时明确选择和评价供方的准则。评价结果及评价所引起的任何必要措施的记录应予保持。

(2) 采购信息　为保证采购产品的质量，组织必须明确规定产品的采购要求和相关信息。组织在采购信息中除了对采购产品的必要的常规要求外，需要时还可以根据具体情况对采购要求如产品、程序、过程和设备的批准要求；人员资格的要求和质量管理体系的要求等做出规定。

(3) 采购产品的验证　组织应根据供方的质量保证能力和产品的重要性、检验成本等具体情况，规定对采购产品实施检验、验证或其他必要的活动的方式和内容，以确保采购的产品满足规定的采购要求。

**5. 生产和服务提供**

(1) 生产和服务提供的控制　生产和服务提供过程直接影响组织向顾客提供的产品或服务的质量，因此组织应对生产和服务提供过程进行预先的策划，对影响生产和服务提供过程质量的所有因素加以控制，使其始终处于受控条件下。适用时，受控条件应包括：

① 获得表述产品特性的信息；
② 必要时，获得作业指导书；
③ 使用适宜的设备；
④ 获得和使用监视和测量设备；
⑤ 实施监视和测量；
⑥ 实施产品放行、交付和交付后的活动。

(2) 生产和服务提供过程的确认　当生产和服务提供过程的输出不能由后续的监视或测量加以验证，使问题在产品使用后或服务交付后才显现时，组织应对任何这样的过程实施确认，以证实这些过程具备实现预期的结果的能力，即证实这些过程有能力保证其输出能够满足要求。

组织应对这些过程做出安排，适用时包括：

① 为过程的评审和批准所规定的准则；
② 设备的认可和人员资格的鉴定；
③ 使用特定的方法和程序；
④ 记录的要求；
⑤ 再确认。

(3) 标识和可追溯性　为防止在产品实现过程中产品或其状态的混淆和误用，以及达到必要的对产品和服务追溯的目的，组织应在产品实现的全过程中使用适宜的方法识别产品以及监视和测量要求识别产品的状态。

在有可追溯性要求的场合，组织应控制产品的唯一性标识，并保持记录。

(4) 顾客财产　组织应爱护在组织控制下或组织使用的顾客财产。组织应识别、验证、保护和维护供其使用或构成产品一部分的顾客财产，防止丢失、损坏，也不能未经顾客的许可侵占顾客财产；若顾客财产发生丢失、损坏或发现不适用的情况时，组织应向顾客报告，并保持记录。

(5) 产品防护　组织应在内部处理和交付到预定的地点期间对产品提供防护，以保持符合要求。适用时，这种防护应包括标识、搬运、包装、储存和保护。防护也应适用于产品的组成部分。

### 6. 监视和测量设备的控制

监视和测量装置直接影响产品或过程的测量和监视结果的正确性和有效性。组织应确定在整个产品实现中，需对产品进行的监视和测量活动，以及在监视和测量活动中需要使用的监视和测量设备，以提供产品符合要求的证据。

为确保结果有效，必要时，测量设备应：

（1）对照能溯源到国际或国家标准的测量标准，按照规定的时间间隔或在使用前进行校准或检定（验证）；当不存在上述标准时，应记录校准或检定（验证）的依据。

（2）必要时进行调整或再调整。

（3）具有标识，以确定其校准状态。

（4）防止可能使测量结果失效的调整。

（5）在搬运、维护和储存期间防止损坏或失效。

此外，当发现设备不符合要求时，组织应对以往测量结果的有效性进行评价和记录。组织应对该设备和任何受影响的产品采取适当的措施。校准和检定（验证）结果的记录应予保持。

当计算机软件用于规定要求的监视和测量时，应确认其满足预期用途的能力。确认应在初次使用前进行，并在必要时予以重新确认。

## 八、测量、分析和改进

### 1. 总则

该章节描述了测量分析和改进过程的质量管理体系要求，包括总则、监视和测量、不合格品控制、数据分析和改进5个条款。要求组织应策划针对产品、过程和体系的符合性和持续改进体系的有效性方面的监视、测量、分析和改进过程，并确定这些活动的项目、方法、频次和必要的记录等适当内容，确保质量管理体系的符合性并持续改进其有效性，使组织提供的产品持续符合要求。

### 2. 监视和测量

该条款要求组织针对顾客满意的信息、对质量管理体系运行的符合性和有效性的内部审核、对过程能力的监视和测量及产品和服务的特性实施监视和测量，目的是通过监视和测量，为后面的数据分析、纠正和纠正措施和预防措施提供输入信息，进而采取适宜的措施，以便实现对质量管理体系过程的持续改进。

（1）顾客满意　组织按本标准建立、实施和持续改进质量管理体系，其中一个重要目标就是增强顾客满意，因此顾客满意可作为测量质量管理体系业绩的指标之一，以此来衡量所建立的质量管理体系的有效性。

作为对质量管理体系业绩的一种测量，组织应对顾客有关组织是否已满足其要求的感受的信息进行监视，并确定获取和利用这种信息的方法，包括信息的来源、收集的频次和对数据的分析、分析结果的处理和利用等等，并对收集到的顾客满意信息进行分析，利用此分析的结果找出与顾客要求之间的差距，作为改进产品质量的依据，在相关活动和过程中采取适宜的改进措施，以提高满足顾客要求的程度。

（2）内部审核　通过内部审核发现体系中的不合格，并通过实施纠正和预防措施进一步提高质量管理体系的符合性和有效性。

组织应按策划的时间间隔进行内部审核，以确定质量管理体系是否：

① 符合策划的安排、本标准的要求以及组织所确定的质量管理体系的要求；

② 得到有效地实施与保持。

组织应策划审核方案，策划时应考虑拟审核的过程和区域的状况和重要性以及以往审核的结果。应规定审核的准则、范围、频次和方法。审核员的选择和审核的实施应确保审核过程的客观性和公正性。

组织应编制内部审核的形成文件的程序，以规定审核方案的策划、审核的职责、审核的实施过程、纠正措施的实施和验证过程，形成记录以及报告结果的要求等。

（3）过程的监视和测量　质量管理体系的每一过程都直接或间接地影响到产品的质量，因此组织应采用适宜的方法对质量管理体系过程进行监视，并在适用时进行测量，评价过程的业绩，证实过程实现所策划的结果的能力。当未能达到所策划的结果时，应采取适当的纠正和纠正措施以确保过程的结果。

（4）产品的监视和测量　组织应对产品的特性进行监视和测量，以验证产品要求已得到满足。产品的监视和测量不仅针对最终产品，也包括采购的产品和产品实现过程中形成的产品。组织应针对不同产品特性的特点，依据产品实现过程策划的安排，在产品实现的适当阶段对产品的特性进行监视和测量。组织应保持符合接收准则的证据。通常情况下，只有完成产品实现策划中安排的各项活动/过程，并经监视和测量合格的产品才能放行或交付。

**3. 不合格品控制**

为防止不合格产品的非预期使用或交付，组织应确保对不符合产品要求的产品加以识别和控制，应编制形成文件的程序，以规定不合格品控制以及不合格品处置的有关职责和权限。应保持不合格的性质以及随后所采取的任何措施的记录，包括所批准的让步的记录。在不合格品得到纠正之后应对其再次进行验证，以证实符合要求。

对不合格品的处置方法可包括：

① 采取措施，消除发现的不合格；

② 经有关授权人员批准，适用时经顾客批准，让步使用、放行或接收不合格品；

③ 采取措施，防止其原预期的使用或应用；

④ 当在交付或开始使用后发现产品不合格时，组织应采取与不合格的影响或潜在影响的程度相适应的措施。

**4. 数据分析**

为判定组织建立的质量管理体系的适宜性和有效性，并评价在何处可以持续改进质量管理体系的有效性，组织应确定、收集和分析适当的数据，包括来自监视和测量的结果以及其他有关来源的数据，以证实质量管理体系实施运行的适宜性和有效性，并作为持续改进的依据。

通过数据分析可提供以下信息：

① 顾客对产品或服务的满意程度；

② 与产品要求的符合性情况；

③ 过程和产品的特性及趋势情况，包括采取预防措施的机会；

④ 涉及与供方提供的产品及外包过程有关的信息。

**5. 改进**

（1）持续改进　持续改进是一个组织永恒的主题，由于组织要以顾客为关注焦点，而顾客的要求是不断变化的，所以一个组织要想提高顾客满意的程度，就必须开展持续改进活动。ISO 9000 质量管理体系基础中明确了持续改进的基本活动、步骤和方法。

为促进质量管理体系有效性的持续改进，组织可以通过实施以下活动达到持续改进的目的：

① 通过质量方针和质量目标的建立，营造一个激励改进的氛围与环境；

② 通过数据分析找出顾客的不满意、产品未满足要求、过程不稳定等事项；

③ 利用内部审核的结果不断发现质量管理体系的薄弱环节；

④ 利用纠正措施尤其是预防措施，避免不合格的发生或再发生；

⑤ 通过在管理评审活动中对质量管理体系的适宜性、充分性和有效性的全面评价，发现对质量管理体系有效性的持续改进的机会。

(2) 纠正措施  组织应编制纠正措施的形成文件的程序，以消除不合格的原因，防止不合格的再发生。纠正措施的实施应采取以下步骤：

① 评审不合格（包括顾客抱怨）；

② 确定不合格的原因；

③ 评价确保不合格不再发生的措施的需求；

④ 确定和实施所需的措施；

⑤ 记录所采取措施的结果；

⑥ 评审所采取的纠正措施的有效性。

(3) 预防措施  组织应编制预防措施的形成文件的程序，针对体系、过程或产品中存在的潜在不合格，采取适当的预防措施，以消除潜在不合格的原因，防止不合格的发生。预防措施的实施应采取以下步骤：

① 确定潜在不合格及其原因；

② 评价防止不合格发生的措施的需求；

③ 确定和实施所需的措施；

④ 记录所采取措施的结果；

⑤ 评审所采取的预防措施的有效性。

# 项目二  ISO 9001 质量管理体系文件编写

ISO 9001 不仅为质量管理体系，也为总体管理体系设立了标准。它帮助企业通过客户满意度的改进、业务流程的优化、制度的制定和规范、员工积极性的提升以及持续改进来获得成功。我们知道，ISO 9001 质量管理体系文件由质量手册、程序文件、作业指导、记录等组成，那么如何去编制这些文件，怎样突出文件的实用性和指导性，下面进行具体介绍。

## 一、概述

质量管理体系文件包括表述质量管理体系和提供质量管理体系运行见证的文件。文件的主要作用是通过沟通意图，统一行动而产生增加价值的效果。文件在五个方面起作用（实现产品质量和质量改进、培训、可追溯性、提供客观证据、体系评价），它是质量管理体系设计的结果，是建立和保持质量管理体系的依据。质量管理体系应当具有完整严密、统一协调和科学严谨的成套质量管理体系文件，以便使有关人员有效地遵循质量管理体系的各项规定；同时，向供方提供足够的证据，说明质量管理体系的适用性，证实质量管理体系的有效性。

在质量管理体系中使用四类文件（质量手册、质量计划、程序、记录），按作用可分为法规性文件和见证性文件两类。质量管理体系的法规性文件是用以规定质量管理工作的原则，阐述质量管理体系的构成，明确有关部门和人员的质量职责，规定各项活动有目标、要求、内容和程序的文件。属于这类文件的有质量方针政策、质量手册、程序文件和质量计划等。它们是组织内部实施质量管理的法规,是组织内部各级各类人员必须遵循的行为规范,是开展各项质量活动的依据。在合同环境下,这些文件是组织向顾客证实质量管理体系用以表明适用性的证据。质量管理体系的见证文件是用以表明质量管理体系运行情况和证实其有效性的文件,质量记录属于这类文件。这些文件记载了各质量管理体系要素的实施情况和产品质量的状态,是质量管理体系的见证。

质量管理体系文件按其适用的范围可分为通用性文件和专用性文件两类。质量管理体系的通用性文件是指适用于组织承制的各项产品(服务)而为组织长期遵循的文件。属于这类文件的有质量方针政策、质量手册、程序文件和记录。质量管理体系的专项性文件是指就某项产品(服务)的特殊要求编制的专项文件。它是作为对通用性文件中一般规定的补充,属于这类文件的是质量计划。

各种质量管理体系文件由于其内容、作用、篇幅和数量的不同,发布的形式和管理的方法也各异。质量方针政策在习惯上一般不列为单项文件单独发布,而是纳入质量手册一起发布。程序文件可以采取单份编制和汇编成册的管理形式,也可与手册编在一起。质量记录的内容有两个方面:一是表式;二是实体状态的记载。作为质量管理体系设计结果的是表式,其采取汇编发布和分发使用的形式。

## 二、质量管理体系文件的特性和原则要求

质量管理体系文件是一套完整严密、统一协调和科学严谨的管理法规,它具有以下特性和原则要求。

**1. 指令性**

质量手册应当由组织的最高领导者批准签发,正式发布,成为组织全体人员都必须遵守的质量管理方面的基本法规。作为基本法规,它能防止人为的随意性,保证质量管理的连续性和质量管理体系的有效性。

**2. 系统性**

质量手册所阐述的质量管理体系应当具有整体性和层次性。质量手册应就产品质量形成全过程中各阶段影响产品质量的技术、管理和人的因素进行控制作出规定。质量手册所阐述的质量管理体系应当结构合理,接口明确,要素选择剪裁恰当,层次清楚,各项程序有序且连续。

**3. 有效性**

质量管理体系文件要适合本组织实际,追求有效性,不拘一格,无统一格式,无标准文本,要求质量管理体系文件是最好的,也是最实际的。

**4. 可检查性**

质量手册应就所述及的各部门和岗位的质量职责、活动的要求和时限等方面作出明确规定,这些规定尽可能予以定量,以便于监督和审核。

## 三、质量方针和目标

组织的质量方针和目标即为组织的质量总方针和具体目标。总方针是组织在质量方面的全部宗旨和方向的阐述。例如,某组织的总方针是:"本企业的方针在于所提供的产品和服务质量满足用户的需要和期望,并在质量信誉方面保持领先地位。"总方针只能明确总的指导。为了给具体行动提供指南和对行为原则作出规定,还应制定一系列具体的质量目标。这些目标有设计质量目标,采购目标,工序控制目标,质量检验目标,质量奖惩目标和与质量有关的人事目标等。如采取目标中,有供方评价、择优订货和对供方提供技术援助等目标;质量奖惩中,有按质论奖和实施质量否决权的目标等。

质量方针和目标的制定，可由质量管理部门先提出各项问题及其可供选择的内容，征询各级领导的意见，然后起草成文供最高管理者审批。

### 四、质量手册的编制

**1. 概述**

质量手册是阐明一个组织的质量目标、质量管理体系和质量实践的文件。它是质量管理体系作概括的表述，是质量管理体系文件中的主要文件，也是在实施和保持质量管理体系的过程中应长期遵循的纲领性文件。

在组织内部，质量手册是内部实施质量管理的基本法规。它由组织最高管理者批准发布。质量手册作为组织内部有权威的文件，为各项质量管理活动提供了统一的标准和共同的行为准则。质量手册系统，原则地规定了各项质量职责和程序，以协调体系的运行和为质量审核提供依据，保证质量管理体系的有效性。质量手册对外是组织质量保证能力的文字表述，以使供方和第三方确信，本组织的技术和管理能力能保证承制产品（服务）的质量达到规定的要求。

**2. 质量手册的种类**

质量手册可以关系到一个组织的全部活动或只涉及其部分活动。因而，按其内容、作用和范围的不同，有多种类型。

（1）质量手册按其阐述的质量管理体系层次分，可分为总质量手册、部门的质量手册和职能的质量手册三种。总质量手册阐述组织的质量管理体系。在规模大的组织中，可以根据体系分析的结果和实际需要，对处于下一层次的部门的质量管理子体系和职能质量管理子体系，分别编制相关部门的质量手册和职能质量手册，用于内部管理。职能质量手册有设计质量管理手册、采购质量管理手册和工艺质量管理手册等。

（2）质量手册按其适用的产品分，有各类产品的质量手册。有的组织承制的产品在类型、结构和功能方面差别很大，且又各自建立生产线，一般应考虑编制各产品的质量手册。

**3. 质量手册的编制原则和要求**

质量手册的编制在体系分析后进行，是在体系的初步设计阶段形成的文件。该文件应当按照体系分析的结果，对体系的构成、各个过程的内容及其相互之间的联系和接口作出系统、明确和原则的规定。编制质量手册除符合前面质量管理体系文件的原则外还应当符合以下几项要求。

（1）质量手册应围绕明确的质量目标，对为实现目标所要开展的各项活动作出规定，这些活动的重点是掌握现存的或潜在的质量问题，适时地采取纠正或预防措施，并提供必要的证据。

（2）质量手册应符合政府和其他第三方发布的有关各项法规、条令、标准和国际公约的规定，应满足订货合同中的有关要求。同时，还应适合其他的环境条件，使质量管理体系具有环境适应性。

（3）质量手册中所述的各项内容和所作的规定，应与其他质量管理体系文件和组织内部其他的管理制度之间协调统一，不能有矛盾和含糊不清的规定。

（4）质量手册的规定应当在总结自己经验的基础上，尽可能地采用国内外的先进标准、经验和科学技术，以促进组织质量管理水平的提高。

（5）质量手册的内容应结合组织的具体情况，充分估计目前在管理、技术和人员方面实施各项规定的能力，使各项规定切实可行。对于在主观上经过一定的努力仍做不到的或客观上尚未具备实施条件的，可另立文件备查，暂不列入质量手册。当然，暂不列入的内容中，不能包括在法规和合同中已经规定必须执行的要素和必然会对产品质量发生较大影响的要素。

此外，质量手册的术语要规范，文字要正确，语言要精练，文章结构应严谨。同时，在内容上要突出重点，就要素的内容、要素间的关系和质量控制程序概括地作出原则规定。

**4. 质量手册的构成和内容**

组织编制质量手册可根据具体情况自行安排章节结构，没有统一的程式，可以删减标准第七章"产品实现"中的某些要求，其详略程度和编排可以根据组织的规模和产品的复杂程度有所不同。

---

质量手册一般由封面、概述、正文或附录等几部分组成。

一、封面部分

没有统一格式，封面应包含以下几项内容。

1. 手册标题。质量手册四字用较大字体印在中间偏上位置。

2. 版本号。可以直接编在文件编号内或印在封面中间，如"第一版"，如果不是首次发布的手册，还应标明版次。

3. 组织名称。组织的名称应用全称，排在封面的上部或下部。

4. 文件编号。按组织关于文件标记、编目的规定，决定手册的文件编号，排在封面的右上角。

5. 受控状态。放在中下部。

6. 发放编号。按手册发放的数量编顺序号，排在中下部。各手册的持有者应有相应的编号，以便登记管理。

二、概述部分

1. 批准页。批准页中撰写组织最高管理者批准实施的指令、签署及日期。

2. 任命书。由总经理签发的管理者代表任命书。

3. 目录。目录是手册的一个组成部分。一般由章号、章名和页次组成。篇幅长的手册，可编入节号、节名。在目录中应能反映出构成质量管理体系的各要素。

4. 质量手册说明。叙述手册的主题内容，性质，宗旨，编制依据和适用范围；手册的发放范围，持有者资格，领发手续，保管要求与责任，手册密级，评审，修改控制和换版程序作出简明的阐述和原则规定。

如对标准有删减的，应说明理由，根据组织实际情况，在限于既不影响组织提供满足顾客和适用法规要求的产品能力，也不免除组织的相应责任的那些质量管理体系要求这个前提下，删减标准中的有关条款；引用或配合使用的有关标准和文件，术语和定义（质量手册中采用的术语，若现行标准中已有规定者，可说明所依据的标准；无规定者，则应给出定义或说明）。

5. 质量手册修改控制。手册的管理应执行《文件控制程序》的规定，这里只记录修改手册的章节、条款、修改日期、修改人、审核人、批准人。

6. 组织概况。组织概况主要阐述的内容包括组织性质、规模、产品类型、设施、能力和质量情况等，其中重点要阐明生产设施、检测手段和技术力量。同时应注明组织所在的地址、电话、传真、邮编等。

7. 组织结构。组织结构主要用图示来表述，辅以文字说明。用以说明的图有组织机构图、质量管理体系结构图。

8. 质量管理体系过程职责分配表。将质量管理体系的相关过程职责分配到各职能部门或个人。

### 三、正文部分

正文部分一般按标准要求及层次划分章节进行阐述。在编写质量手册时，可以将若干项要求合为一章阐述，也可以将一项要求分写成几章。章节的顺序一般可按标准中所列各项要求的顺序编排，也可以按组织结构、质量职责和其他要求依次编排。其要求的顺序，一般采用过程方法按顺序阐述。

（一）正文部分的要求

一般应阐述下述的各项内容。

1. 目标和原则。阐明该要求的目标和实施要求应遵循的准则。要求的目标是指其职能发挥至最佳状态时应达到的期望目的。

2. 活动程序。质量手册按原则规定要求的活动程序，必要时应辅以工作流程图和信息流程说明。应就程序中各阶段阐明其活动的过程。这个过程包括输入、转换和输出三个方面。在输入方面，应列出输入的文件、物品和人员的项目，它是活动的依据。在转换方面，按原则规定活动的条件、内容、阶段、要求、方法、承担部门或人员。在输出方面，应列出与输入项相应的输出项，它是活动的结果，包括在活动中形成的书面证据形式和记录项目，以表明要求的证实程度。同时，还应规定各项活动之间的分工界限和工作接口及协调措施。

3. 与其他要求间的关系。应阐明要求与其他要求的联系及接口。明确规定本要求所含各项活动的内容范围，以示与其他要求各活动间的区别。

上述三项内容的层次编排，可视情况而定。阐述程序的程度不宜过于详细，以能概括和覆盖各项要求为宜，详细的各项活动的工作程序可在程序文件中作出具体规定，在手册中也可以引用这些文件。

（二）正文部分的主要内容

1. 质量管理体系。阐述建立体系的目的、范围、职责、要求等以及其他相关内容（也可包括文件控制程序和质量记录控制程序）。

2. 管理职责。内容包括管理承诺，以顾客为关注焦点，质量方针，质量策划（质量目标），职责和权限（各级部门和人员的质量职责，权限和相互关系应有详细的制度作出规定。在质量手册中，只就直接影响产品质量的从事质量管理、执行、验证或评审工作的组织高层领导、独立行使权力的人员、合同环境下的组织代表等岗位以及生产技术业务部门的质量职责作出原则的规定），管理评审。

3. 资源管理。包括资源的提供，人力资源（能力，培训和意识），基础设施，工作环境。

4. 产品实现。内容有实现过程的策划，与顾客有关的过程，设计和开发，采购，生产和服务的提供，监视和测量装置的控制。

5. 测量、分析和改进。包括顾客满意程度测量，内部审核，过程和产品的监视和测量，不合格品控制，数据分析，改进（持续改进的策划，纠正措施，预防措施）。

### 四、附录

附录主要是文件清单，质量记录清单。也可将两份清单作为文件独立出来不作为附录。

在实施 2000 年版 ISO 9001 标准过程中，有的组织在编制质量手册时将程序文件一同编入手册，将其作为一个章节，这也是一种可行的办法，各组织可视情况自行决定分开还是合并编写。

**5. 质量手册的管理**

质量手册是质量管理体系的主要文件，所以除了一般对文件的管理要求之外，还应就下列几个方面进行规定。

（1）归口管理部门　手册的归口管理部门一般为质量管理部门。其主要职责是负责组织编制、校审、修订和换版；负责对质量手册的内容进行解释并使有关人员理解手册；确定分发范围，对质量手册的保管情况进行检查。

（2）编制程序　质量手册的编制应有计划地进行。应规定质量手册的编制、评审、审定和批准程序，明确人员及其职责。其程序如下。

① 质量手册的编制过程是质量管理体系设计中的总体设计过程，应在组织质量负责人的主持下进行，选择熟悉经营、管理、生产和技术的文字能力强的人员负责编写。

② 在初稿编制结束后，应由组织的领导和各部门的代表进行评审，协调统一认识，然后按评审意见进行修改。

③ 由组织的质量负责人对修改稿进行审定。对评审中分歧较大的意见，必要时请求组织最高管理者裁决。

④ 由组织最高管理者批准发布。

（3）发放管理　手册的发放应规定发放范围及其数量，编号登记并办理签收手续，明确质量手册持有者或保管人。

（4）更改控制　为了保证质量手册的适用性，应根据需要对手册进行更改，并进行更改管制。应制定修改程序，严格履行更改的审批手续，保证所有的持有者使用统一的现行有效的质量手册。手册更改必须发放书面修改通知。通知中除了写明修改内容外，还应规定修改项生效的实施时间。一般在下列情况下引起质量手册修改。

① 机构及其职能变动或人员调动。

② 经营环境和产品结构发生了变化。

③ 有差错或含糊不清之处。

④ 引用的法规和标准已修改。

⑤ 相关的其他质量管理体系文件规章制度已修改。

⑥ 合同已修改。

⑦ 质量审核和复审中提出了改进要求。

质量手册的修改是经常进行的。为了便于修改，质量手册可采取活页装订的形式，在修改时采取换页的办法。

（5）手册换版　当组织的建制变更，经营环境和产品结构发生较大变化，必须遵循的法规有重大更改或原版发布已满一定的年限（一般不超过3年），则应对手册进行换版。若环境因素变化大时，应对质量管理体系重新设计。

### 五、程序文件的编制

**1. 概述**

程序是为实施某活动所规定的方法。在很多情况下，程序必须制定成文件，这些文件称为程序文件。其通常规定某项活动的目的、内容和范围；规定做什么；由谁做；何时、何地和如何做；使用何种材料、设备和文件；如何对其控制和记录。它是根据质量管理体系初步设计的结果，在详细设计阶段形成的质量手册的支持性文件。ISO 9001：2000标准对质量管理体系的管理方面规定了6个基本程序文件（文件控制；记录控制；内部审核；不合格品控制；纠正措施；预防措施），这是所有建立质量管理体系的组织必须形成的程序文件。一个组织应根据自己的特点、自己的需要确保适宜性,"不要求",并非是"不允许",组织可根据如果没有形成文件的程序就不能保证质量时,则应制定形成文件的程序的原则,去决定程序文件的数量和繁简程度。而且,即使需要编制文件,也不一定是程序文件。

**2. 程序文件大纲**

封面:基本同质量手册。

正文部分主要有如下内容。

(1) 标题　标题由管理对象和业务特性两部分组成。例如:"文件控制程序"中的文件控制是管理对象,程序是管理业务特征。

(2) 目的　简要说明编制该程序的目的,一般不超过50字。

(3) 适应范围　适用范围主要规定应用领域。

(4) 职责　阐述与该程序相关部门的职责。

(5) 程序　规定活动遵循的准则和应达到的期望目的。规定流程中各环节之间的输入和输出的内容,包括工件、器具、材料、文件、记录和报告、单据等物品或文件,并明确它们与其他要求的接口;规定开展各环节活动在资源方面应具备的条件;明确每个环节内转换过程中的各项因素,即由谁(部门,岗位),依据和采用什么文件和器具,做什么,如何做,做到什么程度,达到什么要求,如何控制,形成什么记录和报告及其相应的签署手续,记录,信息反馈和人员职责。对工作流程,可辅以工作台或文件的流程图表述,图内所用符号代号和线条的含义应符合现行标准的规定,对不易理解的要在图中予以注明。

(6) 相关文件　列出与该程序相关的程序和其他文件目录。

(7) 质量记录　在程序文件正文后面,应附上质量记录样式或写明编号和名称,以便于贯彻。

**3. 编制过程**

程序文件的编制可以分为计划、编制、校审、审定和批准几个阶段。

(1) 计划　按照程序项目制订程序的编制计划。明确各程序的目的、范围和内容要求,统一规定程序文件的格式、体例、章节编排、术语和符号,按编、校、审、批确定责任人员和决定工作进度及完成期限。

(2) 编制　程序的编制可由质量管理部门集中人员编写,也可组织职能部门分工编写。

(3) 校审　校审工作可先按单项程序校审和修改,然后对其中的主要程序组织评审,并协调统一各部门的意见。对评审中提出的意见,应分析采纳,进行文件修改。一份较完善的程序文件,往往要在校审阶段进行多次修改。然后,由主持程序编制的负责人进行审定,由组织分管质量工作的领导批准。审批工作按单项程序文件进行。在审批工作结束后,汇编成册发布。

**4. 编制要求**

程序文件的编制要求基本上与质量手册编制要求相同。程序文件的编制,特别要注意协调性、可行性和可检查性。程序的内容必须符合质量手册的各项规定并与其他的程序文件协调一致。在编制程序文件时,可能会发现质量手册和其他程序文件的缺点,这时应做相应的更改,以保证文件之间的统一。程序文件中所叙述的活动过程应就过程中的每一个环节作出细致、具体的规定,具有较强的可操作性,便于基层人员的理解、执行和检查。

**5. 程序文件的管理**

程序文件的管理要求与质量手册的管理基本相同。其中关键是要搞好更改控制。由于程序文件项目多和复制的份数多,因而更要严格控制,保证不使用无效的或作废的程序文件。

### 六、作业指导文件的编制

这类文件是对质量手册、质量计划或程序文件的补充,以阐明具体要求为主,是使质量管理体系可能实施的关键信息。其形式有产品规范、工艺规范、图纸等。

**1. 作业指导文件的分类**

(1) 管理细则 即用于规定某一具体管理活动的具体步骤、职责和要求的文件。

(2) 产品标准 即用于规定某项产品的具体标准。

(3) 工艺规范 即用于生产规定产品所应采用的方法。

(4) 操作规程 即用于操作某一设施或设备的具体方法。

(5) 检验规范 即用于检查所提供的产品是否达到规定的产品标准的方法。

(6) 指令性文件 即用于命令由谁,在什么时间、地点,做某项工作,此类文件一般采用表格来规范其形式,常常被称为一次性有效文件。注意不要将此类文件与质量记录相混淆,前者是工作的依据,后者是工作结果的记录。

(7) 图示、图纸等。

上述这些类别的文件通常泛指为作业指导文件。

**2. 作业指导文件的编写与审核方法**

(1) 根据程序文件中规定的作业指导文件的要求确定作业指导文件的数量。

(2) 清理现有的作业指导文件,分析其正确性、适用性、完善性。

(3) 列出需要整理、补充、修改或删除的作业指导文件目录。

(4) 制订编写计划,明确编写要求,一般由作业指导文件使用人编写。

(5) 由文件编写小组组织文件使用部门相关人员对协调性和可操作性进行审核。

(6) 通过试用考察其正确性、完整性和可操作性,修改后正式下发执行。

**3. 作业指导文件的一般内容**

(1) 标题、适用范围、唯一性标识

① 标题应直接反映适用于什么工作。

② 适用范围除了说明适用工作外,必要时还应注明适用的产品、部门、场所、时间等。

③ 应对作业指导书进行唯一性编号标识。

(2) 作业资源条件

① 设备(包括仪器、仪表的名称),型号,规格,编号,设立条件(电压,电流,温度,时间,速度,压力,密度等)。

② 工具名称、数量、规格。

③ 工作环境要求。

④ 需用物品名称、数量。

⑤ 需要参考的文件与图表的名称、编号。

(3) 作业方法与步骤

① 按专业技术和工艺要求的顺序编写。

② 遵照人体动作经济原则。

③ 遵照工具、设备经济原则。

④ 遵照物流、场所布置经济原则。

⑤ 可使用流程图、样品、插图、照片等形式,以便更加清楚、鲜明。

⑥ 适当时可指明记录要求。

(4) 作业应达到的质量标准

① 每项作业的具体标准。
② 涉及本作业的质量检查的标准。
③ 涉及本作业的统计抽样的标准。
（5）安全提示　涉及设备和人身安全的因素，应提出并有保护措施。
（6）标准工时　标准工时是时间研究、统计综合的结果，是衡量作业效率的尺度。
（7）注意事项　提醒作业者最容易忽视的事项，也是重要的事项。

### 七、记录的编制

按 ISO 9001：2000 标准建立质量管理体系的组织应按标准要求和组织确定的要求形成活动的证据文件，即记录。

在质量管理体系文件中，记录是最基础的文件，为了便于管理和提高工作效率，记录一般应设计固定的格式。

（1）记录表格设计的要求
① 记录表格的设计一般应与其相关的文件同时进行编制，以使记录与相关文件协调一致，接口清楚。
② 规划质量管理体系所需要的记录。
③ 规定表格名称，标识方法，编目，表格形式，记载的项目，填写，审核与批准要求。
④ 应避免重复性，内容和格式安排应考虑填写方便。
⑤ 与所对应文件的要求不应有矛盾或遗漏的内容。
⑥ 兼顾周期性与信息容量，便于收集装订和保存。
⑦ 设立"备注"栏，以适用于特殊情况。
⑧ 规定一式几份和传送部门。
（2）记录表格设计方法
① 根据程序文件中规定的记录的要求确定记录表格的数量。
② 清理现有的记录表格，分析其正确性和适用性。
③ 列出需要补充、修改的记录表格目录。
④ 按记录表格使用部门落实设计责任人，明确工作要求。
⑤ 由文件编写小组组织相关部门审核每份记录表格。
⑥ 试用记录表格，跟踪评价其正确性和适用性，修改不完善之处。
⑦ 按规定的权限审核、批准、印刷（必要时）。
⑧ 汇编成册（也可附在每份程序文件之后），并编制记录目录清单，发布后执行。
⑨ 必要时，可对复杂的记录表格形式注明其填写方法。
（3）记录的管理　记录的管理按标准要求，制定专门的控制程序，控制记录的标识、储存、检索、保护、保存期限和处置办法。

## 项目三　ISO 9001 质量管理体系认证

加强企业管理，提高食品企业效益，其中主要是质量管理。

### 一、ISO 9001 质量管理体系认证的意义

食品企业通过 ISO 9001 质量体系认证，经济效益将明显提高，市场竞争将得到增强，

内部管理会得到改善。有份问卷调查显示，组织通过 ISO 9001 认证以后，53.2%的人认为顾客满意程度得到了提高，投诉减少；54.7%的组织定货量增加；87.3%的组织市场竞争能力得到大幅度提高。

**1. 有助于增强质量意识**

ISO 9001 标准特别强调最高管理者在质量管理体系中的作用，它指出最高管理者通过其领导作用及各种措施可以创造一个员工充分参与的环境。并且明确最高管理者通过质量方针和质量目标的制定，并促进其实现；关注顾客要求，并满足顾客（消费者）和其他相关方（社会、政府）的要求；任命负责体系建立和运行的管理者代表，确保获得必要的资源；组织管理评审，决定改进管理体系的措施。ISO 9001 标准把组织领导的职责和作用具体化、文件化，这将有助于组织克服短期行为，增强质量意识。

**2. 有助于提高组织的信誉和经济效益**

ISO 9001 标准指出只有满足顾客的期望和需要才能赢得市场，才能获得利益，进而受益者的期望和需求才能得到满足。在社会主义市场经济体制下，组织必须向市场提供高质量的产品或服务（食品），才能求得发展。按照 ISO 9001 标准建立完善的质量体系，有助于组织树立满足顾客利益需要的宗旨，提高组织的质量信誉，增强食品企业的市场竞争力。

**3. 有助于提高组织整体管理水平**

ISO 9001 标准是建立在"所有工作都是通过过程来完成的"这样一种认识基础上，它要求组织对每一个过程都要按 PDCA 循环做好四方面工作，即策划过程、实施过程、验证过程、改进过程。这样，产品形成的全过程始终处于受控状态，变粗放型管理为有序的过程控制，减少了不合格产品的产生，也最大限度地降低了无效劳动给组织带来的损失，从而提高食品企业的管理水平和经济效益。

**4. 有利于组织参加国际市场的竞争**

ISO 9001 标准主要是为了促进国际贸易而发布的，是买卖双方对质量的一种认可，是贸易活动中双方建立相互信任的关系基石。符合 ISO 9001 标准已经成为在国际贸易上需方对卖方的一种最低限度的要求，而 ISO 9001 标准认证正是实现上述要求、消除技术壁垒的捷径。因此，从一定意义上讲组织经过 ISO 9001 认证，就是获得进入国际市场的准入证，只有这样的食品企业才能增加在国际市场上的竞争能力。

**5. 有利于营造组织适宜的文化氛围和法制管理氛围**

组织的质量文化氛围是组织全体员工适应激烈的市场竞争和提高组织内部质量管理水平所具有的与质量有关的价值观和信念，是组织的灵魂。组织的质量文化包括：质量管理以顾客为中心、质量管理是全过程的管理、质量管理是全员参加的活动、质量管理以人为本。贯彻 ISO 9001 标准恰好为营造组织适宜的文化氛围提供了良好的内部环境，从而促进转变观念，形成有效的运作机制。此外，ISO 9001 文件化、法制化的管理思想，有利于营造组织法制化管理的氛围，有助于组织消除人治管理，营造出诚实信用的法制化氛围。

## 二、2000 年版 ISO 9000 族标准简介

国际标准化组织在 1979 成立了"质量管理和质量保证技术委员会（TC 176）"，并于 1986 年 6 月发布了第一个国际上质量管理方面的标准《ISO 8402 质量术语标准》，到目前为止，ISO 9000 标准已经经历了三个版本，即 1987 年版、1994 年版和 2000 年 12 月 15 日 ISO 通过的 2000 年版。

**1. 2000 年版的核心标准简述**

（1）ISO 9000：2000《质量管理体系——基础原理和术语》表述质量管理体系基础知识并规定质量管理体系术语。

（2）ISO 9001：2000《质量管理体系——要求》规定了质量管理体系要求，用于证实组织具有提供满足顾客要求和适用法规要求的产品的能力，目的在于增进顾客的满意。

（3）ISO 9004：2000《质量管理体系——业绩改进指南》提供考虑质量管理体系的有效性和效率两方面的指南。该标准的目的是组织业绩改进和其他相关方满意。

**2. 2000 年版的基础——八项管理原则**

（1）以顾客为关注焦点　组织依存于顾客。因此组织理解顾客当前和未来的需求，满足顾客的需求并争取超越顾客的期望。

（2）领导作用　领导者确立组织统一的宗旨和方向。他们应当创造并保持使员工能充分参与和实现目标的内部环境。

（3）全员参与　各级人员都是组织之本，只有他们参与，充分发挥智慧和才干，才能为组织带来效益。

（4）过程方法　将活动和相关的过程以及资源进行有效的管理，更有可能得到期望的结果。

（5）管理和系统方法　将相互关联的过程作为系统加以识别、理解和管理，有助于组织提前实现目标。

（6）持续改进　持续改进总体业绩是组织的一个永恒追求目标。

（7）基于事实的决策方法　有效的决策是建立在数据和信息分析基础上的。

（8）与供方互利的关系　组织与供方是相互依存的、互利关系可增强人文创造价值的能力。

### 三、ISO 9001 质量管理体系认证

食品企业按 ISO 9000 族标准进行质量管理体系认证，是组织的战略性决策。一般可按以下阶段进行工作。

**1. 质量管理体系策划阶段**

（1）培训先行　建立完善的体系是一个始于教育、终于教育的过程。所有与产品质量形成有关的人员都要有顾客意识教育、持续改进意识教育，进行相关的职责培训，培训可分为以下几个层次。

① 领导层（包括中层领导）　领导层人员应对标准有一定的理解，需要了解管理思想的发展，特别是对领导作用的理解，要知道自己应参与哪些工作，如何进行体系策划。

② 体系的骨干　包括文件的编写人员、内审员，应准确掌握标准要求，有一定的管理经验和文字水平，掌握审核的技巧和方法。

③ 操作人员　结合体系文件的宣传和贯彻学习，清楚本岗位的职责（如何做、如何编写文件、记录等）和本岗位的相关工作及重要性。

（2）建立贯彻认证的组织机构　贯标涉及组织方方面面，要有专人负责。如成立以最高管理者为组长的领导小组，应委托管理者代表具体负责体系的建立实施，必要时还应设立办事机构。

（3）制订出贯标认证的工作计划。

**2. 体系设计阶段**

（1）首先组织应确定在市场中的定位，即确定产品与顾客、确定与产品相适应的经营宗

旨，体现对顾客的承诺、持续改进的承诺及有适宜的质量方针、目标。

(2) 确定实现质量方针、目标所需要的过程，包括过程的职责、所需的资源以及控制的方法。

(3) 确定体系的范围（可依据标准进行合理的删减）。

(4) 明确各部门及各级各类人员的质量职责、权限及相关关系。

### 3. 体系文件的编写阶段

(1) 指导思想　组织需要建立文件化的体系，而不是只建立体系文件。编制体系文件不是目的，而是一种手段。通过文件，制定方法，然后按文件试运行，这样有利于体系的实施、保持和改进。因此，体系文件的方式和详略程度必须结合组织的规模、产品的复杂程度和人员的素质等综合考虑，不能盲目照搬照抄。

(2) 整理、分析现有管理文件，对以前行之有效的文件要尽量保留，不要推倒重来。

(3) 制订编写体系文件的规划和编写计划。

(4) 按规定进行文件的审查、会签和批准，特别是批准前的会签，组织相关部门认真讨论，对不一致的理解，应通过协商达成一致。

### 4. 体系运行和评价

(1) 可召开一个体系文件实施动员大会，以引起全体员工的重视，然后是广泛、深入地分层次实施、推进。

(2) 运行三个月后，应进行一次内审和管理评审，对体系应进行自我诊断和自我评价，体系运行进入正常、有效时，就可以请认证中心派审核组进行现场审核了（认证合同可以在体系设计阶段、确定产品范围之后签订）。

### 5. 体系认证

选择具有较强技术专业能力的权威的认证机构，在接受审核前，对企业的质量管理体系文件进行一次全面的整理，并将有关文件和记录放在可让审核组容易看到的地方。

进入 ISO 9001 质量管理体系认证程序，即：向认证机构申请；得到受理；启动审核；指定审核组长；确定审核目的、范围和准则；确定审核的可行性；选择审核组；初访（由审核组决定是否进行）；文件评审（在现场审核前应评审受审核方文件，已确定文件所述的体系与审核准则的符合性）；现场审核的准备工作（包括编制审核计划；审核组工作分配；准备工作文件）。

现场审核的实施；举行首次会议（由审核组长主持）；审核中的沟通；信息的收集和证实；形成审核发现；准备审核结论。

现场审核后要编制审核报告，并且上报批准。对于现场审核存在的一些不合格项，在允许的时间内整改，验证（确认）纠正措施。

食品企业如果完全按照 ISO 9001 体系的要求实施运行，则认证机构可颁发认证证书。认证注册后的企业，要继续执行 ISO 9001 体系的规定，积极配合认证机构认证后的监督审核与复评工作。

组织可以聘请咨询机构的咨询师进行指导。咨询工作应从组织的培训和体系策划开始，到通过认证机构的现场审核结束。

### 6. 体系的持续改进

食品企业一旦获得认证成功，说明组织对体系的运作基本符合 ISO 9000 质量管理的要求，没有重大不合格项目，但是也存在一些一般不合格项目。在继续执行体系规定的同时，要不断发现问题并不断改进。在体系的日常运作中，组织仍要严格按照标准要求进行持续审核、持续改进，以求不断完善组织的运作体系，提高组织的运作功效。

# 项目四　ISO 9001 质量管理体系现场审查

质量管理体系（QMS）认证最终落实到产品质量上，生产现场是产生产品质量的关键场所，也是执行落实组织方针、目标，落实体系各项要求的主要部门，所以对生产现场的审查尤为重要。

## 一、现场审查前的准备

（1）在现场审查前，申请方应当依 ISO 9001 标准建立文件化质量体系，运行时间应达到 3 个月，至少应提前 2 周向认证中心提交质量手册及所需相关文件。

（2）认证中心准备组建审查组，指定专职审员或审查组长作为正式审查的一部分进行质量手册审查，审查以后填写《质量手册审查表》，通知受审查方，并保存记录。

（3）认证中心应该在文件审查通过以后，与受审查方协商确定审查日期并考虑必要的管理安排。在初次审查前，受审查方应至少提供一次内部质量审查和管理评审的实施记录。

（4）指定审查组长、组成审查组

① 指定审查组长　认证中心应当任命一个合格的审查组，确定其组长。审查组组长应当对审查所有阶段的工作负责，还应当具备一定的资格，应当通过内审员培训并取得内审员证书；还应当对组织的质量管理体系、过程、产品熟悉，并有较丰富的管理经验；还应具备领导和领导审查的知识与技能；应当有权对审查活动的开展和审查结论作出决定。

② 组成审查组，代表认证中心实施现场审查　审查组由实施审查的一名或多名审查员（审查组可包括实习审查员）组成。

审查组组成应当考虑的因素如下。

a. 达到审查目的所需审查组的整体能力；审查组成员应当由国家注册审查员担任；审查员的专业知识和能力，应与被审查部门管理过程、产品特点相适宜。

b. 必要时聘请专业的技术专家协助审查。

c. 审查的目的、范围、准则和预计的审查时间（审查人/日）。

d. 审查人员的客观、公正性：与受审查部门无责任关系、利益关系，审查员不审查自己的工作。

e. 审查组成员与受审查部门的有效合作以及审查组成员之间共同工作能力。

由认证中心提前通知受审查方，并提醒受审查方对所指派的审查员和专家是否有异议。如果以上人员与受审查方可能发生利益冲突时，受审查方有权要求更换人员，但必须征得质量管理体系认证中心的同意。

（5）认证中心正式任命审查组，编制审查计划，审查计划和日期应该得到受审查方的同意，必要时在编制审查计划前安排初访受审查方，察看现场，了解其特殊要求。

（6）准备工作文件——编制检查表

① 审查工作文件　审查组成员根据审查计划分工，准备审查工作文件。包括：a. 检查表和抽样计划；b. 记录信息表格（审查中使用的会议记录、签到表、不符合项报告、审查报告等表式）。

② 检查表（含抽样计划）的作用　检查表由审查员根据审查任务进行分工编制，检查表中通常包括抽样计划。检查表和抽样计划是审查员对审查任务进行策划后形成

的文件。

检查表具体描述审查内容、抽样计划、审查路线和方法，是审查员的工作提纲和参考文件。审查组组长应对全部检查表进行审查并总体协调。

检查表的主要目的、作用有以下几方面。

a. 保持审查目的的清晰和明确；

b. 保持审查内容的周密和完整；

c. 保持审查路线的清晰与逻辑性；

d. 保持审查时间和节奏的合理性；

e. 保持审查方法的合理性，减少审查员的偏见和随意性。

所以，检查表是可以利用来指导审查、记录审查证据和审查发现的一种适宜的形式。

③ 检查表应包含的主要内容

a. 审查内容：审查项目、要点——查什么。

b. 审查对象：场所、部门、过程/活动——找谁查。

c. 审查方法（包括抽样计划）：审查步骤和具体方法——怎么查。

④ 编制检查表的主要要求

a. 明确标识受审查部门（或过程）、审查时间；

b. 准确标识审查依据：标准/手册（程序）条款；

c. 以部门审查为主检查表，应覆盖和列出受审查部门主要过程（审查计划）的相应体系要求的审查内容和方法；

d. 以过程审查为主检查表，应重点列出与该过程有关的主要部门/场所的审查内容和方法，并应流程清楚，具有逻辑性；

e. 无论是按部门审查或按过程审查所编制的检查表，均应选择典型质量活动，突出受审查部门的主要职能和过程的主要特点；

f. 检查表内容应体现和使用"过程方法"和"PDCA循环"的审查思路和审查路线；

g. 检查表中所策划的抽样计划应具有合理性和代表性。

## 二、现场审查

审查依据是受审查方选定的认证标准，在合同确定的产品范围内审查受审查方的质量体系，主要程序为以下几方面。

**1. 召开首次会议**

介绍审查组成员及分工；明确审查目的、依据文件和范围；说明审查方式，确认审查计划及需要澄清的问题。

**2. 实施现场审查**

（1）审查证据的收集　审查证据是指与审查准则有关的并且能够证实的记录、事实陈述或其他信息（注：审查证据可以是定性的或定量的）。而审查准则是指用作依据的一组方针、程序或要求。

① 审查证据获得的渠道　一是面谈；二是查阅文件和记录（包括数据的汇总、分析、图表和业绩指标等）；三是对现场的观察；四是对实际活动和结果的验证；五是来自其他方面的报告，如顾客反馈、外部报告；六是职能部门之间的接口信息；七是抽样方案水平及确保对抽样和测量过程实施有效质量控制的程序。

② 审查证据的形式　一是存在的客观事实；二是被访问人员的口述；三是现存文件记录等。

(2) 审查的控制

① 审查实施计划的控制　尽量依照计划和检查表进行审查。如确因某些原因需要修改计划，需与受审查方商量。可能出现严重不符合时，经审查组长同意，可超出审查范围审查。

② 审查进度的控制　尽量按照规定的时间完成。如果出现不能按预定时间完成的情况，审查组长应及时作出调整。

③ 审查气氛的控制　主要是适当调节审查中出现的紧张气氛。而对于草率行事，应及时纠正。

④ 审查客观性的控制　审查组组长应该每天对审查组成员发现的审查证据进行审查，发现凡是不确实或不够明确的，不应作为审查证据予以记录；审查组组长应经常与受审查方代表交换意见，以取得对方对审查证据的确认；对受审查方不能确认的证据，应再审查核对。

⑤ 审查范围的控制　通常在内审时，常会发现扩大审查范围的情况。需要改变审查范围时，应征得审查组组长同意并与受审查方沟通。

⑥ 审查纪律的控制　审查组组长应该关注审查员的工作，及时纠正违反审查纪律的现象，对不利于审查正常进行的言行要及时进行纠正。

⑦ 审查结论的控制　在作出审查结论以前，审查组组长应组织全组成员进行讨论。审查的结论必须公正、客观和适宜。应当避免错误或不恰当的结论。当审查目标无法实现时，审查组组长应向委托方和受审查方报告原因，并采取适当措施。措施有终止审查和变更审查目标两种。

(3) 审查中的注意事项　首先要相信样本，随机抽样，样本的选择要有代表性，样本量为3~12个。要完全依照检查表，调整检查表时要小心，从问题的各种表现形式去寻找问题的根源，对发现的不符合项，要追溯到必要的深度，并且与受审查方负责人共同确认事实。要注意有效控制审查时间，整个审查过程要始终保持客观、公正和有礼貌的态度。

(4) 审查发现　审查发现是指将收集到的审查证据对照审查准则进行评价的结果（注：审查发现能表示是否符合审查准则，也能指出改进的机会）。

① 审查发现的提出　是以审查员或审查小组的名义提出。根据审查准则，对所收集的审查证据进行评价，以形成审查发现。

② 审查发现的评审　是在审查的适当阶段或现场审查结束时进行的。由审查组对审查发现进行评审，审查组组长在听取审查组成员意见，仔细核对审查证据的基础上，确定哪些项目作为不合格项。不合格项应得到受审查方领导的认可（一般在每天的审查组会议后进行）。

③ 审查发现的内容　合格项和不合格项。

(5) 现场审查记录　审查员在审查过程中，应认真记录审查的进行情况。通过查阅、核实审查证据，与同事进行调查，将审查情况加以记录，审查记录应清楚、全面、易懂、便于查阅。审查记录应准确，例如什么文件、什么物质标识、产品批号、合同号码、陈述人职位和工作岗位等。审查记录的格式由内审员自定。

**3. 每日审查组内部会议**

每天审查结束前要召开审查组内部会议，主要有三方面内容：一是交流一天审查中的情况；二是整理审查结果，完成当天的不合格报告；三是审查组组长总结一天的工作，必要时对下一个审查日的工作及相关人员进行适当调整。

**4. 不合格报告**

（1）确定不合格的原则

① 不合格的确定，应严格遵守依据审查证据的原则。

② 凡依据不足的，不能判为不合格。

③ 有意见分歧的不合格项，可通过协商和重新审查来决定。

（2）不合格项的形成　不合格项由以下任一种情况所形成：

① 文件规定不符合标准（该说的没说到）；

② 现状不符合文件规定（说到的没做到）；

③ 效果不符合规定要求（做到的没有效果）。

（3）不合格的类型（按严重程度分）　严重不合格和轻微不合格性质的判定，对审查结论有决定性影响。

对认证审查来说，一般有一个严重不合格，审查组就会做出"推迟决定"的结论；有三个严重不合格，审查就通不过；审查中如果只有轻微不合格，且满足2个条件：1个过程（ISO 9001条款）不超过5个或总共不超过10个，则审查通过。

① 严重不合格　严重不符合项主要指：a. 质量管理体系与质量管理体系标准（ISO 9001）或合同不相符；b. 造成系统性失效的不合格（可能由多个轻微不合格构成），如某一过程重复出现失效形象；c. 可能造成严重后果的不合格；d. 区域性实施严重失效（可能由多个轻微不合格构成，一般由5个以上轻微不合格构成）；e. 需要较长时间、较多人力去解决的不合格。

② 轻微不合格　轻微的（或一般的）不符合项主要指：孤立的人为错误；文件偶尔未被遵守而造成后果不严重，对系统不会产生重要影响的不符合等。

（4）不合格类型（按质量管理体系的建立和实施情况分）

① 体系性不合格　质量管理体系文件与有关的法律、法规、ISO 9001标准、合同等的要求不符（该说的没说到）。

② 实施性不合格　未按文件规定实施（说到的没做到）。

③ 效果不合格　未达到规定的要求（做到的没有效果）。

（5）观察项

① 虽未构成不合格，但有变成不合格的趋势或可做得更好，或是证据暂时不足。

② 需向受审查方提出，引起注意。

③ 观察项不纳入任何审查报告发给受审查方。

④ 审查组保留观察项记录。

（6）不合格判别准则　依照ISO 9001的7.6章节。

（7）不合格报告的内容　不合格报告的内容包括：受审查方名称、受审查方的部门或人员；审查员、陪同人员；日期；不合格事实描述、不合格结论、不合格类型、受审查方的确认、不合格原因分析、拟采取的纠正措施及完成的日期、纠正措施完成情况及验证等。

记录的内容要具体，如事情发生的地点、时间、当事人、涉及的文件号、记录号等；文字要简明扼要。不合格结论要写明违反文件的章节号或条文以及ISO 9001标准的条款。

**5. 审查组总结会议**

一般在现场审查结束、末次会议前召开，时间为1h左右。主要是确定所有不合格报告；审查员准备自己所审查区域的工作总结；审查结果的汇总分析。

**6. 审查结果的汇总分析**

审查组应对审查发现做一次汇总分析,以便在末次会议上对审查发表结论性意见。汇总分析主要包括如下内容。

(1) 对不合格项进行分析  对不合格项的总数进行统计,并按 ISO 9001 条款和部门对不合格项进行分类。有了这些数据,就可以大致说明薄弱环节在哪个部门或哪个条款上面。

(2) 纵向比较  与上次内审相比较,质量管理是进步了,还是退步了。

(3) 其他信息分析  例如管理者对存在问题的态度;两次内审间发生的质量事故,相关部门的责任有多大,领导的态度如何?两次内审期间发生问题的纠正措施实施情况;总结质量工作优缺点。

通过以上分析,可对受审部门作出好的、基本上好的、问题较多的、有待改进等结论性意见。

**7. 审查报告编制**

审查报告是说明审查结果的正式文件,应由审查组组长亲自编写,或者在审查组组长的指导下编写,审查报告应当提供完整、准确、简明和清晰的审查记录,报告应标有日期和审查组组长的签名。

审查报告通常包括下列内容:受审查单位名称;审查日期;审查组成员;审查的范围、目的;审查准则;审查发现(总结质量管理体系各条款的运行情况、文件审查内容、对质量管理体系运行情况的评价);审查过程综述及审查情况小结;存在的主要问题及改进建议(包括不符合项及统计分析、审查结果分析、体系运行的有效性);审查结论;审查报告分发范围(审查报告属审查委托方所有,审查组成员和报告所有者应妥善保存并保持其机密性)等。

审查报告应表明审查的结论,主要是对受审查方的体系作出评价,对好的方面提出肯定,对出现的问题提出改进的方向。如为第三方进行的认证审查,其结论分别为:

(1) 通过现场审查,予以推荐  审查发现若干一般不合格项,要求受审查方按规定对所有不合格项采取有效纠正措施,并经过验证已封闭。

(2) 推迟推荐  存在若干一般不合格项和个别的严重不合格项,经过纠正措施实施后,经现场验证再决定是否推荐。

(3) 不推荐  发现多个严重不合格项,造成体系运行失效,并在规定期限内不能采取有效纠正措施。

**8. 末次会议**

末次会议一般在审查计划规定的工作全部完成,整理完成了审查报告之后召开。一般在审查组离开某一个单位前,与被审查单位的管理者澄清审查所发现的有关事实,并开出不合格项时召开。

(1) 末次会议的目的

① 向受审查方领导介绍审查方发现的情况,以使他们能够清楚地理解审查结论。

② 宣布审查结论。

③ 提出后续工作要求(纠正措施、跟踪、监督)。

④ 宣布结束现场审查。

(2) 末次会议的要求

① 末次会议由审查组组长主持,时间不超过 1h。

② 参加人员包括:受审查方领导、受审查方部门负责人、代表、陪同人员、管理者代表、最高管理者(必要时)、审查组全体人员等。

③ 末次会议应做好记录并保存,记录包括与会人员签到表。

④ 使受审查方了解审查结论。

(3) 末次会议的内容

① 与会者签到。

② 感谢。审查组组长宣布开会,并以审查组名义感谢受审方的配合与支持。

③ 重申审查的目的和范围。

④ 说明抽样的局限性。

⑤ 对不合格报告的说明。主要是说明不合格报告的数量;宣读不合格报告(选择重要部门);提交书面不合格报告。

⑥ 提出纠正措施要求。一是受审查方纠正措施计划的答复时间;二是完成纠正措施的期限;三是验证的要求。

⑦ 宣读审查结论。审查结论是指审查组考虑了审查目标和所有审查发现后得出的最终审查结果。由审查组组长宣读根据审查发现得出的审查结论,说明发布审查报告的时间、方式及后续工作的要求。

⑧ 受审查方领导讲话。首先是受审查方领导表示感谢;其次是受审查方领导对审查结论做简单表态,对改进作出承诺。

⑨ 末次会议结束。

### 三、ISO 9001 质量管理体系的审查要点、思路

ISO 9001 质量管理体系的审查要点、思路,一般按照标准条款逐一进行。下面列举几个实例参考。

**实例 6-1**

| 标准条款 | 审查内容(要点) | 审查方法、思路 |
| --- | --- | --- |
| 1 范围 | 1. 组织 QMS 覆盖范围和过程有没有缺失部分 | 现场询问、观察,了解作业流程 |
| | 2. QMS 有无删减,其合理性如何 | 查手册说明、根据组织活动确认是否合理 |

**实例 6-2**

| 标准条款 | 审查内容(要点) | 审查方法、思路 |
| --- | --- | --- |
| 4.2.2 质量手册 | 1. 质量手册的覆盖面是否完整,如果对 ISO 9001 标准有剪裁,剪裁细节的说明是否合理 | 查阅手册、结合现场审查 |
| | 2. 质量手册各过程的描述是否反映了组织产品的特点 | |

**实例 6-3**

| 标准条款 | 审查内容(要点) | 审查方法、思路 |
| --- | --- | --- |
| 5.2 以顾客为关注焦点 | 1. 该理念是否在员工中得到贯彻执行 | 各部门审查时了解(中层干部员工的意识是否建立) |
| | 2. 怎样确定顾客的要求?组织有哪些方式、途径,以确保顾客要求得到确定,转化为要求并予以满足 | 询问了解,并结合 7.2.1/8.2.1 审查做出判定 |

**实例 6-4**

| 标准条款 | 审查内容(要点) | 审查方法、思路 |
|---|---|---|
| 6.1 资源提供 | 为实施、保持、改进 QMS 过程,达到顾客满意,组织是否能够及时确定并提供所需资源;关键过程资源是否充足、适宜,满足体系的要求 | 询问了解,并结合生产、监视、测量、持续改进等方面综合判定(生产设备、检测设备的配备) |

**实例 6-5**

| 标准条款 | 审查内容(要点) | 审查方法、思路 |
|---|---|---|
| 7.1 产品实现策划 | 1. 产品的过程是否确定 | 询问控制要求,抽查新产品开发及相关材料进行判定 |
| | 2. 是否形成了主要的文件,没有形成文件的过程和活动如何实施,是否明确了必要的资源 | |
| | 3. 验证和确认活动以及验收准则是否得到了规定 | |
| | 4. 是否规定了必要的质量记录 | |
| | 5. 是否针对特定的产品、项目或合同编制了质量计划 | |

**实例 6-6**

| 标准条款 | 审查内容(要点) | 审查方法、思路 |
|---|---|---|
| 8.2.1 顾客满意 | 1. 对顾客满意信息的获取渠道有哪些,采用了哪些方法来监控顾客满意 | 询问,调阅相关顾客满意的记录 |
| | 2. 对影响顾客满意的环节采取了哪些措施;如果分析中发现顾客满意程度明显下降,是否采取了改进措施 | |

**实例 6-7**

| 标准条款 | 审查内容(要点) | 审查方法、思路 |
|---|---|---|
| 8.2.4 产品的监视和测量 | 1. 对采购产品的测量和监控策划结果是否形成文件,并被执行 | 询问,并查阅进货、过程、最终检验记录,调阅产品标准抽查相应的检测设备、人员 |
| | 2. 对半成品的测量和监控策划结果是否形成文件,并被执行 | |
| | 3. 对最终产品的测量和监控策划结果是否形成文件,并被执行 | |
| | 4. 是否编制了验收的准则,符合验收准则的证据是否形成了文件(记录),记录是否指明授权负责产品放行的责任 | |
| | 5. 有无授权人员(或顾客)批准放行产品和交付服务的特例情况,是否满足要求?在未完成测量和监控活动之前,需放行产品和交付服务,是否得到组织有关授权人批准,适用时得到顾客批准 | |

# 项目五　ISO 9001 质量管理体系的实施

ISO 9001 质量管理体系建立之后，关键就在于实施。ISO 9001 质量管理体系的实施主要有以下几个阶段。

## 一、ISO 9001 质量管理体系的培训

要贯彻实施 ISO 9001：2000 标准，一般是通过贯标认证咨询机构提供的贯标咨询服务进行的，相应企业应提供符合要求的贯标环境，并给予咨询人员以积极的配合，这样才能达到成功建立 ISO 9001 质量管理体系的目的。

**1. 策划和建立阶段的培训**

在此阶段，进行 ISO 9001：2000 标准培训。

(1) 企业应该接受标准培训的人员范围主要有下面五类：最高管理者及其助理；管理者代表及贯标班子成员；各部门的管理人员；参与质量管理体系文件编写的人员；企业拟从事内部质量管理体系审查的人员。

(2) ISO 9001：2000 标准培训的基本内容。①ISO 9000 系列国际标准的由来与发展；②2000 年版 ISO 9000 系列国际标准的构成；③八项质量管理原则；④质量管理体系基础；⑤质量管理体系要求（1SO 9001：2000）；⑥有关的术语。

**2. 运行和改进阶段的培训**

(1) 质量管理体系文件的培训　培训部负责组织完成对下列内容的培训：质量手册的培训（管理层人员）；程序文件的培训（管理层与执行人员）；作业文件与质量记录的培训（相关执行人员）；顾客与法律法规要求的培训（全体员工）；质量方针与质量目标的培训（全体员工）。培训的目的是确保各级人员掌握本岗位质量管理体系运行的要求。

(2) 内部质量管理体系审查员（内审员）培训　内审员培训是组织建立内部质量审查机制，推行和保持质量管理体系稳定运行的主要环节，培训按国家要求实施教学、实践与进行考试，培训时间不应少于 36 个学时。

(3) 统计技术培训　咨询机构应为企业相关人员进行需要的统计技术培训。

(4) 管理评审培训　咨询机构应为企业的最高管理者及参加管理评审的管理人员进行管理评审培训。

(5) 编制内部质量审查计划　由质量管理部门编制内部质量审查计划，组织实施审查，填写质量体系审查检查表和审查报告。

## 二、质量管理体系的试运行

其目的是通过试运行，考验质量体系文件的有效性和协调性，并对暴露出的问题，采取改进措施和纠正措施，以达到完善质量体系文件的目的。

在质量体系试运行过程中，要重点抓好以下工作：有针对性地宣贯质量体系文件；坚持实践是检验真理的唯一标准，对体系试运行中暴露出的问题进行协调和改进；加强信息管理，做好质量信息的收集、分析、传递、反馈、处理和归档等工作。

**1. 质量管理体系试运行的一般步骤**

(1) 管理者审查　质量管理体系文件编制完成后，在试运行前，应由最高管理者或其指定的管理者代表，将体系文件进行系统、全面地审查。

① 确认体系文件中是否包括了标准所要求的程序文件。
② 程序文件内容是否包括了标准所要求控制的所有内容。
③ 体系文件的内容是否符合组织的实际情况。
④ 质量记录是否包括了标准中所有要求有证明材料的记录。
⑤ 质量记录表格是否适用。

(2) 体系文件评审　对体系文件进行试运行前的评审，实际上是对将要建立起的质量管理体系事先把关。
① 参加评审的人员应包括高级管理层、企业质量管理人员、相关技术人员等。
② 以上人员共同审查体系文件是否符合标准的要求，是否符合本企业产品的特色，是否存在不足需要补充或修改。

通过质量管理体系的审查和评审，验证和确认体系文件的适用性和有效性。审查是指为获得证据并对其进行客观的评价，以确定满足审查准则的程度所进行的系统的、独立的并形成文件的过程。而评审是为确定主题事项达到规定目标的适宜性、充分性和有效性所进行的活动。

(3) 文件宣贯教育　质量管理体系文件经过评审后，形成了正式的法规文件，则在企业内开始进行宣贯，根据体系文件的不同内容应进行不同范围的宣贯。
① 质量方针、质量目标、组织机构及各部门接口关系等，应向全体员工宣贯。
② 不同的程序文件应向与其有关的人员宣贯。

宣贯的目的是使每位员工都能了解与自己有关的程序文件，知道自己在质量管理体系中的地位和作用，清楚体系是怎样运转的，明白过程控制所要求内容的意义，学习如何保持体系的有效运转与先进性，直至使员工明了如何在自己所控制的某些领域内有效改进质量管理体系相关内容和实行自己的权限与职责。

(4) 试运行与改进　以上工作完成后，即可进行质量管理体系试运行，在实践中对体系文件的可行性进行检验：首先是看其能否满足顾客的要求；其次是看是否符合企业的实际情况；最后是看能否达到预期的产品质量目标。

在试运行过程中，应将出现的问题及时收集、分析、查找原因并提出纠正措施，进行严格整改，使质量管理体系逐步完善。

(5) 信息管理　在质量管理体系运行中应加强信息管理，确保将体系试运行中出现的问题及时、全面地收集到位，这就需要建立信息收集与管理的办法，这是保证试运行成功的关键。

**2. 试运行问题点的识别和改进**

(1) 各部门应于质量管理体系文件中找出负责履行的具体活动责任。
(2) 识别并履行各项活动责任（包括现状与存在的问题）。
(3) 确定需解决问题的改进措施。
(4) 落实改进问题的责任和完成时间。
(5) 列出所有的问题点，改进运行计划。
(6) 各部门按运行计划的规定内容组织运行改进（发现文件有不适宜的情况，应向贯标工作班子报告）。
(7) 贯标工作班子负责试运行改进的组织、协调。

### 三、质量管理体系的自我评价与改进

企业对自身质量管理体系的评价与改进，一般采用以下三种方式：内部质量管理体系审

查、管理评审和自我评价与改进。

**1. 内部质量管理体系审查**

内部质量管理体系审查一般遵循以下模式。

(1) 首次会议　首次会议是内部审查的开端，其主要内容包括申明审查目的和范围、传达审查计划、强调审查的原则、落实审查安排等。

(2) 现场审查　现场审查的主要工作内容包括收集客观证据、做好现场审查记录、评价审查证据等。

(3) 运行情况判断　审查人员根据现场审查的情况，对受审部门质量管理体系的运行情况作出判断，开具审查报告。

(4) 末次会议　向受审部门介绍审查情况，宣布审查结果，并提出改善要求或措施等。

**2. 管理评审**

(1) 管理评审概述　管理评审一般每年举行一次（在企业内外环境有重大变化时应随时进行），两次间隔时间不得超过12个月，由企业最高管理者主持，管理评审通常采用会议的形式，它是由企业管理层进行的高层次的质量评审会议。

(2) 管理评审的内容

① 产品的总体质量状况，重大质量问题和所采取的措施。

② 顾客的投诉、意见、要求与建议。

③ 质量管理体系的有效性和适宜性。

④ 质量审查报告（内部和外部）。

⑤ 未能完成的工作。

⑥ 质量方针和质量目标与当前受益者期望的相关性。

⑦ 环境的变化。

⑧ 需要改进的范围。

⑨ 应采取的改进措施和必要的预防措施。

⑩ 所需资源。

(3) 管理评审的实施要点　一是应定期和根据需要适时进行；二是管理评审应认真、有效，不能走过场；三是评审后应体现有效的改进；四是管理评审记录应妥善保存。

**3. 自我评价与改进**

主要是通过对过程的评价来测量质量管理体系的运行情况，寻求过程改进的机会以改进质量管理体系。

(1) 过程评价的目的　一是识别过程的优点与缺点；二是分析出不合格的原因；三是指导企业确定体系的完善程度并识别应改进区域；四是使企业确定改进资源的投入方向。

(2) 自我评价应提出的基本问题

① 过程是否予以识别并适当表述。

② 职责是否予以分配到位。

③ 程序是否实施和保持。

④ 过程是否有效达到要求结果。

**4. 过程的自我评价与改进**

(1) 过程的评价方法　分为两个方面：一方面是在过程层次的视角上进行，根据标准指南对每个过程及其子过程进行评价；另一方面是在过程运行的成熟度视角上进行评价。

(2) 做好自我评价结果的记录。

(3) 自我评价的改进措施

① 重大战略项目应通过对现有过程的再设计来确定，包括确定目标总体要求、分析并寻找新方法、确定并策划对过程的改进以及实施改进等阶段。

② 持续改进可以按照 PDCA 的方法通过下列步骤来完成：

a. 评价现有过程，选择需要改进的区域，分析需要改进的原因；

b. 识别并验证原因；

c. 寻找解决问题的最佳方法；

d. 分析评价解决的成效并规范新的解决方法；

e. 评价过程的效率并改进措施以使其更具有效性。

### 四、质量管理体系的正式运行

企业经过管理评审，应对发现的不合格项进行整改，当不合格项基本关闭后，即可由最高管理者批准，进入质量管理体系的正式运行。质量管理体系的正式运行应坚持以下原则。

**1. 注重质量策划**

所谓质量策划，是质量管理的一部分，致力于制定质量目标并规定必要的运行过程和相关资源以实现质量目标。策划的结果应形成计划。高质量的产品和有效的质量管理体系需要经过精心策划和周密的计划安排。

**2. 强调预防为主**

所有的控制应针对减少和消除不合格，尤其是预防不合格，预防为主就是将质量管理的重点从结果向管理因素转移，恰当地使用各方面的信息，分析并针对潜在的不合格因素将不合格消灭在形成过程中。

**3. 全力满足顾客对产品的要求**

满足顾客及其他受益者对产品的需求是建立质量管理体系的核心。所以，企业应对产品是否符合顾客的要求进行全力控制，加强管理与顾客有关的过程，尤其做好对顾客要求的识别和与顾客的联络两方面的工作。

**4. 强调系统化**

企业在保持和改进质量管理体系的各方面时，都应树立与实施系统化的思想。

**5. 利用数据分析**

所利用的数据应反映下列实际情况：

（1）供方产品的质量状况；

（2）过程质量及其趋势；

（3）顾客的满意程度及其趋势；

（4）质量目标达到的程度。

**6. 真正做到持续改进**

实现顾客满意和持续的质量改进是企业各级管理部门所追求的永恒主题。在实施质量管理体系时，管理者应能保持与保证对体系持续的质量改进。企业为了竞争的需要，必须不断改进产品质量和质量管理体系，应将每次审查中发现的问题，作为改进的起点，采取纠正措施，以提高产品质量和体系的有效性。持续改进可以体现在体系的各个环节和任何阶段，PDCA 的方法体现了持续改进的思想。GB/T 19001 主要关心的是有效性，可以通过减少、防止错误的发生进行日常改进，以期在稳定的状态下取得水平的提高，能够始终满足相关方日益增长的需求。

## ❋【学习引导】

1. ISO 9001 的基本内容及适用范围是什么？
2. ISO 9001 质量管理体系的要求是什么？
3. ISO 9001 质量管理体系文件有什么特性和原则要求？
4. 请讲述 ISO 9001 质量手册的种类。
5. 请讲述 ISO 9001 质量手册的构成和内容。
6. 如何管理 ISO 9001 质量手册？
7. 请讲述 ISO 9001 程序文件的格式和内容，如何编制？
8. 请讲述 ISO 9001 作业指导文件的分类。
9. 请讲述 ISO 9001 质量管理体系现场审查流程。
10. 请讲述 ISO 9001 质量管理体系的审查要点、思路。
11. 请讲述 ISO 9001 质量管理体系的实施要点。

## ❋【思考问题】

1. 在有 ISO 22000 食品安全管理体系存在下，食品企业为什么还要建立实施 ISO 9001 质量管理体系？
2. ISO 9001 质量管理体系的核心思想的什么？八项原则分别是什么？它们之间有什么关系？

## ❋【实训项目】

### 实训一　编写 ISO 9001 质量管理手册

【实训准备】

1. 学习 ISO 9001 质量管理体系对 ISO 9001 质量管理手册的要求。
2. 利用各种搜索引擎，查找阅读有关"ISO 9001 质量管理手册"的案例。
3. 带领学生到企业实地考察，体验组织食品企业实施 ISO 9001 质量管理体系的实际情况。

【实训目的】

通过 ISO 9001 质量管理手册的编写，使学生能够有效地掌握 ISO 9001 质量管理手册的编制方法和技巧。

【实训安排】

1. 根据班级学生人数进行分组，一般每组 5~8 人。
2. 通过企业实习和网络查找资料，以某食品企业"ISO 9001 质量手册"为示例，学习 ISO 9001 质量手册的基本结构和内容。
3. 每组分别编写出一份"ISO 9001 质量管理手册"。分组汇报介绍本组编写的"ISO 9001 质量管理手册"，学生、老师共同进行讨论提问。
4. 教师和企业专家共同点评"ISO 9001 质量管理手册"的编写质量。

【实训成果】

提交一份食品企业的"ISO 9001 质量管理手册"。

【实训评价】

由学生、教师和企业专家共同评价，权重建议分别为 20％、40％、40％。具体评价表格和权重，请各位老师自行设计。

## 实训二　编制食品企业 ISO 9001 质量管理体系的审核细则

【实训准备】
1. 组织学生到校外实训基地进行参观学习，了解食品企业 ISO 9001 质量管理体系建立实施情况。
2. 利用各种搜索引擎，查找阅读"食品企业 ISO 9001 质量管理体系建立实施"的范例。

【实训目的】
通过食品企业 ISO 9001 质量管理体系的审核细则的编制，学会编制食品企业 ISO 9001 质量管理体系审核细则的技巧与要求。

【实训安排】
1. 根据班级学生人数进行分组，一般 5～8 人一组。
2. 根据 ISO 9001 的要求，通过网络查找食品企业"ISO 9001 质量管理体系的审核细则"范例，每组以当地的食品企业（产品不同）为例，编制一份"ISO 9001 质量管理体系的审核细则"。
3. 分组汇报和讲解本组编制的"ISO 9001 质量管理体系的审核细则"，学生、老师共同进行讨论提问。
4. 教师和企业专家共同点评"ISO 9001 质量管理体系的审核细则"的编写质量。

【实训成果】
每小组提交一份食品企业的"ISO 9001 质量管理体系的审核细则"。

【实训评价】
由学生、教师和企业专家共同评价，权重建议分别为 20%、40%、40%。具体评价表格和权重，请各位老师自行设计。

## 实训三　模拟 ISO 9001 质量管理体系现场审查

【实训准备】
1. 学习本任务中有关的 ISO 9001 质量管理体系现场审查内容。
2. 利用各种搜索引擎，查找阅读"ISO 9001 质量管理体系现场审查"的相关案例。

【实训目的】
通过模拟食品生产企业 ISO 9001 质量管理体系现场审查，让学生学习 ISO 9001 质量管理体系审查的过程，了解食品企业实施 ISO 9001 质量管理体系的实际情况。

【实训安排】
1. 将班级学生分成 2 大组，一组当观众，另一组同学分别扮演审查组成员和食品企业中的各类相关人员。
2. 参照本任务的相关知识及利用网络资源，编写"ISO 9001 质量管理体系现场审查"表演的脚本。
3. 让学生扮演"ISO 9001 质量管理体系现场审查"中审查员和食品企业中不同职员的角色，按"ISO 9001 质量管理体系现场审查"的程序，进行"现场"表演。
4. 组织学生对"现场"表演的程序、内容进行讨论，评价表演组同学的表现情况。

5. 教师和企业专家共同点评"现场审查"过程。

【实训成果】

完成一场"ISO 9001 质量管理体系现场审查"的角色扮演活动。

【实训评价】

由学生、教师和企业专家共同评价,权重建议分别为 20%、40%、40%。具体评价表格和权重,请各位老师自行设计。

---

### 学 习 拓 展

通过各种搜索引擎查阅"食品企业实施 ISO 9001"成功的案例,学习食品企业 ISO 9001 体系的建立与实施。

# 模块七
# 食品企业ISO 14000环境管理体系的建立与实施

【学习目标】

1. 能够讲述 ISO 14000 环境管理体系的内容与要求。
2. 能够编写 ISO 14000 环境管理体系文件。
3. 能够参与 ISO 14000 环境管理体系认证。
4. 能够参与 ISO 14000 环境管理体系审核。
5. 能够参与 ISO 14000 环境管理体系实施。

## ※【案例引导】

1930 年 12 月比利时马斯河谷工业区，一星期内，当地居民有几千人发生呼吸道疾病，60 多人死亡。调查发现，是由于工厂排放了大量的 $SO_2$、$SO_3$ 和有害的氟化物到大气中而造成的。1968 年日本北九州市、爱知县一带，由于生产的米糠油被多氯联苯污染，食用后中毒，约有 13000 人受害，其中 16 人死亡。20 世纪 50 年代，日本熊本县水俣镇的氮肥公司，将大量的汞随着工厂未经处理的废水排放到了水俣湾，食用了水俣湾中被甲基汞污染的鱼虾的人数达数十万，造成汞中毒者 283 人，其中 60 人死亡。19 世纪 80 年代，日本富山县神通川流域，发生一种怪病，患者浑身剧烈疼痛，称为痛痛病，也叫骨痛病。原来当地在开采铅、锌矿过程中及堆积的矿渣中，产生的含有镉等重金属的废水被直接长期流入周围的环境中，在当地的水田土壤、河流底泥中产生了镉等重金属的蓄积，镉通过稻米进入人体，首先引起肾脏障碍，后逐渐导致软骨症，使人浑身产生剧烈疼痛，患者在痛苦中死亡。这些由于环境污染而造成的轰动世界的公害事件，引发人们的深思。

## 项目一 ISO 14000 环境管理体系的内容与要求

### 一、ISO 14000 环境管理体系的产生与发展

就全球而言，随着国际经济的发展、工业化进程的加快，人类赖以生存的环境正发生着巨大的变化，科学技术的高度发达以及人类物质财富的繁荣，给环境带来了前所未有的压力，导致人口爆炸、资源短缺、环境污染等"生态危机"，迫使人们认识到可持续发展与环境保护的重要性。

1972年6月5日，联合国发表了《人类环境宣言》，提出"促使人们和各国政府注意人类的活动正在破坏自然环境，并给人类的生存和发展造成严重的威胁"，并倡导"保护和改善人类环境已成为一项迫切的任务"。

1987年2月在日本东京召开了第八次世界环境与发展委员会会议，通过了《我们共同的未来》的报告，以"持续发展"为基本纲领，论述了当今世界环境与发展方面存在的问题，提出了处理这些问题的具体的和现实的行动建议。

1992年6月，联合国环境发展会议在巴西里约热内卢召开，发表了《关于环境与发展宣言》，阐明了人类进行环境保护与可持续发展的行动方案，说明了针对全球环境问题的国际合作的重要性，标志着现代文明的新阶段。同年，国际标准化组织（ISO）成立了"环境特别咨询组（ISO/SAGE）"，并于1993年6月正式成立了"环境管理技术委员会（ISO/TC 207）"，正式开展环境管理体系和措施方面的标准化工作。ISO/TC 207成立后，致力于ISO 14000系列标准的制定。

1996年ISO/TC 207总结各国环境管理标准化的成果，借鉴推行ISO 9000系列标准的成功经验，在参照英国《环境管理体系规范》和欧盟《生态管理与审核法案》的基础上，于1996年9月1日，ISO组织正式颁布了ISO 14000环境管理系列标准。该系列标准由多个标准构成，预留从14001~14100共计100个标准号，因此常被称为"ISO 14000系列标准"或"ISO 14000族标准"。目前，这一体系已受到世界各国重视，并有越来越多的组织自愿实施环境管理体系，该标准为规范组织的环境行为，改善组织的环境效果提供了有效的管理模式和依据。ISO 14000标志见图7-1。

图7-1　环境管理体系（ISO 14000）标志

## 二、ISO 14000系列标准的构成

ISO 14000环境管理系列标准是总结了国际问题的环境管理的经验，结合环境科学、环境管理科学的理论和方法而提出的环境管理工具，把环境管理强制性和保护、改善生活环境和生态环境的自愿性结合起来，使企业找到经济与环境协调发展的正确途径。ISO 14000环境管理体系涉及如下内容。

**1. 环境管理体系（EMS）标准**

标准号14001~14009，是ISO 14000系列标准的核心，主要规定了环境管理体系的要求，使组织能够依据法规要求和影响环境的重要信息制定方针和目标。已颁布的标准有ISO 14001、ISO 14004。

（1）ISO 14001环境管理体系——规范及使用指南　是ISO 14000系列标准中唯一的规范性标准，是实施ISO 14000环境管理其他标准的基础。规定了组织建立环境管理体系的要求，明确了环境管理体系的要素，确定了环境管理体系的方针目标、活动性质和运行条件，通过有计划地评审和持续改进的循环，保持组织内部EMS不断完善和提高。并在附录提供了规范使用指南与ISO 9001的联系。

（2）ISO 14004环境管理体系——原则、体系和支持技术通用指南　简述了环境管理体系要素，使组织通过资源配置、职责分配、程序评价，有效地有序地处理环境事务，从而确保组织确定并实现其环境目标。

**2. 环境审核（EA）标准**

标准号14010~14019。为组织自身和第三方认证，机构对组织的EMS是否符合规定技术标准的评审提供了一套标准化的方法和程序，是进行认证及注册的依据。已颁布的标准有ISO 14010、ISO 14011、ISO 14012。

(1) ISO 14010 环境审核指南——通用原则  是 ISO 14000 系列标准中的一个环境审核通用标准,定义了环境审核及有关术语,阐述了环境审核通用原则,宗旨是向组织、审核员和委托方提供如何进行环境审核的一般原则。

(2) ISO 14011 环境审核指南——审核程序、环境管理体系审核  用于环境管理体系审核的策划和实施,提供了进行环境管理体系审核的程序,以判断环境审核是否符合环境管理体系审核准则。对组织的环境管理活动进行监测和审计,使组织了解、掌握自身环境管理现状,保障体系正常运转。

(3) ISO 14012 环境审核指南——环境审核员的资格要求  提供了关于环境审核员的审核组长的资格要求,对内部审核员和外部审核员同样适用。

### 3. 环境标志 (EC) 标准

标准号 14020~14029。通过环境标志对组织的环境表现加以确认,通过标志图形、说明标签等形式,向市场展示标志产品与非标志产品环境表现的差别,提高消费者的环境意识,向消费者推荐有利于环保的产品,形成强大的市场压力,促进组织建立环境管理体系的自觉性。已颁布的标准有 ISO 14020、ISO 14021、ISO 14024、ISO 14025。

(1) ISO 14020 环境标志——环境标志和声明通用原则  为制定针对具体的现有类型的环境标志国际标准提供指南,并为环境标志的新设计提供帮助。为消费者提供某个产品或服务的环境因素的可靠信息,从而促使其发挥作用,最终达到环境改进的目的。

(2) ISO 14021 环境标志——Ⅱ型环境标志指南、术语和定义以及术语定义的使用  用于Ⅱ型环境标志,即制造商自我声明。

(3) ISO 14024 环境标志——Ⅰ型环境标志原则和程序  授予Ⅰ型环境标志的原则和程序,以及与认证和符合性有关的要求的说明,用于产品综合环境价值的第三方独立评审,旨在协调现存的各种制度。

(4) ISO 14025 环境标志——Ⅲ型环境标志原则和程序  规定了实施Ⅲ型环境标志的指导原则和程序,Ⅲ型环境标志类似于食品营养标志,主要提供关于环境参数的信息。

### 4. 环境行为评价 (EPE) 标准

标准号 14030~14039。环境行为评价具有指导、监督作用,不具有法制性。通过组织的环境表现指数对组织的现场环境特征、具体排放指标、产品生命周期等环境表现及其影响进行评价,指导组织选择更加环保的产品以及防止污染的管理方案,是对组织的环境表现进行评价的系统管理手段。已颁布两个文件:ISO 14031 环境行为评价——导则和 ISO 14032 环境行为评价——产业规范指南。

### 5. 生命周期评定 (LCA) 标准

标准号 14040~14049。分三个阶段:第一,确定生命周期评估的目的和范围、系统的界限及评估的限度;第二,进行列项分析,用以确定并量化产品生命周期内所产生的环境负荷;第三,环境影响评价,分析同类产品不同的生产工艺与可替代产品对环境的影响程度,确定产品开发的价值和可能性。目前已产生四个文件:ISO 14040 生命周期评定——原理与实践;ISO 14041 生命周期评定——存量分析;ISO 140420 生命周期评定——影响评估;ISO 140430 生命周期评定——评价与发展。

### 6. 术语和定义 (T&D) 标准

标准号 14050~14059。主要是对环境管理的术语进行汇总和定义,对环境管理的原则、程序、方法及特殊因素处理提供指南。

### 7. 产品标准中的环境指标

标准号 14060。为产品标准制定者提供指南,最大限度地避免和消除产品标准要求对环境产生不利的影响。

此外，ISO/TC 207 设置的备用标准号 14061～14100，属于有待进一步开发的项目号，其主要工作领域为环境管理工具和体系的标准化。

### 三、ISO 14001 环境管理体系的要素

ISO 14001 是 ISO 14000 系列标准中的核心标准。在这一环境管理体系中规定了环境方针、策划、实施与运行、检查和纠正措施、管理评审 5 大要素，共有 17 个分支要素。

**1. 环境方针**

是组织总方针的一部分，是组织在环境保护、改善生态环境方面的宗旨和方向。环境方针要与组织所从事的活动、产品或服务的性质、内容和规模相适应，要体现对遵守有关的环境法律、法规和其他要求的承诺。

**2. 策划**

是环境管理体系的初始阶段，共包括环境因素、法律及其他要求、目标、指标及环境管理方案 4 个要素，是通过初始环境评审来确定组织在活动、产品或服务中，产生或可能产生环境影响的环境因素，并评价出重要的环境因素；制定适合组织的环境方针；依据组织环境方针所确定的环境目标，制定环境目标和指标文件；依据组织的环境目标和指标的要求，制定环境管理方案，从人力、物力及财力来落实环境管理方案的实施计划。

**3. 实施与运行**

是实现环境方针、目标和指标，改善组织的环境行为，减少或消除组织在活动、产品或服务过程中环境影响的关键阶段。共有 7 个要素，分别是：机构和职责；运行控制；培训、意识与能力；环境管理体系文件；文件管理；信息交流；应急措施。

**4. 检查和纠正措施**

环境管理体系是系统工程，具有自我约束、自我调节、自我完善的功能，以达到持续改善的目的。环境管理体系运行后，应对管理体系运行情况，进行经常性的监督、检测和评价，如发现偏离环境方针、目标和指标的情况应及时加以纠正，以防止不符合的情况再次发生。包括监督与监测、不符合事项的纠正与预防措施、记录、环境管理体系审核等要素。

**5. 管理评审**

由企业的最高管理者主持，有各职能部门和运行实施部门的主管及其他相关人员参加的评价活动。至少每年举行一次评审活动，管理评审一般在企业内部评审结束后进行。管理评审的内容包括两方面，即评审环境管理体系的有效性和评价环境管理体系的适用性。

### 四、ISO 14000 环境管理体系的要求

ISO 14000 环境管理体系旨在为企业实施其他标准提供基本保证，规范企业的管理行为，使企业建立并保持具有自我约束、自我调节、自我完善的运行机制，通过第三方对企业环境管理体系的认证，向相关方及全社会展示企业在环境保护、协调环境、节约资源等方面的发展。针对环境管理体系建立和实施的目标有如下要求。

**1. 环境管理体系应与组织现行的管理体系相结合**

按标准要求建立环境管理体系是组织实施环境管理，改善组织的环境绩效，达到可持续发展为目的的运行机制。运用标准来规范原有的环境管理工作，是对原有体系的补充和改进。建立体系的过程就是按标准要求来调整机构、资源、明确职责、制定目标，使环境管理

体系与其全面管理体系融为有机整体。

**2. 充分认识到环境管理体系是一个动态发展、不断完善的过程**

根据标准要素所规定的方针、目标、评价、实施与监测、纠正措施、审核和评审等环节，是不断改进、补充和完善并呈现螺旋式上升的动态发展过程。经过一个循环过程，需要制定新的目标、指标和新的实施方案，调整相关要素的功能，使原有管理体系不断适应新环境、新因素，最终达到新的运行模式与状态。

**3. 环境管理体系要考虑覆盖相关方的其他要求**

组织的相关方是指任何受组织环境绩效影响的人或方面。组织需要收集所在区域和产品生命周期中相关方对组织环境影响的要求，包括：自然或社区背景环境的特殊性、地方或区域性规定、临时性要求等。

**4. 环境管理体系应充分反映组织的特点**

由于组织的性质、资源、规模和环境因素的复杂程度，员工素质等因素种类繁多、千差万别，组织的承诺、方针目标、实施方案也应不同，建立环境管理体系时应结合组织的实际情况，做到切实可行，实施的结果能使组织的环境管理水平不断提高。

**5. 各类管理体系的一体化要求**

各类管理体系所涉及的要素都是全面管理的一个组成部分，强调预防为主、全过程控制和程序化、文件化管理。为了规范组织的管理行为，促进国际贸易和实现人类的可持续发展，组织在建立环境管理体系时，应充分考虑根据自身的规模，进行机构调整、职责分配和资源配置，使各类管理体系之间既有相对独立性，又能相互协调、相互兼容，形成一个完善的全面管理体系。

## 五、ISO 14000 系列标准的基本术语

**1. 环境**

环境是指组织运行活动的外部存在，包括空气、水、土地、自然资源、动物、植物、人以及它们之间的相互关系。对食品生产企业来说，环境应包括所有与食品生产、运输及销售有关的外部客观条件。

**2. 环境指标**

环境指标是直接来自环境目标，或为实现环境目标所需规定并满足的具体环境行为要求。

**3. 环境影响**

环境影响是指全部或部分地由组织的活动、产品或服务给环境造成的任何有害或有益的变化。如食品包装造成的环境污染。

**4. 环境方针**

环境方针是指组织对其全部环境行为的意图与原则的声明，为组织的行为及环境目标和指标的建立提供了一个框架，是组织在环境保护、改善生活环境和生态环境方面的宗旨和方向。

**5. 环境目标**

环境目标是组织依据其环境方针规定自己所要实现的总体环境目标，应根据自身的实际情况加以制定。

**6. 环境因素**

环境因素是指一个组织的活动、产品或服务中能与环境发生相互作用的要素。如食品企

业排出的废水、废气等都属于环境因素的范畴。

**7. 环境管理体系**

环境管理体系是通过相关的管理要素组成具有自我调节、自我完善的运行机制来实现企业的环境方针、目标和指标的需求。包括为制定、实施、评审和保持环境方针所需的组织机构、计划活动、职责、惯例、程序和资源。

**8. 环境管理体系审核**

环境管理体系审核是客观地获取审核证据并予以评价,以判断组织的环境管理体系是否符合所规定的环境管理体系审核准则的系统化验证过程。

**9. 污染预防**

为了避免、减少或控制污染而对各种过程、惯例、材料或产品的采用,包括再循环、过程更改、资源的有效利用、控制机制、材料替代等。

**10. 环境效果**

环境效果是组织基于其环境方针、目标和指标,对其环境因素进行控制所取得的可测量的环境体系成果。

**11. 持续改进**

持续改进是在强化环境管理体系的过程,根据组织的环境方针,实现对整体环境效果的改进。

# 项目二　ISO 14000 环境管理体系文件编写

环境管理体系是以系统化为指导,以文件化为依托的管理体系。体系文件的目的在于使组织的环境管理工作,更加具有结构性、规范化和约束力,在环境管理体系建立初期,需要通过编写与环境管理体系的策划、实施、保持、持续改进等要求有关的文件,并将这些文件作为组织内部的标准和法规,才能为环境管理体系的建立和实施提供依据。

## 一、ISO 14000 环境管理体系文件的作用

环境管理体系文件是体系实施的基础和依据,组织应建立和保持充分的文件以确保对环境管理体系的理解和有效实施。编写文件的目的是为员工和其他相关方提供所需的环境管理体系信息。环境管理体系文件的作用体现在以下四个方面。

(1) 将环境管理体系中的方针、目标和指标、文件化体系的组成、环境管理组织机构设置、职责和权限分配等内容以文字形式进行确定,可以为环境管理体系的建立提供符合标准要求的依据。

(2) 根据组织自身和第二、第三方对环境管理体系的审核活动,全面地对环境管理体系实现和存在的不足进行评价,可以有效地提供体系改进的机会,并评价体系与标准的符合程度。

(3) 可以通过组织内部法规的形式,为环境管理体系的实施和保持提供统一的行动纲领、控制标准、监测和评价要求、实施程序和步骤、过程和结果的记录方法等,以确保环境管理体系的运行有据可循,具有统一的、整体的内部管理准则。

(4) 使组织的员工和相关人员在执行工作之前,可以统一的环境管理知识、环境方面的法律法规和其他知识等方面的培训教材作为进行自身管理的依据与标准。

## 二、ISO 14000 环境管理体系文件编写要素

**1. 环境管理体系文件的编写步骤**

编写文件除了要符合标准要求外，还要以大量的环境初始评审和体系策划信息为依据，以确保文件的适用性、充分性和可操作性。具体有以下步骤。

（1）环境初始评审　初步确定组织的重要环境因素、适用法律法规和其他要求、现行的法律法规是否符合要求、现行的环境管理基础设施和规章制度、现行有效的其他相关体系文件和实施情况等。

（2）策划

① 体系策划　初步确定环境管理组织机构设置、人力和财力资源配置、环境方针、环境目标、指标和方案、环境管理体系文件结构和组成、与现行环境管理制度或其他体系文件的整合方式、环境管理体系和重要环境因素有关信息的交流渠道和沟通方式等。

② 编写策划　在体系文件的编写过程中，需要对文件编写活动进行策划，才能按照预定时间和目的有序完成编写工作，策划内容通常包括：制订文件编写计划，确定文件编写人员和分工、修改、审阅等过程的方式，确定文件审批权限，确定文件的载体形式，确定文件打印、装订等。

（3）分层配置编写　对于具有三个层次的文件系统来说，通常可以采用一定的编写分工配置安排，以明确权责范围，分工配置包含：环境管理手册由体系主管部门人员编写；程序文件原则上由该文件归口管理的职能部门或该活动的主管部门的人员编写；作业文件应由具有该活动的职能部门或具有该现场的车间管理人员编写，应以部门为单位按岗位进行分工；记录的设置和表格式样应在程序文件和作业文件编写过程中同时产生。不同层次的文件编写工作可以同时开展，提高效率。

**2. 环境管理体系文件的编制依据**

环境管理体系文件的根本依据是 ISO 14001：2004 标准。

环境管理体系依据还包含下列国际标准和法律法规：《环境管理体系——要求及使用指南》；《环境管理体系——原则、体系和支持技术通用指南》；《质量和（或）环境管理体系审核指南》；国家和地方政府有关的环境保护法律、法规、标准和其他要求；适合于组织的行业规范和标准等。

此外，组织还需要依据其环境初始评审的结果，如环境因素和重要环境因素、不符合法律法规和其他要求的行为、现行环境管理的差距等，以及现行有效的质量管理体系和职业健康安全管理体系文件等作为建立环境管理体系的基础和参考。

**3. 环境管理体系文件的编写原则**

编写环境管理体系文件时应遵循以下原则。

（1）系统性原则　环境管理体系是由多个要素共同构成的有机整体。标准中的每一个要素在逻辑上都是描述独立的或一组相关的活动，但各要素之间又是有联系的。体系文件应该确保各层次文件之间、文件与文件之间结构合理、接口清晰、协调一致、相互支持。

（2）法规性原则　环境管理体系文件是组织实施环境管理和保证环境因素得到有效控制的行为准则，一经最高管理者批准发布，就成为组织内部必须执行的法规性文件，是指导组织一切环境管理活动的行为规范和实施审核的重要依据。任何与组织适用的法律法规和其他要求相违背的内部规定，都是违反组织在环境方针中的承诺和环境管理体系标准要求的，是不能允许的。

（3）逻辑性原则　管理手册和程序文件要对标准的主要要素及其相互作用进行描述，由于标准的17个要素之间具有很强的逻辑关系，因而管理手册和程序文件的编写必须充分体现这些关系。

（4）关联性原则　标准要求体系文件要描述其相关文件的查询途径，要明确不同层次文件之间的接口，以及相互之间的支持性的关系。

（5）协调性原则　大部分组织在拥有环境管理体系的同时，可能还有质量管理体系和职业健康安全管理体系文件。为了减少不同体系文件在使用中可能存在的矛盾，文件的适当整合是比较有效的方法。对于涉及多个体系共同使用的文件，同时兼顾两个或三个标准的要求是必然的，文件的协调性则是必需的。

（6）适宜性原则　程序文件和作业文件的编写必须根据组织环境管理活动的规模、惯例、方式、设施、实施步骤等，以符合组织自身特点和实际情况的管理、运行、监督、改进等要求。

（7）见证性原则　体系文件编写在规定某些活动和过程的正确途径的同时，还应规定如何表明所取得的结果，以及如何提供证据表明活动已经完成。

（8）可操作性原则　编写体系文件的目的是为了使组织的所有人员有统一的目标和工作的程序，以便协同完成策划的活动。文件编写的内容直接决定了实施过程与策划的预期结果之间符合的程度，因此文件编写应充分考虑如何将过程控制的要求表述得准确，以便用最为直接和快捷的方式去工作和管理。

### 三、ISO 14000环境管理体系文件的层次及功能

环境管理体系文件是对标准及实施要求的确定。体系文件具有自身的基本结构，即一定的层次，各层次之间又有其功能体现。组织可以通过编制环境管理手册，对其环境管理体系进行概括分析与描述，并提供查询相关文件的途径与依据。如果对某一程序不形成文件，则必须通过信息交流或培训使员工了解其管理标准方面的要求。体系文件包含：生产的规模、组织机构的复杂程度、人员的经验和素质等因素等。

体系文件层次的多少取决于组织的规模、活动和过程的复杂性与多元性，组织应根据实际需要来策划和确定。由于各个层次文件的目的和使用对象不同，各层次文件其实是相对独立的，但这种独立性是以保持与高层次文件的一致性为前提的。体系文件通常设计成三个层次的结构，包括以下几种。

（1）第一层次文件　形成文件的环境方针、目标和指标及环境管理手册。环境管理手册用于描述环境管理体系的框架，主要包含：组织结构、职责分工、环境方针、目标和指标、体系文件组成等。

（2）第二层次文件　程序文件。程序文件是组织基于环境手册的要求，为达到既定的环境方针、目标和指标，对于全部环境管理过程和控制方法的描述。

（3）第三层次文件　包括环境记录在内的作业指导书（或称操作规程、管理规定等）和其他文件手册（规定组织管理体系的文件）。

体系文件的级别由上到下逐层降低，第一层次文件是第二和第三层次文件的纲领性文件，第二层次文件对第三层次文件具有限定和指导作用。文件的数量由上到下逐层增加，第一层次文件有1~2个，第二层次文件通常有十几个到几十个，第三层次文件往往有几十个，加上记录的数量一般会达到数百个。

### 四、环境管理体系文件的编写内容

**1. 环境管理手册的编写**

环境管理手册是面向组织的高层管理者,是组织对体系的建立、实施、保持的综合性及全面的决策和规划,是组织根据环境管理体系标准,对其建立、实施、保持和改进环境管理体系的策划、机构设置、资源配置、文件的结构、职责和权限分配、基本要求等内容的描述,其主要作用是为组织内部的管理层和外部的相关方提供环境管理体系情况的说明,并集中表述组织的环境方针及其符合方针要求的能力。环境管理手册通常包括一般性描述、环境管理体系17个要素的描述、附录三部分。

(1) 一般性描述 手册封面、手册修订履历表、手册正式起用发布令、环境管理者代表任命书、环境管理体系领导小组成员任命书、手册的使用说明及管理、目录、组织简介、总要求。

(2) 环境管理体系17个要素的描述 环境方针,环境因素,法律与其他要求,目标和指标,环境管理方案,组织机构与职责,培训、意识与能力,信息交流,记录,环境管理体系文件,文件控制,运行控制,环境管理体系审核,监测与测量,不符合、纠正与预防措施,应急准备与响应,管理评审。

(3) 附录 一般环境因素台账、重要环境因素台账、目标、法律与其他要求台账、指标管理方案、环境管理组织机构图、信息交流图、应急响应流程图、职责分工表、地下水管网图、厂区平面图、环境管理控制程序文件清单。

**2. 程序文件的编写**

程序文件是环境管理体系的第二层次文件,是组织实施管理体系并规范组织的环境管理活动的主要管理文件,用于描述环境管理体系实施的途径,是将识别和策划的管理过程网络转化为文字的形式加以描述。程序文件的构成通常按照标准的要素来设置,即针对体系要素实施的要求,描述管理活动和过程的要求以及所涉及部门的职责。有承上启下的作用,是管理手册的展开和具体描述,同时引导出相关的第三层次文件。程序文件通常包含如下文件。

(1) 通用程序文件 环境因素识别、更新;法律及其他要求控制;目标、指标及环境管理方案制定;培训控制;信息交流控制;记录控制;文件和资料控制;环境监测与测量控制;不符合、纠正与预防措施控制;环境管理体系审核等程序。

(2) 专项程序文件 废水污染防治控制;噪声污染防治控制;大气污染防治控制;固体废弃物污染防治控制;能源和资源使用管理控制;建设项目环境管理实施控制;相关方控制;清洁生产控制;应急响应与准备控制等程序。

**3. 作业指导书的编写**

作业指导书属于第三层次文件,是程序文件的补充,与程序文件不同,作业指导书通常不直接与标准条款或要素对应,而是与重要环境因素和程序文件对应,用于描述重要环境因素控制的具体方法和要求,以及某项管理活动的运行准则和控制标准。

作业文件是组织基于环境手册和程序文件的环境管理要求,针对特定现场和岗位人员的具体操作,规定对重要环境因素和环境因素进行控制的具体要求,是一种详细描述作业过程和要求的工作指令,是进一步细化程序化管理中某个点和某个小区域的控制要求。如说明要干什么、如何处理已发生的问题、如何避免问题发生、如何进行检查和检验等。

组织原有的各种管理制度、规定、办法等内部文件通常具有作业指导书的功能,在环境管理体系文件策划过程中,要对这些文件进行收集、分析、归类、清理,将适当和有效的部分纳入体系,明确与程序文件的关联和接口,并且按照作业指导书的内容和格式要求进行修订。

**4. 环境记录的编写**

环境记录是一种特殊的文件,是在程序文件和作业文件执行过程中产生的,是某个环境管理过程已经实施,以及实施后所得到的结果是否符合要求的证据。需要真实地记载实施过程是否符合文件规定,所得结果是否符合预期目的。为了具有可追溯性,记录需要包括:活动和过程内容、地点、时间、记录人、标识等,属于第三层次文件的一部分。记录通常以计划、报告、表格、图示等形式存在。

环境记录是指承载体系实现过程和实施结果的信息文件。组织应确定有效地管理环境事务所需的记录,环境记录应包括:抱怨、投诉、处罚记录;偶发事件报告;培训记录;过程监测和测量记录;检查、维护和校验记录;有关供方与合同方的记录;环境管理体系审核结果;管理评审结果;与外部进行信息交流的决定;应急准备试验记录;适用的环境法律法规和其他要求记录;重要环境因素记录;环境会议记录;对法律法规的信息和记录;不符合、纠正措施和预防措施的具体内容;实现环境目标和指标的证据;产品环境属性的信息(如化学成分和性质);许可证、执照或其他形式的法律授权;与相关方的交流信息和记录;运行控制结果(维护、设计、生产)等。

# 项目三 ISO 14000 环境管理体系认证

## 一、环境管理体系认证的作用

**1. 增加企业知名度和影响力,提升企业形象**

实施 ISO 14000 环境管理体系认证已成为代表企业形象的重要因素,企业一旦获得 ISO 14000 的认证证书,将标志着企业的环境管理水平达到了一定的要求,企业已经严格遵守了有关的环境保护法律、法规、国际公约和其他相关要求,并实施了一整套符合国际标准的管理机制,对有关环境、资源等问题进行了有效的管理。获得环境管理体系认证的企业可以通过该企业对环境的保护工作、贡献等宣传来提高企业知名度,从而扩大企业的影响力。

**2. 节约能源,降低消耗,推动清洁生产技术的应用**

实践表明,环境管理体系的认证、实施在节能降耗方面可以取得显著的效果。在 ISO 14000 标准中,不仅要求识别有关环境污染方面的环境因素,还要识别能源和原材料使用方面的环境因素。企业在建立环境管理体系中,应对本企业的能源消耗和主要材料消耗进行合理分析,针对存在的问题积极制定纠正措施。企业可以采取降低废品率、减少边角余料等工艺废料的产生量等措施,实现对废弃物的分类处理和回收利用。对产生的废物,要实现无害化、减量化和资源化。

**3. 推动企业由粗放型管理向集约型管理转变,推动企业技术进步,改进产品环境性能**

实施环境管理体系过程是对企业的环境影响状况、资源、能源利用状况等方面的环境因素的系统地调查过程。环境管理体系强调污染预防,明确规定在企业的环境方针中必须对污染预防做出承诺。在实施 ISO 14000 环境管理体系标准认证时,要审核企业在产品设计、生产工艺、材料选用、废物处置等及经营活动的各个阶段是否实现了方针的要求。通过认证的各企业表明在上述不同的方面均取得了一定的环境绩效。避免由于计划、采购、运输、储存以及生产调度等不当造成的损失,由于工艺或设备落后造成的利用率不高等问题。

## 二、环境管理体系认证的程序

环境管理体系认证是由获得认可资格的环境管理体系认证机构依据审核准则对受审核方的环境管理体系通过实施审核及认证评定,确认受审核方的环境管理体系符合要求规定,并颁发认证证书与标志的过程。当组织经过环境管理体系的策划阶段、资源的配置阶段、文件编写阶段和体系试运行阶段,即完成一个运行周期,体系初步建立后,便可以申请环境管理体系认证了。

**1. 环境管理体系认证的申请条件与要点**

(1) 申请环境管理体系认证的组织必须承诺遵守中国环境保护法律法规及其他要求。

(2) 申请的组织已按照 ISO 14001 标准建立环境管理体系,实施运行至少 3~6 个月,自体系运行后组织无重大环境污染事故,污染物无严重超标排放现象。

(3) 申请的组织按审核中心的要求填写环境管理体系认证申请书,并提供认证必需的文件。

(4) 环境管理体系认证证书有效期为三年。获证组织在三年有效期内应接受认证机构的监督检查,监督检查在获证后半年进行一次,以后每年一次;三年有效期满时,如愿意继续保持证书,应在有效期满前三个月申请复评。

**2. 委托方和受审核方的责任和义务**

(1) 在环境管理体系的认证过程中,应明确委托方和受审核方的概念:①委托方可以包括认证委托方和审核委托方。认证委托方是指提出认证要求,委托进行认证的组织。审核委托方可以是认证机构,主要是指在第三方认证审核当中认证机构为审核委托方;审核委托方也可以是受审核方或其相关方,或是拥有法人或合同权力提出审核委托的企业,这主要是指内审和第二方审核的情况。②受审核方指接受审核的组织,在实际运作中,认证委托方与受审核方多为同一组织,认证委托方也可是受审核方的上级机构。

(2) 在认证活动中,认证委托方、审核委托方和受审核方的责任与义务。

① 认证委托方的责任和义务包括:确定审核目的;决定审核的启动与实施;确认管理体系认证的领域;选择审核机构,确定审核组长及审核组;与审核组长商定审核范围;提供开展审核所需要的资源,包括按规定交纳申请费用、认证费用及年检费用;与审核委托方共同确认审核方案包括审核计划;接受审核报告并决定其分发范围;如果对认证活动、人员及认证结果有争议,可以向认证机构提出申诉和投诉。

② 审核委托方的责任和义务包括:与受审核方接触,与受审核方的充分合作,并启动审核工作与程序;审核组承担审核的策划、计划、文件审核、现场审核、审核后的相关活动;实施认证评定,如评定通过颁发认证证书;实施认证的保持、暂停、注销、撤销等工作。

③ 受审核方的责任和义务包括:根据需要向员工传达审核的目的与范围;向审核组提供必要的工作条件,保证审核的有效进行;向认证机构提供管理体系文件及资料;选派合适人员配合审核组工作,担任现场向导,向审核员介绍审核现场的要求和注意事项;根据审核员的要求,为他们提供有关信息和记录;协助审核组实现审核目的;如无委托方的明令禁止,接受审核报告副本。

**3. 环境管理体系认证的过程**

(1) 提出申请 组织的最高管理层做出实施环境管理体系认证的决策之后,需要考虑的问题有:如何建立并完善环境管理体系以达到认证的标准,选择什么样的认证机构,如何确保认证顺利通过,在建立并运行了环境管理体系之后,组织可向认证机构提出认证申请。

① 认证机构的选择　由于认证行为是组织的自愿行为，故申请认证的组织可自主选择认证机构，不必考虑地区的划分和行政业务系统的划分，一般应考虑以下因素。

a. 应选择经中国国家认证机构认可委员会认可的认证机构，且该机构具备拟申请认证的体系认证资格。

b. 如申请认证组织同时实施质量管理体系、职业健康安全管理等多个体系，可选择具备多个领域认证资格的认证机构。

c. 认证机构应当具备一定的权威性，其信誉和业绩应较优秀。

d. 专业应口，即认证机构的认可业务范围具备该组织的专业小类；如：某原料药的生产企业申请环境管理体系认证，所委托的认证机构应当具备环境管理体系认可业务范围——"原料药的生产"的专业小类。

e. 认证机构的管理应严密高效，相关的认证服务体现公开、周到和快捷的原则。

f. 认证费用在可以接受的范畴，相对合理。

② 申请认证　申请认证需要以下步骤。

a. 同意遵守认证要求、提供审核所需信息的声明。

b. 组织的基本情况，如组织的名称、地址、主要产品及工艺流程、法律地位、规模、组织的性质、组织环境管理体系主要责任人及其技术资源。

c. 组织的地理位置图、厂区平面图、工艺流程图、地下管网图、污染物分布图、"环评"批复、监测报告、验收报告、污染物排放执行标准。

d. 环境管理体系手册、程序及所需的相关文件。

（2）受理申请、合同评审　认证机构在接到申请表及相关材料以后，即对申请企业进行申请评审和合同评审，以确定是否可以受理该认证申请。

合同评审是认证机构对承担该认证项目的能力进行自我评价的工作过程。包括对申请方的产品、活动、服务进行归类，分析其对环境的影响，确定其相应认证领域的专业类别，判断本机构的认可业务是否包含了申请方的专业领域，分析自身具备的审核资源与能力是否满足该认证项目的需求。

认证机构通过申请评审与合同评审对是否接受认证申请进行确认，经双方商谈认证的有关事项达成一致，认证机构即可与申请企业或委托方签订认证合同。

（3）认证审核

① 文件、资料的准备　受审核方应准备好相关的文件与其他支持性文件及有关记录。应向认证机构提供审核准备所需资料，一般资料可包括（部分资料在认证申请时已提供，审核组需要再次确认和审阅）：包含根据最新版标准编制的环境管理手册、程序文件等相关管理体系文件；法律地位的证明文件，如营业执照或组织机构代码证及年检证明复印件；多现场情况——不在同一地点的现场数量和地址；受控的管理体系文件清单（可行时包括三级文件清单）；"环评"批复，环境"三同时"验收报告；有效期内的许可证或资质证书及年检证明复印件；产品生产及工艺流程图（质量）、地理位置图及厂区平面示意图、污染物产出示意图；环境监测报告；施工或勘测、设计、监理、物业管理、房地产开发、保洁等单位提供正在实施的所有工程项目的现场（包括工程规模、进度和地点等）清单；地方行政主管部门关于法规符合性和有无重大环境、安全责任事故的证明；其他重要记录，包括重大环境因素、法律法规清单及目标指标管理方案等。

② 现场审核　在完成对申请方的文件审查和预审基础上，审核组长制订审核计划，告知申请方并征求申请方的意见，申请方接到审核计划之后，如对计划有不同意见，立即通知审核组长或认证机构，并在现场审核前解决。之后，审核组正式实施现场审核，通过对申请

方进行现场实地考察，验证 EMS 手册、程序文件和作业指导书等一系列文件的实际执行情况，从而评价该环境管理体系运行的有效性，确认申请方建立的环境管理体系与 ISO 14001 标准是否相符合。

③ 跟踪审核  申请方按照审核计划与认证机构商定时间纠正发现的不符合项目，纠正措施完成后，将结果递交认证机构。认证机构组织原来的审核小组成员对纠正措施的效果进行跟踪审核。如果审核结果表明被审核方报来的材料详细确实，则可以进入注册阶段的工作。

（4）报批并颁发证书  根据注册材料上报清单的要求，审核组长对上报材料进行整理并填写注册推荐表，上交认证机构进行复审，若合格，认证机构将编制并发放证书，将该申请方列入获证目录，申请方可以通过各种媒介来宣传，并可以在产品上加贴注册标识。

（5）监督检查及复审、换证  在证书有效期限内，认证机构对获证企业进行监督检查，以保证该环境管理体系符合 ISO 14001 标准要求，并能够有效地运行。如果证书有效期满后，或者企业的认证范围、模式、机构名称等发生重大变化，该认证机构受理企业的换证申请，以保证企业不断完善其环境管理体系。

# 项目四  ISO 14000 环境管理体系审核

## 一、环境管理体系审核的要点

环境管理体系审核是客观地获取证据并予以评价，以判断受审核方的环境管理体系是否符合环境管理体系审核准则的文件化、系统化的检验过程，包括将这一过程的结果呈报委托方。环境管理体系审核是通过审核判断受审核方环境管理体系的符合性及有效性，以便于找出差距与不足，使环境管理体系得以不断改进，从而实现环境绩效的改善，促进环境保护以及环境与经济的协调发展。

**1. 环境管理体系审核的分类及内容**

按照审核方与受审核方的关系而言，环境管理体系的审核可分为内部审核和外部审核两种基本类型，内部审核又称为第一方审核，外部审核又分为第二方审核和第三方审核（认证审核）。

（1）第一方审核指由组织的成员或其他人员以组织的名义进行的审核。为组织提供了一种自我检查、自我完善的机制，可为有效的管理评审和采取纠正、预防或改进措施提供最初和基础信息。

（2）第二方审核是在某种合同要求的基础上，由与组织（受审核方）有某种利益关系的相关方（委托方）或由其他人员以相关方的名义实施的审核。例如，某组织的总部对该组织环境管理体系进行的审核。可以为组织的相关方提供信任的证据。第二方审核可以采用一般的环境管理体系审核准则，也可由合同方进行特殊规定。

（3）第三方审核又称认证审核，是由独立于受审核方且不受其经济利益制约的第三方机构依据特定的审核准则，按规定的程序和方法对受审核方进行的审核。在审核中，由第三方认证机构依认可制度的要求实施的以认证为目的的审核。第三方审核的目的是为受审核方提供符合性的客观证明和书面保证。审核的客观程度类型最高，被称为最具权威性、公正性、客观性的审核，具有极强的可信度。

**2. 环境管理体系的审核准则**

（1）采用 ISO 14001 标准的最新有效版本。

(2) 受审核方建立的环境管理体系文件。
(3) 适用于受审核方的环境保护法律、法规及其他要求。

## 二、环境管理体系的内部审核

第一方（内部审核）、第二方、第三方审核都包含文件审核和现场审查两部分的程序。一般采用查阅文件、调阅记录、与组织的管理者及相关人员面谈、问卷及现场观察等方式进行。由于第三方审核（认证审核）是由具有一定资格的公正的专业人员实施，受到时间、空间因素的影响，具有一定的审核局限性。而环境管理体系的第一、第二方由于天时地利人和的缘故，审核的工作量、要求、过程及实施相对容易和便于实现，故第一、第二方的审核及其现场审查应该更加细致、深入、全面，才能充分地做好认证审查的准备。

**1. 内部审核的主要工作要点**

（1）审查体系的建立过程——组织最高管理者委任环境管理者代表，成立专门组织机构，进行初始环境评审，发布组织的环境方针，制定切实可行的目标、指标和方案，对环境因素和适用于组织的法律、法规进行识别，对组织各职能层次进行培训，制定环境管理体系文件等。

（2）审查体系文件——在现场审查时，通过查询环境记录等方式检查对体系文件的执行情况外，重点审核体系文件中对ISO 14001标准的符合性，结合不断出现的问题对体系文件进行适当的更改。

（3）审查组织的环境绩效——组织环境因素的有效控制，组织遵守法律、法规的改善，有效执行组织的环境管理方案，提高组织领导层和员工的环境意识及技能等。

**2. 内部审核的具体内容与程序**

（1）内部审核程序启动　审核启动阶段各项活动的主要执行人是内审审核方案的管理者，有时需要审核组长与受审核方予以配合。是由组织的内审管理部门负责具体策划安排，经管理者代表审批后，由内审管理部门负责实施。

① 指定审核组长　经过专门培训，具有一定环境管理体系管理和审核经验及领导、组织协调能力的人才能够当审核组长。审核组长主导审核工作的全过程，对审核工作至关重要，审核组长由审核方案管理人员或其授权的内审管理部门的有关人员负责为审核组选择和指定一名审核组长。审核组长的职责包括：领导审核工作及审核组；协助内审管理部门；策划审核活动；确定审核范围及准则；评审体系文件；协助审核方案管理者选择审核组成员；制订审核计划，报审核方案管理者批准后，征求受审核部门的意见，并取得确认；与内审管理部门和受审核部门进行沟通；指导审核组工作，对审核全过程进行协调；主持审核组会议，组织讨论审核体系总体评价和审核结论；编写审核报告，全面、准确地报告审核经过和结果，并向内审管理部门提交审核报告；受内审管理部门委托负责对不符合项的纠正措施进行跟踪验证，并提交跟踪验证结果报告。

内审的审核组长需要满足的条件：通过内审员培训机构的培训考试；具有环境管理体系建立、实施或审核经验及组织能力；熟悉专业技术；与被审核区域或活动没有直接责任关系，能被受审核部门接受。

② 确定审核目的、范围和准则　审核目的由组织的最高管理者或环境管理者代表予以确定，在审核方案中有明确规定，并应通知审核组及受审核部门。审核目的一般可以通过审核任务书或审核计划的方式通知审核组和接受审核的有关部门。一次审核要完成的任务包括：评价被审核的环境管理体系或其一部分与审核准则的符合程度；确定被审核的环境管理体系运行的效果与预定的环境目标的符合程度；审查被审核的环境管理体系及体系的运行结

果与适用的法律法规要求的符合程度；识别环境管理体系潜在的改进机会。

审核范围由内审归口管理部门与审核组根据内审审核方案的规定及现场审核实施的情况共同确定，只有经过审核组现场审核确认的审核范围，才能够在审核的报告上标明。审核范围包括：场所的实际位置；承担相应职能的部门、岗位以及承担特定工作任务或项目的临时性组织单元；环境管理体系的活动与过程；审核所覆盖的时期等。

审核准则是内审时评价环境管理体系运行符合性的依据。审核准则由内审的归口管理部门与审核组织按内审审核方案和内审管理程序的规定共同确定，并由管理者代表批准。审核准则包含：方针和程序、标准、法律法规、环境管理体系要求、合同要求、行业规范等。

③ 确定审核的可行性　审核的可行性是内审的管理部门与接受审核的部门都能够为审核进行必要的安排，使审核具备实施的条件。在正式组成审核组，实施审核之前，有必要确定审核的可行性以确保审核能够得以实施。确定审核可行性应考虑的因素：策划审核所需的充分和适当的信息；受审核部门充分与适当的合作；充分与适宜的时间资源等。

④ 选择审核员　审核活动主要由审核组实施，审核组的选择是否针对组织的规模、性质与复杂程度以及审核目的的需要，是否能够确保审核组具备相应的能力，将直接影响审核的有效性。审核组可由1名审核员组成，该审核员应承担审核组长全部适用的职责。选择审核组时考虑的因素包括：审核目的、范围、准则及预计的审核持续时间；是否是结合审核；是否达到审核目的和审核组所需的整体能力；确保审核组独立于被审核活动并避免利益冲突；审核组成员与受审核部门能够协调工作。

⑤ 与受审核方建立初步联系　由负责管理审核方案的人员或审核组长与受审核部门就审核的事宜建立初步联系，可以是正式或非正式的。初步联系的目的包括：与受审核部门的代表建立沟通的渠道；向受审核部门提供审核的时间安排的建议、期限以及审核组的成员等信息；确认进行审核的可行性；向受审核部门要求获得相关文件及记录。

(2) 文件评审的实施　文件评审是组织建立、实施、保持和审核环境管理体系的一项重要内容。评审相关管理体系文件，包括记录并确定其针对审核准则的适宜性和充分性。评审的文件包括环境管理体系文件、相关的记录，以及以往的内部和外部审核的记录和审核报告。评审的文件类型与数量分别为：第一，相关的环境管理体系文件（包括手册、环境方针与环境目标、程序文件、组织结构与岗位职责等）。第二，相关的环境管理体系记录，通常指与环境管理体系相关的重要记录。如环境因素及重要环境因素清单、法律法规清单、目标、指标、环境管理方案等。第三，以往的审核报告，包括以往进行的内部审核和（或）外部审核的报告，和文件评审的结果等。

(3) 现场审查的准备

① 编写审核计划　审核计划由审核组长编制，审核方案被管理人员批准后，在现场审核活动开始前，提交给受审核部门。审核计划是确定现场审核的人员日程安排以及审核路线的文件，是指导现场审核工作的重要依据。审核计划为审核方案管理人员、审核组和受审核部门之间就审核的实施达成一致意见提供了依据。

审核计划的内容应包括：审核目的；审核组成员；审核准则和引用文件；审核范围；现场审核活动的日程和地点；现场审核活动预期的时间和期限；审核后续活动的实施，即审核跟踪验证活动的安排。

审核计划一般要由审核组长在现场审核前一周编制完成，由内审归口管理部门负责人或管理者代表负责审核批准，并通报接受审核部门、场所的人员予以确认。对审核计划编制与执行的要求包括：审核计划应当便于审核活动的日程安排与协调，以提高工作效率；审核计划应当有充分的灵活性；审核计划的详细程度应当反映审核的范围和复杂程度等。

② 审核组工作分配　审核组长应当通过与审核组成员的协商，将对具体的过程、职能、场所、区域或活动的审核任务分配给审核组的每位成员。工作任务分配可以以审核准备会或个别布置工作的方式进行。工作分配应考虑审核员独立性与能力的要求，资源的有效利用等因素。

③ 准备工作文件　审核组成员分配到任务以后，应当评审与其审核任务有关的信息，准备并使用工作文件，以便在审核过程中参考或记录。审核组成员应当针对自己所承担的审核任务，熟悉和了解相关的信息：审核目的、范围与准则；体系文件以及文件评审结果；审核计划；事先获得的有关受审核部门环境管理体系的其他信息等。通过对信息的评审，获得对自己要审核的过程、职能、场所、区域及活动的事先了解。对于环境管理体系审核，还包括对受审核部门环境因素以及控制技术的了解。信息及评审结果，将为审核组成员策划自己的审核工作，包括准备工作文件提供输入，以确保审核能够针对受审核部门的实际情况与特点得以实施。

需要准备的文件有：记录信息审核情况的各种表格（审核记录表格、不符合报告表格、审核报告表格、首/末次会议签到与记录表格等）。

（4）现场审查的实施

① 举行首次会议　首次会议是现场审核阶段的开始，由内审组全体成员和受审核部门的代表参加，审核人员和受审核部门来自于一个组织，所以首次会议的程序可适当简化，关键是注重实效。首次会议应由审核组长主持，并做好会议记录。目的在于：确认审核计划；简要介绍审核活动如何实施，介绍审核程序和方法；如发现不符合，开列不符合报告，但每项不符合都会征得受审核部门对不符合事实的确认；给受审核部门提供询问的机会等。

首次会议的时间不宜过长，以体现会议的高效和务实。组织的最高管理者可以在首次会议结束前做简短的发言，主要是要求内审人员严肃认真的审核，而受审核的部门领导和员工应积极支持、配合审核工作，如实反映实际情况并提供一切方便。

② 审核中的沟通　审核中的沟通包括审核组内部的沟通、审核组与受审核部门之间的沟通以及审核组与管理者代表或最高管理者之间的沟通。审核组应当采用审核组内部会议以及其他适宜的方式定期交换意见，审核组内部沟通的目的在于审核组成员之间交换信息，评定审核进展情况，以及需要时重新分配审核组成员的工作任务。

审核组内部沟通的内容包括：审核组成员获得信息汇总；评审审核发现；提出需要审核组其他成员追踪的问题；审核是否按照审核计划完成预期进展；审核计划是否需要调整；审核组成员工作任务分工是否适宜；讨论审核过程中出现的异常情况等。

审核组长与受审核部门沟通的内容一般有：审核计划的实施情况；审核发现的简述，以及可能的不符合（以给受审核方足够的时间进行必要的澄清、提供进一步的证据）；需要受审核部门提供进一步的配合与支持；对以后审核活动的调整，包括审核计划与任务分工的变动；审核中收集的证据表明存在紧急的或重大的风险。

③ 向导和观察员的作用和职责　为了方便内审时的联络工作，在内审时可以由各受审核部门指定一名联络员，配合做好审核过程中的联络工作。联络员的主要职责是：为审核建立联系和沟通（安排面谈时间）；代表受审核部门对审核进行见证；在审核员收集信息时提供协助等。

④ 信息的收集和验证　在现场审核时收集客观证据，得出审核发现，以便进行汇总、分析、评审而得出审核结论，这是现场审核中最关键的工作。在审核中，与审核目的、范围和准则有关的信息，包括与职能部门、活动和过程间接口有关的信息，应通过适当的抽样进行收集并验证。审核证据应当予以记录。由于审核证据是基于可获得的信息抽样，应当意识

到由此得出的审核结论中存在不确定性。将得出的审核证据与审核准则进行评价和分析，可得出符合或不符合准则的审核发现。对多个审核发现的综合评审，可以得出审核结论。

⑤ 形成审核发现　在审核中会发现许多与审核准则有关的审核证据，按准则对发现加以评价，得出审核发现，审核发现能够表明符合或不符合审核准则。审核发现可以是阶段性的，也可以是总结性、全面性的。

审核发现评审的内容包括：按照审核计划与任务分工，回顾有关场所、现场、职能单元、组织单元、过程和活动等环境管理体系要素的审核情况；针对由不同成员涉及的同一审核对象，以及由不同职能实施的同一过程等，对审核组成员各自获得的审核证据及信息进行汇总与分析，以形成相应的审核发现；讨论不符合，包括支持性的客观证据及对应的审核准则；为形成审核发现，需要从审核组其他成员处获得的印证信息或客观证据；讨论审核中的疑点，包括以后审核中需要重点跟踪的问题。

审核发现的记录内容包括：审核覆盖的区域（如场所、职能或过程），包括审核的线路；具体的审核发现，包括正面的和负面的以及支持的审核证据；确定的有审核证据支持的不符合的报告。

审核员发现审核中的不符合，是指那些违背审核准则的审核发现。对于确定向受审核部门报告的不符合，通常以不符合报告的形式，提交给受审核部门。应当与被审核方一起评审不符合，旨在确认支持不符合的审核证据的准确性，以及使被审核方理解不符合所反映的问题及有关审核准则的要求。如果被审核方与审核组对审核证据和（或）审核发现有分歧，应当努力予以解决，包括重点确认审核证据的准确性。

⑥ 准备审核结论　在末次会议前，审核组应谈论评审审核发现及其他适当信息，对审核结论达成一致，准备建设性意见并讨论审核后续活动，最后进行汇总分析。

⑦ 举行末次会议　末次会议由审核组长主持，审核组全体成员及受审核部门管理层、环境管理者代表或最高管理者等方面人员参加。末次会议是使受审核部门了解审核发现、体系总体评价和审核结论。会议应该以正式形式进行，保存会议记录及出席人员名单。末次会议的主要程序包括：宣布末次会议开始，并感谢受审核部门对审核工作的支持；重申审核目的、范围和准则；简述审核大致经过；宣布审核发现；澄清疑问；说明审核特点；宣布审核结论；讨论并找出本组织的环境管理体系的问题和需要改进的部分；宣布末次会议结束等。

(5) 审核报告的编写、批准和分发　审核报告是审核成果的汇总，是审核工作的一个总结性文件，审核组长应对审核报告的编写和内容的准确性负责。

① 审核报告的编写　报告内容有：审核目的和范围、现场审核活动实施日期和地址、审核组长和成员、审核准则、审核发现等。

② 审核报告的批准和分发　报告应按照审核方案程序的规定，注明日期，实施评审并得到批准。

(6) 审核完成　当审核计划中的所有活动和任务都已完成，并分发了经过批准的审核报告时，审核即告结束。审核结束后，审核组的成员要按照内审审核的方案和（或）内审管理程序的规定将审核的相关文件及时归档保存。

(7) 审核后续活动的实施　现场审核提出的不符合项，一般都需要由受审核部门在规定的时间采取纠正或改进措施，通常由受审核部门确定并商定期限，不视为审核的一部分内容。审核后续活动主要是纠正措施跟踪验证工作，其主要可以采用书面验证方式、现场验证方式和下次审核时现场验证方式。其程序有：受审部门分析不符合项的原因；受审核部门策划制定纠正与预防措施；受审核部门实施、完成并自我验证纠正与预防措施的有效性；审核组成员对纠正与预防措施完成进行验证并判断；全过程进行记录；上交纠正措施跟踪验证报告等。

### 三、环境管理体系的认证审核

环境管理体系的认证审核包括两个阶段，即第一阶段审核和第二阶段审核。第一阶段审核应全面了解受审核方环境管理体系的基本情况，确认审核范围，为第二阶段审核做准备。两个阶段审核的层次和深度不同，各自具有独特的功能和作用。

**1. 认证审核的第一阶段审核**

审核组长在接受任务后，首先应组织审核组成员对受审核方的文件进行审核，并将文件中发现的不符合项通知受审核方。

第一阶段现场审核由审核组长带领审核组主要成员实施，重点了解受审核方环境管理体系及其运行的基本情况。重点在于了解受审核方的产品、活动或服务的全过程及其所包含的环境因素，并对组织环境管理体系的策划情况及内审状况进行审核。认证机构与受审核方签订合同，经过合同评审，根据审核范围和专业特点组建审核组并通知受审核方确认后，审核工作开始启动，即可进入第一阶段审核。在现场审核结束前，审核组应与受审核方充分交流，指出其存在的问题并向其通报第一阶段审核结论，同时向其提供信息反馈的机会。

此阶段审核重点是环境管理体系整体策划的合理性和有效性以及通过内审反映出的自我监督保障机制是否完备。内容包含：了解组织的基本情况；结合现场情况对有关体系文件进行补充审核，检查其可操作性和合理性；通过收集有关环境方针、目标指标、环境因素及环境管理方案等有关信息，了解受审核方环境管理体系的整体情况；收集组织的内审信息；收集组织识别与评价环境因素的过程信息及现场观察，对其识别与评价环境因素的程序的合理性及是否实施进行评审；对环境法律法规的符合性进行检查和抽样评审；审阅管理评审记录，证实管理评审已完成等。

在第一阶段现场审核以后，审核组长应负责第一阶段审核报告编写，该审核结论及报告是整个认证审核报告的组成部分。

**2. 认证审核的第二阶段审核**

第二阶段审核是在第一阶段审核的基础上对受审核方的环境管理体系进行更为深入的审核，侧重于审核体系的运行与绩效。是工作量最大、涉及人员和部门最广泛和最重要的审核活动。

认证审核包含文件审核和现场审查两部分，由于文件审核部分，已在环境管理体系的认证章节中加以详细说明，这里只做简单说明：文件审核应得出审核结论，即对环境管理体系文件的总体评价，分析从文件中反映的环境管理体系是否具备系统性、充分性及合理性，是否符合标准要求。对于文件审核中的问题，通常要求受审核方在规定期限内进行修改，直至通过审查，才能进行后续的现场审核工作。

第二阶段现场审查的工作程序包括以下几方面。

（1）首次会议　首次会议是审核组进入受审核方现场后由审核组长主持召开的第一次正式会议，由审核组长支持。与会的审核组成员和受审核方的与会人员应分别在首次会议签到。首次会议签到表属于审核档案中的正式记录。

首次会议的内容包括：①向受审核方中高级管理者介绍审核组成员；②确认审核范围、目的和计划，共同认可审核进度表；③简要介绍审核中采用的方法和程序；④在审核组和受审核方之间建立正式的联系；⑤确认已具备审核组所需的资源；⑥确认末次会议的时间；⑦促进受审核方的积极参与；⑧受审核方向审核组介绍有关的现场安全和应急程序。

(2) 收集审核证据　审核组成员须到企业的各有关部门和生产现场，通过交谈、现场观察和查阅文件、记录等方式收集审核证据以便确定受审核方的环境管理体系是否符合审核准则（原则上采取抽样审核方式）。为了保证审核工作的质量，审核组在现场审核中至少应包括以下内容：现场审核应覆盖 ISO 14001 标准中的 17 个要素，包括与最高管理者座谈环境方针及管理评审的贯彻、实施情况，检查目标、指标和环境管理方案的具体执行情况，各级机构与干部职责的履行情况以及其他各项主要程序文件的实施情况。

(3) 现场观察　审核员要对生产现场、环保设施现场、动力设施现场、危险品及化学品库房等进行现场检查，以判定是否有重要的环境因素被遗漏；查看体系文件的实施情况，全面了解环境管理体系的运行状况。

(4) 审核组内部对审核中所发现的问题进行分析评审，找到受审核方在体系上存在的问题，审核发现的问题由受审核方和审核组共同评议，确认所有审核发现的事实依据。

(5) 末次会议　审核组长向受审核方宣布审核中发现的不符合项以及现场审核结论。

(6) 审核报告　审核组在完成现场审核后，编写审核报告。报告中包括受审核方的基本情况、环境管理体系文件评审情况、现场审核情况及审核结论等。若审核组认为受审核方的环境管理体系符合审核准则，则推荐注册。经认证机构技术委员会审议后即可批准注册。编制审核报告阶段的工作一般在审核组撤离受审核方现场后进行。审核报告应当包含第一阶段审核概况、第二阶段审核概况和审核结论等。

# 项目五　ISO 14000 环境管理体系的实施

建立与实施环境管理体系是一项系统性工作。当食品生产企业要求建立和实施环境管理体系时，应该注意与本企业管理体系的实际情况相结合，由于不同企业的特性与基础的差异，其建立环境管理体系的过程也不同。环境管理体系的建立与实施需要以下步骤（图 7-2）。

**1. 准备工作**

(1) 最高管理者的决策　最高管理者做出决策，推行 ISO 14000 环境管理体系，管理者对持续改进、污染预防做出承诺；对遵守环境法律、法规及其他要求承诺，并确定组织实现环境方针的目标和指标。

(2) 认命管理者代表　管理者代表的职责是建立和保持环境管理体系；定期进行内部审核；向最高管理者汇报运行情况。

(3) 提供资源保证　企业投入人力、物力、财力及技术保障。应组织一批既掌握技术又懂管理的员工组成工作小组，进过相关的培训、编写文件等工作，严格培养新工作习惯，接受严格的内部审核等。

(4) 培训　企业应针对不同情况对员工进行 ISO 14000 标准的培训，包括文件建立和控制技能的培训、环境因素识别的培训、检查技能和检查员资格的培训等。

**2. 初始环境评审**

初始环境评审是为了了解企业的环境现状和环境管理现状，评审的结果是企业建立和实施环境管理体系的基础工作。

(1) 初始环境评审的主要内容　结合企业的类型、产品特点，以及相关方对环境产生的影响和后果，针对企业识别出的环境因素，搜集整理国家、地方及行业所颁布的法律、法规及污染物排放标准，评估环境法律、法规要求和公司方针及行业优良规范的符合性；确定环

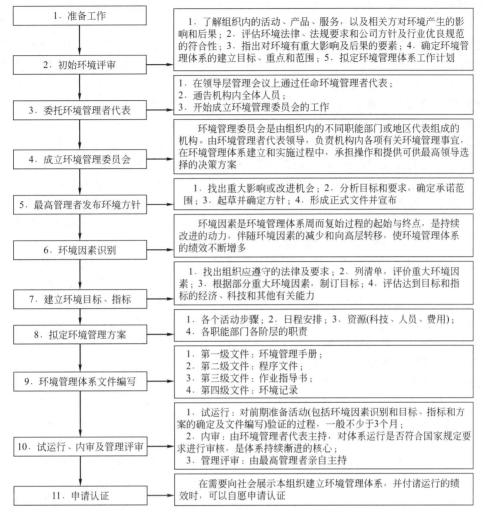

图 7-2 环境管理体系建立和实施过程

境管理体系的建立目标、重点和范围,评价企业现行的环境管理机构设置、职责和权限以及管理制度的有效性;指出对环境有重大影响及后果的要素,调查并确定企业在活动、产品或服务过程中已造成或可能造成环境影响的环境因素;评价企业环境行为对市场竞争的风险与机遇;评价企业的环境行为与国家、地方及行业标准的符合程度,了解相关方对企业环境管理工作的看法和要求,拟定环境管理体系工作计划等。

(2) 初始环境评审的方法

① 查阅文件及记录　包含企业的环境管理文件;与企业相关的法律、法规、环境标准及其他要求的文件;企业运行记录及事故报告;企业在生产过程中废物的产生、排放、处理及运输记录;相关方的要求及投诉。

② 利用检查清单或调查表　检查表或调查表常用于企业内部,是将预先设计好的调查表分发给各职能部门及生产现场,按规定的内容填写,对调查的结果进行整理分析,得出结论。

③ 现场检测　企业内部或环境检测部门对企业生产过程中的环境影响较大的控制点直接测量,搜集相关信息,以掌握企业的环境现状。

模块七　食品企业ISO 14000环境管理体系的建立与实施

④ 现场调查 通过面谈、座谈会、问卷调查等形式了解企业环境现状。

(3) 委托环境管理者代表 环境管理者代表受最高管理者委任，负责组织内环境绩效管理的全权代表。由高层行政管理人员担任较为适当，因为在管理决策时，高层行政管理人员有足够的权力和影响力，促使环境方针得以有效实施，高层行政管理人员对组织内各部门的运作较为熟悉，而且对组织面临的环境压力有全面的认识。

委托环境管理者代表的实施步骤：①在领导层管理会议上通过任命环境管理者代表；②通告机构内全体人员；③开始成立环境管理委员会的工作。

环境管理者代表应当尽快建立环境管理体系专业人员队伍，发动员工，拟定环境方针，并组织宣传，提高员工对环保的认识和意识，在企业实施清洁生产，落实各项环保承诺，制定行动方案及记录绩效，还要组织内审工作，在管理评审时向最高管理者汇报工作。

(4) 成立环境管理委员会 环境管理委员会是由组织内的不同职能部门或地区代表组成的机构。由环境管理者代表领导，负责机构内各项有关环境管理事宜，在环境管理体系建立和实施过程中，承担操作和提供可供最高领导选择的决策方案。

(5) 最高管理者发布环境方针 环境方针是组织对其全部环境行为的意图与原则的陈述，为组织的行为及环境目标和指标的建立提供框架。其主要包含的内容有：符合所有相关法律、条例；减少废物及资源消耗，在可能的情况下，应选择制作循环使用系统；减少生产对环境有害的物品；使用降低污染、能源耗用及产生废物的科技及原料；涉及新产品的，使用及不用时降低对环境的影响和污染；通过长远计划，减少企业发展对环境造成的不良影响；提供有关环境的教育培训；支持可持续发展。

制作环境方针的步骤为：第一，根据初始评审结果，找出对环境有重大影响或有改进机会的方面；第二，分析组织的总体环境目标和要求，确定承诺范围和高度；第三，发动职工或内审员起草方针，确定环境方针；第四，形成正式文件后由最高管理者批准并宣布。

(6) 环境因素识别 环境因素是环境管理体系周而复始过程的起始与终点，是持续改进的动力，伴随环境因素的减少和向高层转移，使环境管理体系的绩效不断增多。

(7) 建立环境目标、指标 环境目标、指标的主要内容有：将环境方针分解成具体的、有形的各项指标，更加具有可操作性；为拟定环境管理方案，提供绩效指标；提供定量评价依据，为评估环境方案实施进度及绩效提供一定的标准限定。

建立环境目标指标的步骤为：第一，在环境方针的承诺下，找出组织应遵守的法律及要求；第二，列出环境因素清单，评价重大环境因素；第三，根据部分重大环境因素，制定目标；第四，评估达到目标和指标的经济、科技和其他有关能力。

(8) 拟定环境管理方案 拟定环境管理方案需要做到：清楚各个活动步骤；明了日程安排；了解企业资源（科技、人员、费用）；了解各职能部门各阶层的职责。

(9) 环境管理体系文件编写 环境管理体系文件是企业实施环境管理工作的文件，必须遵照执行。编制管理文件时要遵循以下原则：该说到的一定要说到，说到的一定要做到，运行的结果要留有记录。分为四个级别：第一级文件——环境管理手册；第二级文件——程序文件；第三级文件——作业指导书；第四级文件——环境记录。由于前面有章节专门介绍了环境管理体系文件的编写，故此处不再多做说明。

(10) 试运行、内审及管理评审 环境管理体系审核是企业建立和实施环境管理体系的重要组成部分，是评价企业环境管理体系实施效果的手段。外部审核又分为合同审核和第三方认证。内部审核是企业在建立和实施环境管理体系后，为了评价其有效性，由企业管理者提出，并由企业内部人员或聘请外部人员组成审核组，依据审核规则对企业的环境管理体系进行审核。

(11) 环境管理体系申请认证　申请认证已在前边相关任务中详细说明，在此不做介绍。

## ❋【学习引导】

1. 请讲述 ISO 14000 环境管理体系的产生与发展。
2. ISO 14000 系列标准是由哪些种类的标准组成？
3. 请讲述 ISO 14001 环境管理体系的要素。
4. 请讲述 ISO 14000 环境管理体系要求。
5. 请讲述 ISO 14000 环境管理体系文件编写要素。
6. 请讲述 ISO 14000 环境管理体系文件的层次及功能。
7. 请讲述环境管理体系文件的编写内容。
8. 请讲述环境管理体系认证的程序。
9. 请讲述环境管理体系审核要点。
10. 请讲述环境管理体系的认证审核及其内容。
11. 请讲述环境管理体系建立与实施的步骤。
12. 什么是初始环境评审？初始环境评审有哪些内容？

## ❋【思考问题】

1. ISO 14001 标准的特点有哪些？
2. 食品企业建立环境管理体系有哪些意义？
3. 环境目标、环境指标、环境管理方案之间有什么关系？

## ❋【实训项目】

### 实训一　编写 ISO 14001 环境管理手册

【实训准备】
1. 学习 ISO 14001 环境管理体系标准中对环境管理手册的要求。
2. 利用各种搜索引擎，查找阅读"环境管理手册"案例。
3. 带领学生到企业实地考察，体验组织对环境控制所采取的方法，了解企业的环境管理理念。

【实训目的】
通过 ISO 14001 环境管理手册的编写，使学生能够有效地掌握环境管理手册的编制方法和技巧。

【实训安排】
1. 根据班级学生人数进行分组，一般每组 5~8 人。
2. 通过企业实习和网络查找资料，为下一步环境管理手册的编制的策划及实施做准备。
3. 每组分别编写出一份"ISO 14001 环境管理手册"。分组汇报介绍本组编写的"ISO 14001 环境管理手册"，学生、老师共同进行讨论提问。
4. 教师和企业专家共同点评"ISO 14001 环境管理手册"的编写质量。

【实训成果】

提交一份食品企业的"ISO 14001 环境管理手册"。

【实训评价】

由学生、教师和企业专家共同评价,权重建议分别为 20%、40%、40%。具体评价表格和权重,请各位老师自行设计。

## 实训二　编写 ISO 14001 程序文件

【实训准备】

1. 学习 ISO 14001 环境管理体系标准中对环境管理控制程序的要求。
2. 利用各种搜索引擎,查找阅读"环境管理控制程序"案例。

【实训目的】

通过 ISO 14001 程序文件的编写,使学生能够有效地掌握环境管理程序文件的编制方法和技巧。

【实训安排】

1. 根据班级学生人数进行分组,一般每组 5~8 人。
2. 通过企业实习和网络查找资料,为程序文件的编制、策划及实施做准备。
3. 每组分别编写出一份"ISO 14001 程序文件"。分组汇报介绍本组编写的"ISO 14001 程序文件",学生、老师共同进行讨论提问。
4. 教师和企业专家共同点评"ISO 14001 程序文件"的编写质量。

【实训成果】

提交一份食品企业的"ISO 14001 程序文件"。

【实训评价】

由学生、教师和企业专家共同评价,权重建议分别为 20%、40%、40%。具体评价表格和权重,请各位老师自行设计。

## 实训三　识别环境因素

【实训准备】

1. 学习 ISO 14001 环境管理体系标准中对环境管理控制程序的要求。
2. 利用各种搜索引擎,查找阅读"环境因素识别"案例。

【实训目的】

识别环境因素是环境管理体系建立的基础工作,通过环境因素的识别,使学生能够有效地掌握企业某个部门环境因素识别的方法和技巧。

【实训安排】

1. 根据班级学生人数进行分组,一般每组 5~8 人。
2. 通过企业实习和网络查找资料,每组按照自己的兴趣,选择食品企业的某一个部门进行环境因素识别,将识别的结果填入"环境因素及评价登记表"中。
3. 每组分别编写出一份"环境因素及评价登记表"。分组汇报介绍本组编写的"环境因素及评价登记表",学生、老师共同进行讨论提问。

4. 教师和企业专家共同点评"环境因素及评价登记表"的编写质量。

【实训成果】

提交一份食品企业的"环境因素及评价登记表"。

【实训评价】

由学生、教师和企业专家共同评价,权重建议分别为 20%、40%、40%。具体评价表格和权重,请各位老师自行设计。

---

**学 习 拓 展**

ISO 14000 标准与 ISO 9000 标准有何异同之处?

# 模块八

# 食品企业QS、ISO 22000、ISO 9001、ISO 14000 整合管理体系的建立与实施

【学习目标】

1. 能够讲述食品质量安全整合管理体系的概念及其意义。
2. 能够讲述食品质量安全整合管理体系的思路。
3. 能够编写食品质量安全整合管理体系文件。
4. 能够描述食品质量安全整合管理体系实施时应注意的事项和改进。

## ※【案例引导】

某速冻食品企业，建成初期，严格按照我国食品安全相关法律法规《食品安全法》、《食品生产许可管理办法》等的要求，取得了食品生产许可证（QS），随着生产规模的扩大，效益、质量要求提高，又通过 HACCP 认证。后来企业进一步发展、国际贸易得到增加，要求企业通过 ISO 9001、ISO 14000 等认证，来全面提升其质量管理水平。这就遇到一个问题，在同一家企业中同时有几套体系几套文件共存，如何运行、认证、审核？需要几套管理体系的人员同时存在，还是一套管理人员就能实施？由此，对食品质量安全管理体系提出了"整合"的概念。

## 项目一　QS、ISO 22000、ISO 9001、ISO 14000 整合管理体系内容与要求

产品质量是企业生存发展的基础，是企业的生命，是企业的第一竞争力。食品作为关系国计民生的产品，随着国家社会的发展、社会文明程度的提高、经济全球化的发展，人们对赖以生存的食物的关注日益剧增。国以民为本，民以食为天，食以安为先，食品安全已成为食品企业生存与发展的关键。如何生产出消费者满意的食品，是食品行业普遍关注的问题。我国各行各业对产品质量的重视程度不断提高，我国食品生产企业的产品质量也有很大提高，人们越来越关注食品的安全问题，要求生产、操作和供应食品的组织，证明自己有能力控制食品安全危害和那些影响食品安全的因素。顾客的期望、社会的责任，使食品生产、操作和供应组织逐渐认识到，应当有标准来指导操作、保障、评价食品安全管理，国家大力制

定各种法律法规如《食品安全法》、修订与制定食品标准，同时各种有效的质量管理体系与食品生产管理的结合运用取得长足发展，食品质量安全市场准入制度（QS）、ISO 22000、ISO 9001、ISO 14001等体系在食品企业运用，既可有效地预防和控制食品安全危害，又可使食品质量得到全面、大幅度的提高；既可达到扩展市场的目的，又可大大降低企业的管理成本，全面保证食品质量、提高食品企业及其产品在国内国际市场的竞争力、消除国际贸易中的"绿色贸易壁垒"。食品企业在实行质量管理体系时也面临多体系运行、执行、管理、审核等问题，因此管理体系的整合就显得十分重要。建立一套适合这几大体系的管理体系是可行的。

## 一、管理体系整合的概念

体系整合是指将两个或更多的分立运行的体系，在文件编写及实际运行中，整合成一个体系进行管理的方法。在同一个组织内，将两个或两个以上管理体系，根据需要有机地结合形成一个统一的管理体系，其内容包括其整合标准所规定的全部要求，这样的管理体系我们称为"整合管理体系"。如将食品安全管理体系（FSMS）、质量管理体系（QMS）、环境管理体系（EMS）三个标准中的两个或三个标准的管理体系，整合形成的整合管理体系称之为二合一管理体系或三合一管理体系。此外还可将其他体系融合在管理体系中，如食品质量安全市场准入制度（QS）与质量管理体系（QMS）、食品安全管理体系（FSMS）的融合等。

## 二、食品企业整合管理体系的特点

食品企业实施管理体系整合可以认识和掌握管理的规律性，建立食品企业一致性的管理基础，科学地调配人力资源，优化组织的管理结构，统筹开展管理性要求一致的活动，提高工作效率，有利于培养复合型管理和技术人才，有利于节约管理成本；可以减少认证审核频次，节省认证费用。整合的食品企业管理体系具有以下特点。

**1. 建立食品企业一致性的管理基础**

三个标准均遵循PDCA循环的规律，都按照策划（计划）、实施、检查、总结的工作思路实施管理，这便于企业认识和掌握客观的规律性，能在组织中建立一致性的管理基础。多个管理体系有机融合，诸多部分可以合成一个整体，形成一个具有共有要素的管理体系。

**2. 形成食品企业的管理总体目标**

将质量管理体系、食品安全管理体系、环境管理体系及别的管理体系中有关的质量目标、食品安全目标、环境目标/指标与其他管理目标如财务目标、人才发展目标等要素内容一致地整合在一起，共同构成组织的管理总体目标。

**3. 科学地调配人力资源，优化组织的管理结构**

质量、环境、食品安全管理体系都对人力资源有明确的要求，且要求组织明确规定岗位、职责与权限。单独建立体系时往往组织机构庞大，人员设置重叠。体系整合后，组织可结合四个标准的要求，统一考虑人员的岗位设置，提出综合性要求，同时重新设置和调整组织的管理结构，有利于组织的管理体系策划、资源配置、确定互补的目标并评价组织的整体有效性。这是整合管理体系的重要意义之一。

**4. 有利于培养复合型管理和技术人才**

由于整合型管理体系对组织员工的综合能力和素质提出了比单一管理体系更高的要求，组织通过整合型管理体系的建立和保持，可以发现和培养具有综合素质和能力的复合型人才。

**5. 提高组织管理体系的运行效率**

由于整合了管理体系，避免了管理机构的重叠重复情况，因此可以大大减少组织的管理成本。

**6. 有利于节约管理成本**

由于减少了文件数量，合理设置了组织机构和职能分配，实现了资源共享，提高了工作效率，统一协调了运行与监控，减少了日常检查、内审、管理评审及外部审核等重复性工作和频次，因此必然导致组织的管理成本减低。

### 三、管理体系整合的可行性

**1. 四个管理体系目的上是一致的**

目的上都是以预防为主，为取得消费者信任，为了实现既定的目标，组织会策划实施一系列相互关联的过程构成体系。体系的协调动作，有利于既定目标的实现。

**2. 要素内容上存在一致性**

例如"QS"认证必须具备的要求，包含在 ISO 9001：2000 的标准条款中，在体系管理上，二者都以文件化进行。各种管理制度、操作规程的制定及其合理性，体现了组织按照有关要求建立了体系。而生产记录、质量记录等，四个管理体系的要求是相同的。

**3. ISO 9001、ISO 14001、ISO 22000 标准都共同遵循戴明模式（PDCA 循环原理）**

**4. 标准间内容具有兼容性。**

### 四、管理体系整合的要求与原则

管理体系在整合时，根据食品企业的特点及食品质量标准的观点应遵循以下原则。

（1）管理对象相同，管理性要求基本一致的内容可进行整合。凡是三项标准中管理的对象相同，管理性要求基本一致的内容，组织对体系文件、资源配置、运行控制都要进行整合。如文件控制：控制的对象都是文件，三项管理体系标准对文件的管理性要求基本一致，都要求文件易于查找、要定期评审、有关岗位都要得到文件有效版本、要及时从使用场所撤回失效文件、留存的作废文件要标识等，按此原则就应整合；又如内部审核：控制对象都是内审活动，都要确定审核方案并制定审核程序、审核的过程、方法，对审核人员的要求、审核要达成的目的都基本一致，按此原则就要整合。

（2）整合后的管理性要求应覆盖三个标准的内容，就高不就低，以三个标准中最高要求为准。整合型管理体系是适应三个标准要求的管理体系，只有三个标准的全部要求都满足，才能说明组织建立的整合型管理体系，能够确保其质量管理、环境管理、食品安全管理符合规定的要求，能够实现组织制定的质量、环境和食品安全目标。由于三个标准的出发点和目的不同，即使是对同一管理对象，其要求也不是完全一致的，在进行管理体系整合时，就要本着就高不就低的原则进行整合，并以三个标准中要求最高的为准。

（3）整合后的管理体系文件应具有可操作性，不能在一个文件中完全整合的，应引出第三层次文件。体系文件要以适宜、方便、有效为主，不强求合编。

整合后的管理体系程序并不是越多越好，在具有可操作性的前提下，还要方便操作。如果在一个文件中规定不便操作且容易造成误解时，则可引出第三层次文件。

（4）整合应有利于减少文件数量，便于文件使用；有利于统一协调体系的策划、运行与监测，实现资源共享；有利于提高管理效率，降低管理成本。

减少文件数量是想象中的体系整合的优点，这一优点要充分体现在文件编制中。原来三个管理体系中有一定数量的文件是基本相同和完全相同的，只是按不同管理体系换了一个名，新编了一个文件号，同一岗位的管理或操作人员手中可能有几个文件，如果不同管理体系的文件的修改或换版不同步，很容易造成文件使用混乱。管理体系整合后就可用一个文件代替三个文件，使用的差错就可大大减少。

(5) 整合型体系的建立要考虑顾客需求、企业与社会需要，其人、财、物的投入要与期望的回报相适应。各体系建立的时间不能一刀切，要根据企业需要量力而行。

# 项目二 QS、ISO 22000、ISO 9001、ISO 14000 整合管理体系文件编写

整合管理体系文件的编写，首先要分析整合的几种管理体系之间的共同点、不同点，然后按照上述"管理体系整合的要求与原则"进行整合。

## 一、QS、ISO 22000、ISO 9001、ISO 14000 管理体系的共同点

对 QS、ISO 22000、ISO 9001、ISO 14000 进行比较，可以发现它们具有以下共同点。

(1) 在体系管理上都以文件化进行，要素内容上存在一致性。"QS"认证必须具备的 10 个方面的要求包含在 ISO 9001 的标准条款中，ISO 22000 体系中必须满足的前提条件也都包含在其中。如：要求建立文件化的体系并对文件进行控制；要求明确管理职责和权限；要求在相关的职能和层次上建立目标和指标，并通过具体的方案加以实施；强调要遵守相关的法律和法规要求；强调持续的体系改进；要求对不符合项进行控制；都非常重视建立纠正/预防措施；强调培训的重要性，不断提高员工的意识和能力；要求对记录进行控制；要求在管理层中指定一名管理者代表/食品安全小组组长等。

(2) 制定标准遵循的原理相同，标准制定的基本逻辑思路一致，都遵循相同的管理体系原理，采用了相同的管理体系的思想和方法。都是根据管理学原理，建立了一个动态循环的管理框架，以持续改进的思想指导组织系统地实现其既定目标。

(3) 具有相同管理体系标准，其内容都体现了"领导作用"、"全员参与"、"过程方法"、"管理的系统方法"、"持续改进"、"基于事实的决策方法"、"互利的供方关系"等管理原则。

(4) 标准和要求中的管理性要求有很多相似之处。三项标准的管理性要求有很多相似的部分，如"文件控制"、"记录控制"、"方针"、"目标"、"管理承诺"、"职责和权限"、"沟通"、"能力、意识和培训"、"资源提供"、"法律法规和其他要求"、"监视和测量装置的控制"、"纠正措施"、"预防措施"、"内部审核"、"管理评审"等方面的要求基本相同。

(5) 都按 PDCA 循环的思想，通过识别影响产品质量的过程和环境因素及影响食品安全的关键控制点，有针对性地制订质量计划、环境管理方案、HACCP 计划及前提方案和操作性前提方案，实施运行控制，并采取必要的监视和测量或验证，发现问题，实施改进，实现管理体系的持续有效运行。

(6) 都要求组织提供适当的资源。

(7) 都要求通过日常的监视和测量、内审、管理评审等管理手段，来评价体系的运行状况。

(8) 国际标准化组织（ISO）在制定 ISO 9000 标准、ISO 14000 标准和 ISO 22000 标准时，已考虑到标准的兼容性。

总之，四项标准管理性要求相似，建立管理体系的方法相同，QMS、EMS、FSMS 在构成的原则上是相互一致的，在构成的要素上大多数是相同的或相似的，在体系结构上是可

以相互兼容的。因此，管理体系的整合有良好的基础。

## 二、QS、ISO 22000、ISO 9001、ISO 14000 管理体系的不同点

食品质量安全市场准入制度（QS 认证制度）是一种政府行为，是一项行政许可制度，带有强制性，以监督纳入食品质量安全市场准入制度管理范围内的食品生产企业生产、销售合格安全的食品。在范围上 QS 较 ISO 9001 要窄，但是基本条件的要求相对较为具体和详细。表 8-1 为 QS 与 ISO 9001 对照表。

表 8-1 QS 与 ISO 9001 对照

| QS 要求 | QS 指标内容 | ISO 9001 条款 |
| --- | --- | --- |
| 环境 | 生产企业周围环境无污染；<br>生产车间、库房环境满足食品生产加工要求 | 6.4 工作环境 |
| 生产设备 | 有生产设备、工艺装备、相关辅助设备及原材料处理、加工、储存等厂房和场所 | 6.3 基础设施 |
| 原材料要求 | 保证产品质量的原料要求符合相应的强制性国家标准 | 7.3.3 设计和开发的输出<br>7.4.2 采购信息<br>7.4.3 采购产品的验证<br>7.5.5 产品防护<br>8.3 不合格品控制 |
| 加工工艺过程 | 食品加工工艺流程设置科学、合理 | 7.5.2 生产和服务提供过程的确认<br>8.2.3 过程的监视和测量 |
| 产品标准要求 | 必须按照合法有效的产品标准组织生产 | 7.3.3 设计和开发的输出 |
| 人员要求 | 具备必要的管理和检验人员 | 6.2 人力资源 |
| 产品储运要求 | 采取必要措施保证产品在储存、运输过程中的质量 | 6.3 基础设施<br>7.5.1 生产和服务提供的控制<br>7.5.5 产品防护 |
| 检验能力 | 具有质量检验和计量检测手段完成规定检验项目 | 7.6 监视和测量装置的控制<br>8.2.4 产品的监视和测量<br>8.3 不合格品控制 |
| 质量管理要求 | 健全企业质量管理制度，明确部门、人员的职责和权限 | 4.2 文件要求<br>5 管理职责 |
| 产品包装标识 | 保护产品、方便运输、促进销售、标识追溯 | 7.3.3 设计和开发的输出<br>7.5.3 标识和可追溯性 |

ISO 22000 标准是对食品供应链中各类组织的特定要求，适用于与食品生产销售有关的饲料生产者、初级生产者、食品制造者、运输和仓储者、零售分包商、餐饮服务经营者以及食品设备、包装、添加剂和辅料生产者。要求组织识别生产流程、进行危害分析、制订 HACCP 计划，对关键控制点进行控制；控制对象涉及原材料、包装供应商及食品生产加工企业，ISO 22000 标准是 ISO 9001 标准在食品行业的进一步具体化要求。

ISO 9001 标准适用于所有的产品和服务，适用于各种组织，它将影响质量的所有过程识别出来，并提出了具体的管理要求；控制的对象主要是组织内部，组织可根据实际情况对标准第 7 条款不适宜组织特点的要求进行删减。

ISO 14000 标准适用于有环境控制要求的所有的产品和服务，适用于各种组织，它并没有识别出所有环境因素，要求组织根据自身的特点识别环境因素，并评价出重要环境因素，然后根据标准的要求对重要环境因素进行控制，标准特别强调法律法规的重要性，是对重要环境因素控制的重要依据。控制的对象不仅包括组织自身，而且包括相关方及人员和活动。

表 8-2 为 ISO 22000、ISO 9001、ISO 14001 条款对照。

表 8-2  ISO 22000、ISO 9001、ISO 14001 条款对照

| ISO 9001：2008 | ISO 14001：2004 | ISO 22000 |
|---|---|---|
| 引言<br>0.1 总则<br>0.2 过程方法<br>0.3 与 GB/T 19004 的关系<br>0.4 与其他管理体系的相容性 | 引言 | 引言 |
| 1 范围<br>1.1 总则<br>1.2 应用 | 1 范围 | 1 范围 |
| 2 引用标准 | 2 规范性引用文件 | 2 规范性引用文件 |
| 3 术语和定义 | 3 术语和定义 | 3 术语和定义 |
| 4 质量管理体系 | 4 环境管理体系要求 | 4 食品安全管理体系 |
| 4.1 总要求 | 4.1 总要求 | 4.1 总要求 |
| 4.2 文件要求<br>4.2.1 总则<br>4.2.2 质量手册<br>4.2.3 文件控制 | 4.4.4 文件<br><br><br>4.4.5 文件控制<br>4.3.2 法律法规和其他要求 | 4.2 文件要求<br>4.2.1 总则<br>4.2.2 文件控制<br>7.7 预备信息的更新、规定前提方案和 HACCP 计划文件的更新 |
| 4.2.4 记录控制 | 4.5.4 记录控制 | 4.2.3 记录控制 |
| 5 管理职责 | | 5 管理职责 |
| 5.1 管理承诺 | | 5.1 管理承诺 |
| 5.2 以顾客为关注焦点 | | |
| 5.3 质量方针 | 4.2 环境方针 | 5.2 食品安全方针 |
| 5.4.1 质量目标 | 4.3.3 目标、指标和方案 | 5.2 食品安全方针 |
| 5.4.2 质量管理体系策划 | 4.3 策划 | 5.3 食品安全管理体系策划<br>8.5.2 食品安全管理体系的更新 |
| 5.5.1 职责、权限 | 4.4.1 资源、作用、职责和权限 | 5.4 职责和权限 |
| 5.5.2 管理者代表 | | 5.5 食品安全小组组长 |
| 5.5.3 内部沟通 | 4.4.3 信息交流 | 5.6.1 外部沟通<br>5.6.2 内部沟通 |
| 5.6 管理评审 | 4.6 管理评审 | 5.8 管理评审 |
| 6.1 资源提供 | 4.4.1 资源、作用、职责和权限 | 6.1 资源提供 |
| 6.2 人力资源<br>6.2.1 总则<br>6.2.2 能力、意识和培训 | <br><br>4.4.2 能力、培训和意识 | 6.2 人力资源<br>6.2.1 总则<br>6.2.2 能力、意识和培训 |
| 6.3 基础设施 | 4.4.1 资源、作用、职责和权限 | 6.3 基础设施<br>7.2 前提方案 |
| 6.4 工作环境 | | 6.4 工作环境<br>7.2 前提方案 |
| 7.1 产品实现的策划 | 4.4.6 运行控制 | 7.1 安全产品的策划和实现 总则 |

续表

| ISO 9001：2008 | ISO 14001：2004 | ISO 22000 |
|---|---|---|
| 7.2 与顾客有关的过程<br>7.2.1 与产品有关的要求的确定<br>7.2.2 与产品有关的要求的评审<br>7.2.3 顾客沟通 | 4.4.3 信息交流 | 7.3.4 预期用途<br>7.3.5 流程图、过程步骤和控制措施<br>5.6.1 外部沟通<br>5.6.1 外部沟通 |
| 7.3 设计和开发<br>7.3.1 设计和开发的策划<br>7.3.2 设计和开发的输入<br>7.3.3 设计和开发的输出<br>7.3.4 设计和开发评审<br>7.3.5 设计和开发的验证<br>7.3.6 设计和开发的确认<br>7.3.7 设计和开发更改的控制 | 4.4.6 运行控制 | 7.3 实施危害分析的预备步骤<br>7.4 危害分析<br>7.5 操作性前提方案的建立<br>7.6 HACCP计划的建立<br>8.4.2 单项验证结果的评价<br>8.5.2 食品安全管理体系的更新<br>7.8 验证策划<br>8.2 控制措施组合的确认<br>5.6.2 内部沟通 |
| 7.4 采购<br>7.4.1 采购过程<br>7.4.2 采购信息<br>7.4.3 采购产品的验证 | 4.4.6 运行控制 | 7.3.3 产品特性<br>7.2.3 OPRP/8.3 监视和测量 |
| 7.5 产品和服务提供<br>7.5.1 生产和服务提供的控制<br>7.5.2 生产和服务提供过程的确认<br>7.5.3 标识和可追溯性<br>7.5.4 顾客财产<br>7.5.5 产品防护 | 4.4.6 运行控制<br>4.4.6 运行控制 | 7.2 前提方案/7.5 OPRP<br>7.6.1 HACCP计划/7.6.4<br>7.6.4/8.2 控制措施组合的确认<br>7.9 可追溯性系统<br>7.2 前提方案 |
| 7.6 监视和测量装置的控制 | 4.5.1 监测和测量 | 8.3 监视和测量的控制 |
| 8 测量分析和改进 | 4.5 检查 | 8 食品安全管理体系的确认、验证和改进 |
| 8.1 总则 | 4.5.1 监测和测量 | 8.1 总则 |
| 8.2 监视和测量<br>8.2.1 顾客满意<br>8.2.2 内部审核<br>8.2.3 过程的监视和测量<br>8.2.4 产品的监视和测量 | 4.5.5 内部审核<br>4.5.1 监测和测量<br>4.5.2 合规性评价 | 8.4 食品安全管理体系的验证<br>8.4.1 内部审核<br>7.6.4 关键控制点的监视系统<br>8.4.2 单项验证结果的评价<br>8.3 监视和测量的控制 |
| 8.3 不合格品控制 | 4.5.3 不符合、纠正措施和预防措施 | 7.6.5 监视结果超出关键限值时采取的措施<br>7.10 不符合控制 |
| 8.4 数据分析 | 4.5.1 监测和测量 | 8.2 控制措施组合的确认<br>8.4.3 验证活动结果的分析 |
| 8.5 改进<br>8.5.1 持续改进<br>8.5.2 纠正措施<br>8.5.3 预防措施 | 4.5.3 不符合、纠正措施和预防措施<br>4.5.3 不符合、纠正措施和预防措施 | 8.5 改进<br>8.5.1 持续改进<br>7.10.1 纠正/7.10.2 纠正措施<br>5.7 应急准备和响应<br>7.2 前提方案 |
| | 4.4.7 应急准备和响应 | 5.7 应急准备和响应 |

### 三、管理体系整合的方法

（1）以 ISO 9001 标准为主线，将 ISO 14001 和 ISO 22000 标准、QS 的要求整合进去，形成统一的方针、管理手册和通用程序文件和专用程序文件。

(2) 以 ISO 22000 标准为主线，将 ISO 14001 和 ISO 9001 标准、QS 的要求整合进去，形成统一的方针、管理手册和通用程序文件和专用程序文件。

### 四、整合管理体系的步骤

① 组织领导层统一思想并做出决策。
② 成立管理体系整合的领导小组和工作班子。
③ 分层次的教育培训，没有进行相关标准及文件编写培训的，应进行相应培训。
④ 根据法律、法规，顾客、相关方、社会、员工的要求，及组织的宗旨和管理现状，制定组织的整合型管理方针。
⑤ 识别质量管理所需的过程，识别并评价环境因素和食品安全危害。
⑥ 根据管理方针，制定管理目标和指标。
⑦ 进行整合管理体系的职能分配，明确相应的职责和权限。
⑧ 根据目标制订质量计划、环境管理方案、前提方案、操作性前提方案、HACCP 计划。
⑨ 策划整合型管理体系文件，编制整合型管理体系文件。
⑩ 发布并宣贯整合型管理体系文件。
⑪ 配备和落实整合型管理体系所要求的人力、基础设施和其他资源。
⑫ 试运行三个月。
⑬ 培训并聘任满足整合型管理体系要求的内审员。
⑭ 进行至少一次依据三个标准，覆盖全部管理部门、单位和要求的内部审核；跟踪评审不符合项纠正措施。
⑮ 召开管理评审会，评价整合型管理体系的适宜性、充分性和有效性及管理的有效性和效率，并提出组织持续改进的方向。
⑯ 实施改进，保持管理体系的有效运行。

### 五、整合体系文件的结构分析与策划

根据相关管理体系标准的要求，质量管理体系、环境管理体系和食品安全管理体系、QS 进行整合后的体系文件结构应该是：第一层次——方针目标；第二层次——管理手册；第三层次——程序文件；第四层次——作业指导书；第五层次——记录。其中方针、管理手册、部分程序文件、部分作业文件和记录均可整合，这样可以大大减少文件的数量。

**1. 整合管理体系文件层次（图 8-1）**

图 8-1 整合管理体系文件层次（《食品企业管理体系建立与认证》，马长路）

**2. 整合型管理体系的框架结构（图 8-2）**

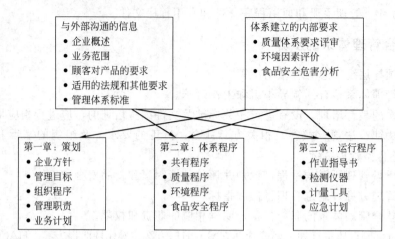

图 8-2　整合型管理体系的框架结构（《食品企业管理体系建立与认证》，马长路）

**3. 整合的体系文件的具体构架**

在进行体系文件策划编写前，组织有必要识别组织的文件需要，在满足标准要求的文件同时，还要根据组织的产品特点、人员能力、重要环境因素确定程序文件的需要。组织可以按照三个方面的要求，编写一本管理手册及一套程序文件（由三个方面通过的程序文件、两个管理体系共用的程序文件和三个方面专有程序文件）和作业文件。整合的体系文件的构架如表 8-3 所示。

表 8-3　ISO 22000、ISO 9001、ISO 14000、QS 整合体系文件构架

| 手册章节号与标题 | 对应程序文件 |
| --- | --- |
| 0.1　发布令 | |
| 0.2　目录 | |
| 0.3　组织简介 | |
| 0.4　手册的管理 | |
| 1　目的范围 | |
| 2　引用文件 | |
| 3　术语定义 | |
| 4　综合管理体系 | |
| 4.1　总要求 | |
| 4.2　文件总要求 | |
| 4.2.1　管理手册 | |
| 4.2.2　文件控制 | 文件控制程序 |
| 4.2.3　记录控制 | 记录控制程序 |
| 5　管理承诺 | |
| 5.1　管理承诺 | |
| 5.2　关注顾客、环境和食品安全 | |
| 5.3　法律法规和其他要求 | 法律法规的获取、评审与应用程序 |
| 5.4　管理方针 | |

续表

| 手册章节号与标题 | 对应程序文件 |
|---|---|
| 5.5 策划 | |
| 5.5.1 管理体系策划 | |
| 5.5.2 质量管理体系所需过程 | |
| 5.5.3 环境因素识别与评价 | 环境因素识别与评价程序 |
| 5.5.4 目标指标和方案 | 目标指标与管理方案管理程序 |
| 5.6 职责、权限与沟通 | 管理部门职责 |
| 5.6.1 作用、职责和权限 | 岗位职责与任职条件 |
| 5.6.2 管理者代表 | |
| 5.6.3 食品安全小组组长 | |
| 5.6.4 内部沟通 | 信息交流程序 |
| 5.7 管理评审 | 管理评审程序 |
| 5.7.1 总则 | |
| 5.7.2 评审输入 | |
| 5.7.3 评审输出 | |
| 6 资源管理 | |
| 6.1 资源的提供 | |
| 6.2 人力资源 | 人力资源管理程序 |
| 6.2.1 总则 | |
| 6.2.2 能力、意识和培训 | |
| 6.3 基础设施 | 设备管理程序 |
| 6.4 工作环境 | |
| 7 实施与运行 | |
| 7.1 产品实现的策划 | |
| 7.2 与顾客有关的要求 | |
| 7.2.1 与产品有关要求的确认与评审 | 合同评审程序 |
| 7.2.2 前提方案 | |
| 7.2.3 外部交流与沟通 | 信息交流程序 |
| 7.3 设计和开发 | |
| 7.3.1 设计和开发策划 | |
| 7.3.2 设计和开发输入 | |
| 7.3.3 设计和开发输出 | 设计控制程序 |
| 7.3.4 设计和开发评审 | |
| 7.3.5 设计和开发验证 | |
| 7.3.6 设计和开发确认 | |
| 7.3.7 设计和开发更改的控制 | |
| 7.4 实施危害分析和开发更改的控制 | |
| 7.4.1 总则 | |
| 7.4.2 食品安全小组 | |

续表

| 手册章节号与标题 | 对应程序文件 |
|---|---|
| 7.4.3 产品特性 | |
| 7.4.3.1 原材料、辅助材料和与产品接触的材料 | |
| 7.4.3.2 终产品的特性 | |
| 7.4.4 预期用途 | |
| 7.4.5 流程图、过程步骤和控制措施 | |
| 7.5 危害分析 | |
| 7.5.1 危害识别和可接受水平的确定 | 危害分析、评价与控制措施管理程序 |
| 7.5.2 危害评价 | |
| 7.5.3 控制措施的选择和评价 | |
| 7.6 采购 | 采购控制程序 |
| 7.6.1 采购过程 | |
| 7.6.2 采购信息 | |
| 7.6.3 采购产品的验证和检验 | |
| 7.7 运行控制 | 生产过程控制程序 |
| 7.7.1 操作性前提方案的建立 | 监视结果超出关键限值时采取的措施控制程序 |
| 7.7.2 HACCP 计划的建立 | 生产卫生规模 |
| 7.7.2.1 HACCP 计划 | |
| 7.7.2.2 关键控制点的确立 | |
| 7.7.2.3 关键控制点的监视系统 | |
| 7.7.2.4 监视结果超出关键限值时采取的措施 | |
| 7.7.3 预备信息的更新、描述前提方案和 HACCP 计划的文件的更新 | |
| 7.7.4 生产和服务提供的控制 | |
| 7.7.5 生产和服务过程的确认 | |
| 7.7.6 标识和可追溯性 | |
| 7.7.7 顾客财产 | |
| 7.7.8 产品防护 | |
| 7.7.9 环境行为控制 | 能源资源管理程序 |
| | 废水控制程序 |
| | 废气控制程序 |
| | 噪声控制程序 |
| | 粉尘控制程序 |
| | 固定废弃物控制程序 |
| | 化学危险品控制程序 |
| | 消防管理程序 |
| | 新改扩建项目管理程序 |
| | 对相关方施加影响程序 |
| | （根据组织实际情况编写，可以是一些作业文件）|

续表

| 手册章节号与标题 | 对应程序文件 |
|---|---|
| 7.8 应急准备与响应 | |
| 8 监视、测量、分析和改进 | |
| 8.1 验证的策划 | |
| 8.2 监视和测量 | |
| 8.2.1 控制措施组合的确认 | |
| 8.2.2 顾客满意 | 顾客满意的监视和测量控制程序 |
| 8.2.3 内部审核 | 内部审核程序 |
| 8.2.4 过程的监视和测量 | |
| 8.2.5 单项验证结果的评价 | |
| 8.2.6 产品的监视和测量 | 监视和测量控制程序 |
| 8.2.7 环境绩效的监视和测量 | 环境监测和测量的控制程序 |
| 8.3 监视和测量装置的控制 | 监视和测量装置的控制程序 |
| 8.4 合规性评价 | 合规性评价程序 |
| 8.5 不合格品、不符合项、事故、事件的控制 | |
| 8.5.1 不合格品的控制 | 不合格控制程序 |
| 8.5.1.1 总则 | |
| 8.5.1.2 放行的评价 | |
| 8.5.1.3 不合格品处置 | |
| 8.5.1.4 撤回 | 撤回程序 |
| 8.5.2 环境不符合的控制 | 环境不符合项、事故、事件的控制程序 |
| 8.6 数据与验证活动结果的分析 | 数据分析程序 |
| 8.7 改进 | |
| 8.7.1 持续改进 | |
| 8.7.2 纠正措施 | 纠正和预防措施控制程序 |
| 8.7.3 预防措施 | |

## 六、整合管理体系的文件内容的选择与分析方法

### 1. 过程分析法分析确定整合的内容

运用过程方法是 ISO 9001、ISO 14001、ISO 22000 三个标准共同遵循的基本原则，也是建立和整合管理体系的基本方法。建立和整合的管理体系，既包含有管理过程，也包括有产品的实现和提供过程。食品企业的管理过程中涉及质量管理、环境管理和食品安全管理的过程有：文件控制，记录控制，管理评审，内部审核，纠正与预防措施，培训、意识和能力等。这些过程涉及的三个标准的管理性要求基本相同，可以实现整合。

运用过程方法首先是要识别过程，包括过程的输入、输出以及控制该过程的方法和流程（途径）。其次，要按照 PDCA 的方法，在作业文件中既要规定作业方法、程序、要求，同时也要规定如何检查和出现问题时如何解决和改进，只有这样，环境和食品安全要求才能落实到位。产品的实现和提供过程几乎都涉及质量、环境和食品安全的要求，应对每一个过程所涉及到的人、机、料、法、环中的质量、环境和食品安全三个方面的要求加以整合。结合组织的实际，在相应的体系文件中同一作出规定，在体系运行中按整合的要求来实施。

**2. "5W1H"分析法分析确定整合的内容**

5W1H 即 Who（谁来做），When（何时做），Where（何地做），How（如何做），What（做什么），Why（为何做）。在进行整合管理体系的建立和整合时，可以按照 5W1H 对三个标准中具有对应关系的活动要求进行分析。当 5W1H 中的一个相同、两个相同、三个相同、全部相同时，即可进行整合。

（1）如果 Who（谁来做）相同，表明组织有复合型人才，三个标准要求同一方面的事都可由同一人来做的，即可整合"谁来做"。如三个体系标准都要求设立"管理者代表/食品安全小组组长"负责体系的建立、实施和保持，整合后的整合管理体系，可以只设立一个管理者代表/食品安全小组组长，统一负责三个体系整合的整合管理体系的建立、实施和保持。当然，对整合管理体系的管理者代表/食品安全小组组长要求具有三个体系的综合管理能力，他应是一个复合型人才。

（2）如果 Who（谁来做）相同，What（做什么）也相同，原来几个不同部门做相同的事，就可以合并由一个部门来做。如体系文件控制原来可能分别由品管部、环监部和安监部来做，现在整合后的整合管理体系可能就由一个部门来管理就可以了。

（3）如果 What（做什么）相同，而 How（如何做）不同，则可通过引用下一层次的文件加以详细描述。如系统集成公司对外包合同及承包方的控制，软件外包与工程外包的控制方式和方法不一样，就可以在程序文件的下一层次文件——三级文件中分别加以描述。

（4）如果 Who（谁来做）相同，What（做什么）也相同，How（如何做）还相同，如"培训、意识和能力"均通过确定能力要求、对人员的能力进行评定、提供培训或其他措施、进行有效性评价、保持适当记录等程序来控制，就可进行完全整合。

（5）如果 Who（谁来做）相同，When（何时做）和 Where（何地做）也相同，而 What（做什么）和 How（如何做）不同，可将文件进行整合，这样可以一次培训到位，也方便使用。如操作人员使用的操作文件（作业指导书、工艺文件、操作规范等），可以在同一份作业指导书中同时规定质量、环境和食品安全方面"做什么、如何做"的要求，而不必分别单独编写各自的质量、环境、食品安全方面的要求。

**3. 根据对三个管理体系（ISO 9001、ISO 14001、ISO 22000）的比较，以下要求可以进行文件整合，并一同实施**

（1）方针　食品企业可以制定一个满足三个文件要求的管理方针。

（2）目标　食品企业可以制定一个总目标并在总的框架内分别制定产品的质量目标、顾客满意目标。

（3）资源、作用、职责和权限　食品企业可统一规定不同部门和岗位的人员作用、职责和权限，规定人力、基础设施、财力、技术方面的资源配置要求。

（4）文件控制　食品企业可统一规定三个体系有关的文件控制要求。

（5）记录控制　食品企业可统一规定三个体系有关的记录控制要求。

（6）信息交流　食品企业可从内部和外部统一规定信息和沟通要求。

（7）工作环境　食品企业可统一规定三个体系有关的工作环境要求。

（8）能力、培训和意识　食品企业可统一规定满足三个体系要求的人员能力、培训和意识的要求。

（9）法律法规和其他要求　食品企业可统一规定与三个体系相关的食品企业适用和必须遵循的法律法规和其他要求的识别、评价、获取、应用要求。

（10）基础设施　食品企业可以统一规定按照满足食品质量与安全所要求的设施、设备管理要求。

（11）采购控制　食品企业可以统一规定满足食品质量、安全、环境行为方面的采购要求。

（12）过程控制　食品企业可以统一规定与产品实现和确保产品满足相关食品标准及法律法规要求有关的过程控制要求。

（13）监视和测量装置的控制　食品企业可以统一规定与食品质量和环境特性检测有关的监视和测量装置的控制要求。

（14）过程的监视和测量　食品企业可以统一规定与质量管理体系、食品安全管理体系和环境管理体系有关的过程监视和测量要求。

（15）产品的监视和测量　食品企业可以统一规定与质量管理体系和产品质量标准有关的原材料、半成品、终产品、包装材料的监视和测量要求。

（16）纠正措施　食品企业可统一规定与三个体系要求有关的纠正措施控制要求。

（17）预防措施　食品企业可统一规定满足三个体系要求的预防措施控制要求。

（18）内部审核　食品企业可统一规定内部审核要求。

（19）管理评审　食品企业可统一规定管理评审的要求。

## 七、整合管理体系文件手册的编写

### 1. 手册编写要求

管理手册应满足以下要求。

（1）适宜性　手册必须适合组织自身的特点，反映管理者的管理意图和宗旨，体现组织的管理文化特色，不可照搬别人的文件，也不可能对标准进行翻版。

（2）充分性　为达到一致的理解，避免偏差，为程序文件的编写提供一个框架，对质量管理的主要过程、重要环境因素、食品安全管理体系的特点要求要做出明确的规定。

（3）符合性　文件要符合适用的法律法规和三项认证标准的全部要求。

（4）纲领性　手册是组织管理体系的纲领性文件，在满足适宜性、充分性、符合性的前提下要简明扼要。对具体的管理要求，相关文件能提供查询途径。

（5）强制性　手册一经批准发布，在组织内就具有法规效力，必须强制执行，因此对有关活动的要求必须明确清楚，不可模棱两可。

### 2. 手册要表述的主要内容

管理手册要表述以下内容。

① 管理体系的范围，说明体系覆盖的产品、活动和服务及区域范围；

② 对质量管理体系主要过程、环境管理体系核心要素、食品安全管理体系主要要素及其相互关系进行描述；

③ 给出体系文件的查询途径。

### 3. 手册的表现形式

对手册整体而言，既可以单独存在，也可以与程序合二为一。可以用文字、流程图加文字说明、图表加文字说明来表示。对手册中"管理体系要求"一章中的每一节可按"目的、范围、职责、程序概要、相关文件"分别进行描述。在整合手册中对每一章的描述要按就高不就低的原则，要满足三项标准中最高的要求。能整合成一个条款的必须写成一个条款，不能写成一个条款的可在一个章节中分别在不同条款进行描述。

# 项目三 QS、ISO 22000、ISO 9001、ISO 14000 整合管理体系的实施

体系整合后，体系的运行要按文件的规定将原来分开设置的机构、配备的资源、开展的活动进行整合，重新明确各部门的职责，调整和配备相应的资源，统一进行体系和生产过程及管理活动的策划、运行控制、检查和测量、内审及管理评审，按照环境标志产品的技术要求控制原材料及生产过程，加大产品的检验力度，增加必需的检验项目，选择具有环境标志认证和管理体系认证资格的认证机构进行联合认证审核。整合体系的运行将有利于组织节约资源、降低成本、提高管理的有效性和效率。

## 一、整合管理体系运行应注意的问题

文件化的整合型管理体系建立后，组织要着手体系的运行。整合型管理体系的运行要求与单个管理体系的运行要求基本相同，组织应重点把握好以下问题。

（1）对不同层次的员工采取不同方式，进行整合型管理体系文件的学习；确保其对相关文件的准确理解和掌握；涉及整合的岗位是培训的重点。

（2）按文件的规定落实各部门的职责；配备符合要求的资源；人力资源不足时可引进复合型人才。最高管理者、管理者代表/食品安全小组组长、产品、过程、范围、内审员资格尽量一致。

（3）试运行至少三个月，做好运行的各项记录。

（4）做好内审员的再培训，使其具备整合型管理体系的审核能力，充分做好内审策划，开展一次全面的内审。

（5）开展一次全面的管理评审，评价整合型管理体系的适宜性、充分性、有效性，并评价管理效率的改进情况；结合试运行的情况和内审发现的问题，提出改进措施并实施改进，必要时包括对文件的修改和资源的调配。

## 二、整合管理体系运行中的改进

整合管理体系的运行要求组织不断对管理体系过程进行改进，以实现组织的管理体系所设定的目标。改进措施可以是日常渐进的改进活动，也可以是重大的改进活动。主要从以下几个方面进行。

**1. 适时或定期评审和调整组织管理方针**

食品企业的管理方针代表了组织的经营方向和宗旨，它要依据外界环境的变化而进行调整。定期或适时对组织的方针进行评审并做调整，使体系的运行始终朝着组织所期望的方向发展，为实现食品企业的战略目标提供体系保障。

**2. 适时或定期评审和调整组织管理目标**

目标是在某个阶段实现组织管理方针的具体表现，没有目标的管理方针只能是一句空话。目标具有阶段性，不可能一个目标贯穿整个组织的生命周期。对目标的实现程度应进行

定期的考核、测量和评价，在评价的基础上提出下一阶段的新的目标，这样周而复始，体系运行就会不断改进，达到组织期望的目标。

**3. 加强内部管理体系审核**

根据体系规定的周期或适当时机对体系运行进行充分性、符合性审核，能系统有效地发现体系运行中的缺陷和薄弱环节，通过对发现的问题进行原因分析、采取纠正和预防措施，并对纠正和预防措施的实施效果进行有效性验证，这种体系运行、问题诊断、解决问题、改进体系的 PDCA 过程方法在内审中的运用，可以有效地推动体系持续改进。

**4. 充分运用体系运行中的数据进行分析**

整合体系运行的正常与否，需要对企业管理的效益和产品质量等数据统计结果进行客观分析，进行客观分析的基础是体系运行的客观数据（或记录），因此，数据分析对体系的改进具有决定性影响。

**5. 实时进行管理评审，提高和改进整合体系**

通过组织的最高管理者亲自主持，对体系运行中的问题进行分析和评审，特别是针对组织外部环境的变化，提出组织的应对策略和改进方案并组织实施，保持体系的持续适应性。这是推动管理体系持续改进的最有效方式，可以不断提高和完善整合体系。

食品企业的管理体系，包括体系文件，在制定和整合时，应该结合企业自己的实际情况，因所提供产品和服务的复杂性、组织规模、人员素质、管理理念、企业文化等的不同而异，要根据顾客需求、企业与社会需要，充分考虑企业人、财、物的投入与期望的回报相适应；重点要能提高企业的管理水平、效益，全面提高和保证食品质量与安全，在体系建立和整合时需要量力而行，选择适合企业的管理体系运用和执行。在编制时不能千篇一律，照抄照搬。

## ※【学习引导】

1. 什么是管理体系的整合？
2. 食品企业整合管理体系有什么特点？
3. 食品企业进行管理体系整合可行吗？为什么？
4. 食品企业进行管理体系整合时有什么要求与原则？
5. 讲述整合管理体系文件编写的步骤。
6. QS、ISO 22000、ISO 9001、ISO 14000 管理体系有什么共同点？
7. QS、ISO 22000、ISO 9001、ISO 14000 管理体系有什么不同点？
8. 管理体系整合通常采用哪些方法？
9. 整合管理体系通常需要哪些步骤？
10. 讲述整合管理体系的文件化框架的形式和文件层次。
11. 讲述整合管理体系文件内容选择的方法。
12. 讲述整合管理体系文件手册编写的要点。
13. 讲述整合管理体系运行应注意的问题。
14. 讲述整合管理体系在运行过程中要关注的改进方面。

## ※【思考问题】

1. 什么情况促使人们想要整合食品质量安全管理体系？
2. 整合食品质量安全管理体系对食品企业有什么经济利益？为什么？

※【实训项目】

### 实训　食品企业 QS、ISO 22000、ISO 9001、ISO 14000 整合管理手册的调查与编写

【实训准备】

1. 选择执行多体系管理的食品企业进行参观学习，了解企业质量安全管理运行（可结合校外实训基地参观实习或生产实习进行）。

2. 以当地食品企业为例，编制 QS、ISO 22000、ISO 9001、ISO 14000 整合管理手册。

【实训目的】

通过对食品企业 QS、ISO 22000、ISO 9001、ISO 14000 整合管理手册的编写，让学生掌握整合管理手册的基本内容和编写方法，初步掌握在食品企业实际生产中的运用。

【实训安排】

1. 根据班级学生人数进行分组，一般 5~8 人一组。

2. 根据 QS、ISO 22000、ISO 9001、ISO 14000 整合管理手册的知识，通过企业实习和网络查找资料，每组以当地的食品企业（产品不同）为例，编制一份"整合管理手册"。

3. 分组汇报和讲评本组的"整合管理手册"，学生、老师共同进行模拟评审提问。

4. 教师和企业专家共同点评"整合管理手册"的编写质量。

【实训成果】

每小组提交一份"整合管理手册"。

【实训评价】

由学生、教师和企业专家共同评价，权重建议分别为 20%、40%、40%。具体评价表格和权重，请各位老师自行设计。

---

**学 习 拓 展**

通过各种搜索引擎查阅"食品企业整合管理体系"的案例、"整合管理手册"的范本，学习食品企业 QS、ISO 22000、ISO 14001"三合一"食品质量安全管理整合体系的建立与实施。

# 模块九 食品质量安全管理体系内部审核

【学习目标】
1. 能够讲述食品质量安全管理体系内部审核的意义。
2. 能够讲述食品质量安全管理体系内部审核的依据、流程。
3. 能够讲述食品质量安全管理体系内部审核的要点。
4. 能够编写内部审核计划、内审检查表、内审报告。
5. 能够参与食品企业的内部审核。

## ※【案例引导】

某罐头生产企业成立后,分别建立了办公室、人力资源部、生产技术部、品管部、研发部、供销部、工程部、财务部等职能部门,并且获得了食品生产许可证,为了确定企业所建立的食品质量安全管理体系实施过程的符合性、有效性,应当有计划地进行企业内部审核。

## 项目一 食品质量安全管理体系内部审核计划

审核是指为获得审核证据并对其进行客观地评价,以确定满足审核准则的程度所进行的系统的、独立的并形成文件的过程。

食品企业质量安全管理体系审核是指为获得食品企业质量安全管理体系审核证据,并对其进行客观地评价,以确定满足食品企业质量安全管理体系审核准则的程度,所进行的系统的、独立的并形成文件的过程。

### 一、审核的分类

食品企业管理体系审核按照审核方的不同可分为以下两种。

**1. 内部食品企业管理体系审核**

内部食品企业管理体系审核也称第一方审核。内部审核是组织的自我审核,它由组织自己或以组织的名义进行,用于管理评审和其他内部目的,可作为组织自我合格声明的基础。

**2. 外部食品企业管理体系审核**

外部食品企业管理体系审核包括第二方和第三方审核。第二方审核是组织的相关方对组织进行的审核,如顾客对组织的审核;第三方审核一般是指审核机构等第三方机构对组织进行的审核,如机构对组织提供符合要求的认证或注册。

内部审核和外部审核的具体区别见表9-1。

表9-1 内、外部食品企业管理体系审核的区别

| 项目 | 内部食品企业管理体系审核 | 外部食品企业管理体系审核 |
| --- | --- | --- |
| 目的 | 审核食品企业管理体系的符合性、有效性,采取纠正措施,使体系正常运行和持续改进 | 第二方:选择合适的合作伙伴;证实合作方持续满足规定要求;促进合作方改进食品管理体系<br>第三方:导致认证,注册 |
| 审核方 | 第一方 | 第二方,第三方 |
| 依据 | HACCP标准、ISO 22000标准、ISO 9001标准、ISO 14001标准;<br>企业食品安全管理体系文件;<br>适用于组织的有关的食品安全法规及其他要求 | 第二方:合同,企业食品安全管理体系文件;适用于受审核方的食品安全法规及其他要求<br>第三方:HACCP标准、ISO 22000标准;ISO 9001标准;ISO 14001标准;企业食品管理体系文件;适用于受审核方的食品安全法规及其他要求 |
| 审核方案 | 集中/滚动式审核 | 集中式审核 |
| 审核员 | 有资格的内审员,也可聘外部审核员 | 第二方:自己或外聘审核员<br>第三方:国家注册审核员 |
| 文件审查 | 根据需要安排 | 必须进行 |
| 审核报告 | 提交不符合项报告和采取纠正措施建议 | 只提不符合项报告 |
| 纠正措施 | 重视纠正措施。对纠正措施计划不做具体咨询,但可提方向性意见供参考。对纠正措施完成情况不仅要跟踪验证,还要分析研究其有效性 | 对纠正不能做咨询,对纠正措施计划的实施要跟踪验证 |
| 监督检查 | 无此内容 | 认证或认可后,每年至少进行1次监督检查 |

当食品企业在建立 ISO 9001、ISO 14001、ISO 22000 管理体系时,或通过 ISO 9001、ISO 14001、ISO 22000 管理体系认证后,为了评价管理体系的符合性和有效性,就要对管理体系进行内部审核。通过内部审核,找出与管理体系要求有差距的地方,提出整改意见,实施纠正改进,不断完善,从而保证食品质量的安全。

## 二、内部审核的特点

内部审核是组织内部一项有效的管理活动,其特点有:
① 内审是企业为检查自身的管理体系是否得到有效实施而进行的;
② 内审是为了向管理机构表明申请审核的可行性,并向客户表明本企业产品的可靠性;
③ 内部核审的根本目的在于改进;
④ 内审的主要动力来自管理者,必须得到管理者的全面支持;
⑤ 内审操作比外审灵活,但内容要求更加全面、细致和深入。

## 三、内部审核的目的

(1) 食品企业管理体系建立后,进行初次内部审核的目的 确定管理体系的有效性,完善管理体系。

(2) 为迎接外部审核(即第二方或第三方)做好自查工作 认真查找体系运行中的不符合项,及时加以纠正和预防,不断改进和完善管理体系。

(3) 内部审核是维持、完善、改进管理体系的需要。

案例中的罐头生产企业的内部审核就是为了维持、完善、改进管理体系的需要，而进行的自查工作。通常每年至少要有1次内部审核。

### 四、内部审核的流程

内部审核通常从审核方案的策划开始，然后进行内部审核前的准备、召开首次会议、进行现场审核、召开末次会议，最后提交审核报告，并对不符合项提出纠正措施和跟踪。内部审核流程见图9-1。

### 五、食品安全管理体系内部审核计划

当食品企业准备进行内部审核时，首先要制订好审核计划。即食品企业依据管理体系内部审核控制程序文件和管理体系现状，进行内部审核方案的策划。

审核方案的内容包括审核准则、审核范围、审核频次、审核方法、审核时间、资源需求等。一般一年策划一次审核方案，即"年度内部管理体系审核方案"。审核方案一般由管理者代表（食品安全小组组长）编制，由总经理批准后实施。

**1. 审核方式**

审核方式通常分为部门审核方式和要素审核方式两种。

按部门审核是在某一部门针对其涉及的管理体系中各要素的要求进行审核；按要素审核就是以要素为线索进行审核，即针对同一要素的不同环节到各个部门进行审核，以便作出对该要素的审核结论。

图 9-1　内部审核流程

两种审核方式各有特点。按部门审核时，审核时间较为集中，审核效率高，对受审核方正常的生产经营活动影响小，但存在审核内容比较分散、要素的覆盖不够全面等问题；按要素审核时，能较好地把握体系中各个要素的运行状况，但存在审核效率低，对受审核方正常的生产经营活动影响较大等问题。对比以上两种审核方式，为了提高审核效率，管理体系的内部审核通常采用部门审核的方式，而在追踪某一要素实施情况时，则采用要素审核的方式。

**2. 审核日程计划**

年度审核计划是审核方案的具体表现形式，是针对特定时间段所策划的并具有特定目的的一组（一次或多次）审核。审核日程计划有两种形式。

(1) 集中式年度审核日程计划　集中式年度审核一般集中安排在某段时间内，一次性对全要素、所有部门进行审核。适用于中小型企业、无专职机构及人员的情况；或新建管理体系、管理体系发生重大变化时适用。以下为罐头生产企业集中式年度审核的日程计划实例。

---

**实例 9-1　集中式年度审核日程计划**

2013年度内部食品安全管理体系审核方案

编号：NS2013

1. 审核目的

检查罐头企业中食品安全管理体系是否正常运行，评价食品安全管理体系的有效

性和符合性。

2. 审核范围

食品安全管理手册覆盖的所有部门和生产现场。

3. 审核准则

(1) GB 14881—2013《食品安全国家标准 食品生产通用卫生规范》。

(2) GB/T 27303—2008《食品安全管理体系 罐头食品生产企业要求》。

(3) GB/T 20938—2007《罐头食品企业良好操作规范》。

4. 审核日程安排

| 月份<br>部门 | 1 | 2 | 3 | 4 | 5 | 6 | 7 | 8 | 9 | 10 | 11 | 12 |
|---|---|---|---|---|---|---|---|---|---|---|---|---|
| 总经理 |  |  |  |  | ☆ |  |  |  |  |  | ☆ |  |
| 办公室 |  |  |  |  | ☆ |  |  |  |  |  | ☆ |  |
| 研发部 |  |  |  |  | ☆ |  |  |  |  |  | ☆ |  |
| 品管部 |  |  |  |  | ☆ |  |  |  |  |  | ☆ | ◆ |
| 生产技术部 |  |  |  |  | ☆ | ◇ | ◆ |  |  |  | ☆ |  |
| 供销部 |  |  |  |  | ☆ |  |  |  |  |  | ☆ |  |
| 工程部 |  |  |  |  | ☆ |  |  |  |  |  | ☆ |  |
| 人力资源部 |  |  |  |  | ☆ |  |  |  |  |  | ☆ |  |

注：1. 具体的审核时间在每一次的审核实施计划中确定。

2. 计划：☆；审核已进行：■；纠正措施已制定：◇；纠正措施已验证：◆。

编制日期：　　　　审核日期：　　　　批准日期：

(2) 滚动式年度审核日程计划　滚动式年度审核一般按月或季度安排对若干个部门或要素进行一次审核，全年滚动覆盖全部要素和所有部门。审核的持续时间较长，重要的要素和部门的审核频次要安排多次，适用于大、中型企业及设有专门内部审核机构或专职人员的情况。以下为罐头企业滚动式年度审核日程计划实例。

**实例 9-2　滚动式年度审核日程计划**

2013年度内部食品安全管理体系审核方案

编号：NS2013

1. 审核目的

检查罐头企业中食品安全管理体系是否正常运行，评价食品安全管理体系的有效性和符合性。

2. 审核范围

食品安全管理手册覆盖的所有部门和生产现场。

3. 审核准则

(1) GB 14881—2013《食品安全国家标准 食品生产通用卫生规范》。

(2) GB/T 27303—2008《食品安全管理体系 罐头食品生产企业要求》。

（3）GB/T 20938—2007《罐头食品企业良好操作规范》。

4. 审核日程安排

| 月份\部门 | 1 | 2 | 3 | 4 | 5 | 6 | 7 | 8 | 9 | 10 | 11 | 12 |
|---|---|---|---|---|---|---|---|---|---|---|---|---|
| 总经理 | ☆ | | | | ☆ | | | ☆ | | | | |
| 办公室 | | | ☆ | | | | ☆ | | | | | |
| 研发部 | | | | ☆ | | | | ☆ | | | | |
| 品管部 | | | ☆ | ◇ | | | | ☆ | ◆ | | | |
| 生产技术部 | | | | | ☆ | ◆ | | | | | ☆ | |
| 供销部 | | | | | | | ☆ | | | | | ☆ |
| 工程部 | | | | | | ☆ | | | | ☆ | | |
| 人力资源部 | | | | ☆ | | | | | | | ☆ | |

注：1. 具体的审核时间在每一次的审核实施计划中确定。
　　2. 计划：☆；审核已进行：■；纠正措施已制定：◇；纠正措施已验证：◆。
编制日期：_____　　审核日期：_____　　批准日期：_____

# 项目二　食品质量安全管理体系内部审核准备

在进行内部审核之前，需要做好确定审核人员、体系文件审核、审核实施计划和准备其他工作文件等（如检查表、不符合报告等）一系列审核准备工作。

## 一、成立审核组

在进行内部审核前，管理者代表应任命审核组长和审核员，成立审核组。根据部门规模和内部审核天数决定审核组成员人数。要选拔接受过内部审核员培训，并获得内部审核员资格的独立于受审核部门的内部审核员。

**1. 审核组的组成要求**

审核组通常由审核组长及审核员组成。审核组的组建应保持其具备实施审核的全面经验与技术；审核组成员应熟悉组织的产品、活动与服务；审核员与被审核部门无直接责任关系。

审核组长除具备内审员的资格条件外，还应该具有较多的审核经验，对被审核部门的业务有一定的了解，具有较强的组织管理能力。

**2. 审核组长的职责**

（1）审核组长全面负责审核各阶段的工作。
（2）协助选择审核组的成员，检查组成审核组的人员与受审核方有无利害关系。
（3）制订审核计划、起草工作文件、给审核组成员布置工作。
（4）代表审核组与受审核方领导接触。
（5）及时向受审核方报告关键性的不符合项情况，通报已确定的不符合项的审核发现。
（6）报告审核过程中遇到的重大障碍。
（7）审核组长有权对审核工作的开展和审核观察结果做出最后的决定。

(8) 清晰、明确报告审核结果，不无故拖延。
(9) 追踪验证纠正措施的实施情况。

### 3. 内部审核员

食品企业为了确定其食品安全管理体系是否符合管理体系的要求及管理体系标准的要求，需要经常性地开展内部审核工作，从而不断地自我完善食品企业自身的管理体系，改进产品质量。有资格对本企业的管理体系实施审核工作并能胜任的人员称为管理体系内部审核员（简称内审员）。

(1) 审核员的职责　要听从审核组长的指示，支持审核组长的工作；在确定的审核范围内按计划有效、高效、客观地进行工作；收集和分析与受审核的管理体系有关的，并足以对其下结论的审核证据；按照审核组长的指示编写检查表，将观察结果整理成书面资料；验证由审核结果而提出的纠正措施的有效性；收存、保管和呈送与审核有关的文件；协助审核报告书的编写；保守审核文件的机密；谨慎处理特殊的信息；遵守职业道德，保持客观公正。

(2) 内部审核员的作用　内部审核员在食品企业管理体系中的作用是：在食品企业管理体系的运行过程中起监督作用，及时发现问题并及时解决；在进行内部审核时，对食品企业管理体系的保持和改进起参谋作用，如在审核中帮助受审核部门分析不符合项原因，提出改进措施和建议；由于内审员与各部门的员工有着广泛的交流和接触，在内部审核中可以起到领导与群众之间纽带和桥梁的作用；内审员在第二、第三方审核中，往往作为联络员、陪同人员等，还可以把外审员的意见传递给组织领导，以便迅速改进；内审员在食品企业管理体系的有效实施方面起宣传解释和带头作用。

(3) 内部审核员应具备的条件　内部审核员应具备一定的职业素质。例如：遵守职业道德，即公证、可靠、诚实、慎重；思想开明，即愿意考虑不同的想法和观点；善于交往，即具有较强的与人交往的能力和技巧；善于观察，即善于运用视觉、嗅觉和听觉等感觉器官发现问题；善于合作，即具有较强的组织协调能力和团队意识；坚忍不拔，即办事不受外界干扰、对实现目标坚持不懈；明断，即能够根据逻辑推理和分析及时得出结论。

内部审核员还应具备一定的知识和技能。例如：具有中专或高中以上学历；接受过经国家认监委认可的培训机构的培训并获得内审员资格证书；有较强的口头和书面表达能力；了解食品安全管理体系标准和审核程序；有食品质量、安全管理和企业管理的经验；具有较强的编写和保存记录、报告、策划、预算的能力；掌握一定的审核方法和技巧等。

内部审核员应克服轻信、僵化、武断、吹毛求疵、粗心、急躁、不守纪律等不良工作习惯。

(4) 内部审核员的审核技巧　一名优秀的内审员必须掌握一定的审核技巧。由于审核的过程实际是一个双向沟通的过程，所以审核时的顺利沟通是审核成功的关键，为此要创造一个良好的氛围，做到四个"善于"：善于读、善于听、善于看、善于问。

善于读就是善于查阅文件和记录。食品安全管理体系是一个文件化的体系，查阅文件和记录是现场审核中必须采用的方法。通过查阅文件和记录可以了解体系的要求，可以追溯体系的发展及运行状况，可以发现有问题的环节。

善于听就是要认真听取受访者的回答。要选择恰当的受访者，对受访者的讲话要表现出兴趣，谦虚专注地聆听；要有耐心，避免打断、干扰、反驳、评价对方的讲话；始终保持善意的态度听讲，并作出适当的回应。

善于看就是要注意观察与审核有关的人和事物。例如：要仔细观察受审核方通过言语、面部表情、肢体语言表达出来的信息；要仔细观察现场食品安全条件、设备情况、产品和标记等。

善于问就是要掌握提问的方法。提问时要考虑被问者的背景；明确观点，准确表达；注意神态表情；不要连珠炮似地发问；不能暗示某种答案；适当地表示谢意。多用"开放式"和"思考式"的提问方式，例如："怎么样？为什么？请告诉我……"等，避免使用容易引起受访者紧张的"封闭式"提问。

## 二、文件收集与审查

内部审核是本组织在已经建立文件化的管理体系，并且该管理体系正常运行的情况下进行的，所以内审时对文件的审查，重点是审查与受审核部门有关的程序文件、作业指导书等。以食品安全管理手册、HACCP计划、合同和有关法律法规为依据，对手册、程序文件等进行审查。文件审查时，应同时检查受审核部门与其他部门的接口，在文件中是否明确，内容是否协调等。

通过文件审核，了解到受审核方的基本情况，为顺利审核做好准备。

## 三、编制审核实施计划

审核实施计划又称现场审核计划，它是包含了审核目的、审核范围、审核依据、审核组成员、审核时间、审核报告发布日期及范围、审核日程安排等内容的文件。这个计划不同于年度审核方案，是每次审核的具体计划，由审核组长编写，管理者代表批准。以下为罐头企业审核实施计划实例。

---

**实例9-3　内审计划**

2013年第一次内部食品安全管理体系审核实施计划

编号：NS2013-1

1. 审核目的

为确保本罐头企业食品安全管理体系的持续适宜性、充分性和有效性，从而如期实现本企业的食品安全方针和目标。充分发挥本企业食品安全管理体系持续改进的能力。

2. 审核范围

食品安全管理体系所要求的相关活动及各有关职能部门，包括总经理、办公室、人力资源部、生产技术部、品管部、研发部、供销部、工程部。

3. 审核准则

(1) GB 14881—2013《食品安全国家标准　食品生产通用卫生规范》。(A)

(2) GB/T 27303—2008《食品安全管理体系　罐头食品生产企业要求》。(B)

(3) GB/T 20938—2007《罐头食品企业良好操作规范》。(C)

4. 审核组成员

审核组长：杨××

审核员：张××、陈××（第一组，A）；黄××、陈××（第二组，B）；林××、王××（第三组，C）

5. 审核时间

2013年11月19日。

6. 审核报告发布日期及范围

审核报告将于2013年11月22日发布，发放范围为企业正副总经理、各部门经理/主管、管理者代表及审核组各成员。

7. 审核日程安排

| 日期/时间 | | 审核小组 | 受审部门 | 主要活动与涉及的标准条款 |
|---|---|---|---|---|
| 11月19日 | 8:00~8:30 | A、B、C | 所有部门 | 首次会议 |
| | 8:30~11:30 | A | 总经理、办公室 | 4.1;4.2等 |
| | | B | 研发部、品管部 | 7.1;7.2等 |
| | | C | 生产技术部 | (略) |
| | 11:30~14:00 | | | 午餐、中午休息 |
| | 14:00~16:00 | A | 供销部 | (略) |
| | | B | 工程部 | (略) |
| | | C | 人力资源部 | (略) |
| | 16:00~16:30 | A、B、C | | 审核组内部会议、整理审核结果(不符合项报告) |
| | 16:30~17:00 | A、B、C | 所有部门 | 末次会议 |

编制日期：_____ 审核日期：_____ 批准日期：_____

## 四、编写检查表

检查表是执行审核的依据。编写检查表可以保持审核目标的清晰和明确，保持审核内容的周密和完整，保持审核的节奏和连续性，防止审核的随意性。

在编写检查表时，应该依据 ISO 14001 标准的要素、或是 ISO 9001 标准的要素、或是 ISO 22000 标准的要素、或是 HACCP 标准的要素来编制，或是依据组织部门编制检查表。检查表应具有可操作性，当发现新情况时应调整检查表内容。以下为罐头企业内部审核检查表实例。

**实例9-4 内部审核检查表**

| 受审核部门 | 生产部 | | 部门负责人 | | |
|---|---|---|---|---|---|
| 审核员 | | | 审核日期 | | |
| 审核条款 | 审核内容 | 审核方法 | | 审核记录 | 判定 |
| A:5.1.1,5.1.2,5.1.3,5.1.4 | 基础设施 | 1. 企业提供了哪些资源以建立和保持实现生产要求所需的基础设施<br>2. 提供的基础设施是否满足要求<br>3. 是否制订设备年度检修计划并定期进行维修保养<br>4. 基础设施和维护方案是否满足要求 | | | |
| B:3.2,4.2,5.1 | 工作环境 | 1. 生产车间是否具备合适的工作环境<br>2. 工作环境是否得到了管理<br>3. 工作环境是否按照前提方案或操作性前提方案要求建立和实施 | | | |
| B:5 | 操作性前提方案 | 查看现场操作是否按照操作性前提方案要求，是否有不符合项，是如何处理的 | | | |
| B:6.2,6.3,6.4,6.5 | CCP监控 | 查阅文件、现场查看 | | | |

续表

| 受审核部门 | 生产部 | | 部门负责人 | | | |
|---|---|---|---|---|---|---|
| 审核员 | | | 审核日期 | | | |
| 审核条款 | 审核内容 | 审核方法 | | | 审核记录 | 判定 |
| B:6.6,8 | 标识和可追溯性控制，可追溯性系统 | 1. 是否有文件规定以适当的方式对产品进行标识<br>2. 是否在进料接收、生产、安装、交付等阶段对产品进行标识<br>3. 标识的方法、方式是否有明确规定<br>4. 产品、物料移动后是否能及时移植标识（必要时），是否作出了规定；是否有效实施<br>5. 对标识的管理（如标签、印章等的管理）是否作出了明确的规定；是否有效实施<br>6. 对可追溯性的场合，是否对每个或每批产品进行了唯一性标识<br>7. 对于可追溯性标识是否有规定性记录；是否做了记录，是否能够达到追溯的目的 | | | | |

## 五、通知受审核部门

审核组长在审核前 3～5 天与受审核部门的领导接触，协商确定审核的具体时间、受审核部门的陪同人员以及审核中双方关心的其他问题等，以使审核工作顺利进行。商妥后，即发出书面审核通知。

# 项目三　食品安全管理体系内部审核的实施

内部审核实施时，首先要召开首次会议，接着进行现场审核，然后再开一次末次会议，最后提交审核报告，受审核部门负责人针对审核中的不符合项提出纠正措施的建议。

## 一、首次会议

首次会议是内审组与受审核方关于审核过程安排方面的一次信息交流。

**1. 召开首次会议的目的**

(1) 审核组成员与受审核方的有关人员见面。
(2) 阐明审核的目的和范围，确认审核计划。
(3) 简要介绍审核的方法和程序。
(4) 建立审核组与受审核方的正式联系。
(5) 落实审核组需要的资源和设施。
(6) 确认审核组和受审核方领导之间末次会议和中间数次会议的日期和时间。
(7) 澄清审核实施计划中不明确的内容（如限制的区域和人员、保密申明等）。

**2. 首次会议要求**

首次会议由审核组长主持，会议应准时、简短、明了，时间以不超过半小时为宜，与会人员都要签名。

参加首次会议的人员是审核组全体成员、高层管理者（必要时）、管理者代表、陪同人员、受审核部门领导及主要工作人员。来自其他部门的观察员在征得受审核方的同意后也可参加。

**3. 首次会议的内容和程序**

（1）会议开始　参加会议的人员在签到单上签到。审核组长宣布会议开始。

（2）人员介绍　由审核组长介绍审核员组成及分工。各受审核部门分别介绍将要参加的陪同工作人员。在内审中当大家比较熟悉时，可不必多做介绍。

（3）阐明审核的目的和范围　由审核组长阐明审核的目的、审核准则以及审核将涉及的部门，并得到确认。

（4）现场审核计划的确认　说明审核的原则、方法和程序，着重说明审核是按部门或过程进行的、审核是抽样的过程，强调审核的客观、公正性，说明相互配合的重要性。提出不符合项的报告形式（需受审核部门确认，并提出纠正措施）。

（5）落实后勤安排　例如：作息时间、办公地点、就餐等的安排。

（6）其他事宜　确定审核过程中末次会议的时间、地点、出席人员等；明确审核实施计划中不明确的问题；保密原则的声明；安全措施；说明需要限制的区域及有关人员；审核时间的再确认。

（7）会议结束　审核组长致谢。

## 二、现场审核

现场审核是内部审核的重要过程，是通过收集审核证据，并且与审核准则进行对照，以此来评价体系的符合性和有效性，得出审核发现和审核结果的过程。

**1. 现场审核的原则**

（1）以客观事实为依据的原则　要尊重客观事实，客观事实要以证据为基础，可以陈述和验证，不能凭借个人猜想和推理得出结论。

（2）标准与实际核对的原则　实际与标准必须认真核对，凡是实际与标准未核对的项目都不能判为合格或不合格。

（3）依次递进审核的原则　审核从"实际有没有"开始，不能因为回答圆满就到此结束。要继续检查"做没做"，不能因为文件、计划、记录编制得好和编制得多就认为符合要求了，要判断到底做了没有，做了多少。最后验证"做得怎样"，不能因为已按文件要求做了就认为合格了，还要检查做的结果是否达到了规定的目标。

（4）独立公正的原则　审核必须不受外界的任何干扰，不能屈服于外界的压力，也不能带有任何的偏见。

**2. 审核证据的收集**

（1）审核准则与审核证据　审核准则是指用作依据的一组方针、程序或要求。通常又叫做审核依据。如：ISO 9001：2008 标准、ISO 14001：2004 标准、GB/T 22004—2007《食品安全管理体系》、质量手册、程序文件、工作指导书、质量计划、企业内部编制的与体系有关的管理性文件、技术文件、合同、国家有关的法律法规等。

审核证据是指与审核准则有关的并且能够证实的记录、事实陈述或其他信息。审核证据可以是定性的或定量的。如：查阅到的文件、现场审核观察到的现象、审核员测量到的结果、被审核者的谈话等。

（2）审核证据的获得　审核证据可以通过在审核范围内所进行的面谈、查阅文件和记录（包括数据的汇总、分析、图表和业绩指标等）、对现场的观察、对实际活动和结果的验证、测量与试验结果、来自其他方面的报告（如顾客反馈、外部报告）、职能部门之间的接口信息等渠道获得。

审核证据通常以存在的客观事实、被访问人员的口述、现存文件记录等形式存在。

**3. 审核的控制**

在内部审核过程中，对审核现场的控制是审核成功的重要方面。为了使审核能顺利地进行，审核组长要控制审核全过程，尤其要注意控制以下几方面。

（1）审核实施计划的控制　审核要依照计划和检查表进行；如确实因为某些原因需要修改计划时，应与受审核方商量；在可能出现严重不符合时，经审核组长同意，可超出审核范围审查。

（2）审核进度的控制　审核的进度应按照规定的时间完成。如果出现不能按预定时间完成的情况，审核组长应及时做出调整。

（3）审核气氛的控制　审核气氛对审核的顺利进行十分重要，当审核中出现紧张气氛时必须做适当的调节；对于草率行事的应及时纠正。

（4）审核客观性的控制　审核组长应每天对审核组成员发现的审核证据进行审查，凡是不确实或不够明确的，不应作为审核证据予以记录。

（5）审核范围的控制　在内审时，常会发生扩大审核范围的情况，如果要改变审核范围，应征得审核组长同意，并与受审核方沟通后才能进行。

（6）审核纪律的控制　审核组长应关注审核员的工作，及时纠正违反审核纪律的现象，阻止不利于审核正常进行的言行。

（7）审核结论的控制　在作出审核结论以前，审核组长应组织全组进行讨论。审核结论必须公正、客观和适宜，应避免错误或不恰当的结论。

**4. 审核中的注意事项**

在内部审核中，首先要相信样本；随机抽样时，样本的选择要有代表性；要依靠检查表，调整检查表时要小心；要把重点放在显著危害及其所在的现场；要注意关键岗位和体系运行的主要问题。

在内部审核中，要透过问题的表面现象找寻客观证据，对发现的不符合项要追溯到必要的深度；要与受审核方负责人共同确认事实；注意有效地控制审核时间，始终保持客观、公正和有礼貌。

在内部审核中，不仅要关注体系的符合性，还应关注体系的有效性，以便持续改进，不断地改善食品安全绩效。

**5. 审核发现**

审核发现是指将收集到的审核证据对照审核准则进行评价的结果。审核发现能表明是否符合审核准则，也能指出改进的机会。审核发现是编写审核报告的基础。

（1）审核发现的提出　审核发现是根据审核准则，对所收集的审核证据进行评价而形成的。审核发现常以审核员或审核小组的名义提出。

（2）审核发现的评审　审核发现的评审是在审核的适当阶段或现场审核结束时进行的。由审核组对审核发现进行评审，审核组长在听取审核组意见、仔细核对审核证据的基础上，确定哪些项目作为不符合项。

（3）审核发现的内容　审核发现的内容包括符合项和不符合项。

**6. 现场审核记录**

现场审核记录作为审核证据的信息载体，记录了审核中所收集到的以及已证实与审核目的、范围和准则有关的适当信息，表明了审核所取得的结果，提供了审核所完成活动的证据。审核记录是形成审核发现和得出可信的审核结果的基础，与审核实施的有效性和可信性密切相关。

(1) 审核记录的内容　审核记录的内容应包含以下信息：对组织管理体系进行检查的情况；适当的审核证据；审核覆盖的区域（如场所、职能、活动和过程）、审核路线和获取审核证据的方式；审核的样本状况和抽样情况；信息的可重现性和可证实性情况、按审核策划的安排完成规定要求的客观证据；当发生申诉、投诉或重大质量、安全和环境等事故时可翻查到的相关信息等。

(2) 审核记录的形式　审核记录可以有多种体现形式。例如：书面记录、电子记录、电子数码图像、照片、复印件、标识图形或它们的组合。

(3) 审核记录的要求　审核记录应清楚、全面、易懂、便于查阅；记录应准确，例如什么文件、陈述人职位和工作岗位等；记录的格式由内审员自定。

(4) 审核记录的作用　现场审核的记录便于以后需要时查阅；便于核实审核证据时查阅；便于相关方进行调查时参阅；便于有连续性线索的继续审核。

**7. 每日审核组内部会议**

每天审核结束前，审核组内部要召开会议，交流一天来审核中的情况，整理审核结果，完成当天的不符合项报告，审核组长总结一天来的工作情况，必要时对第二天审核的工作及人员进行调整。

**8. 不符合项报告**

(1) 确定不符合项的原则　不符合项的确定，应严格遵守依据审核证据的原则。凡依据不足的，不能判为不符合；有意见分歧的不符合项，可通过协商和重新审核来决定。

(2) 不符合项的形成　不符合项由以下任何一种情况所形成：体系文件的规定不符合标准的（即该说的没说到）；现状不符合体系文件规定的（即说到的没做到）；效果不符合体系文件规定的要求（即做到的没有效果）。

(3) 不符合的类型　根据不符合的严重程度可分为严重不符合、一般不符合、观察项三类。不符合类型的判定对审核结论有决定性影响。

出现下列情况之一，原则上可构成严重不符合项：当体系出现系统性失效时，如某个要素、某个关键过程在多个部门重复出现失效现象，又如在多个部门或多个活动现场均发现有不同版本的文件同时使用时，这说明整个系统文件管理失控；当体系运行区域性失效（可能由多个轻微不符合组成）时，如某一部门或场所的全面失效现象；当造成严重的食品安全危害，潜在的食品安全危害后果严重时；当组织违反法律、法规或其他要求的食品安全行为较严重时；当一般不符合项没有按期纠正时；当目标未实现，且没有通过评审采取必要的措施时。

出现下列情况之一，原则上可构成一般不符合项：对满足食品安全管理体系要素或体系文件的要求而言，是个别的、偶然的、孤立的、性质轻微的不符合时；对所审核范围的体系而言不会产生严重影响时。

出现下列情况之一，判为观察项：虽未构成不符合，但有变成不符合的趋势或可以做得更好，或是证据暂时不足时；需向受审核方提出，引起注意时。观察项不纳入任何审核报告发给受审核方，但是审核组保留观察项记录。

(4) 不符合项报告的内容　不符合项报告的内容包括：受审核方名称、受审核方的部门或人员；审核员、陪同人员；日期；对不符合事实的描述；不符合结论（违反文件的章节号或条文，如违反HACCP某要素的要求等）；受审核方的确认；不符合原因分析；拟采取的纠正措施及完成的日期；纠正措施完成情况及验证。

不符合项报告中对不符合事实的描述要力求具体详细（例如：事情发生的地点、时间、当事人，涉及的文件号、记录号等）；对不符合问题的性质要直接点明（例如：未经培训就直接上岗操作造成食品质量下降等）；对违反标准或手册的某项条款要判断正确，如果判断不正确则影响纠正措施的实施。以下为罐头企业内部审核不符合项报告实例。

### 实例9-5　内部审核不符合项报告

| 受审核部门 | 生产技术部 | 审核员 | 张×× | 审核日期 | 2013年11月19日 |
|---|---|---|---|---|---|

不合格事实描述：
　　实罐车间操作台的卫生检查不全面，无计划。未提供操作台每日的微生物检查报告。
　　不符合 GB/T 27303—2008　　标准条款号：5.2

| 严重程度 | 一般□ | 严重□ | 受审核部门负责人签字 | 王×× |
|---|---|---|---|---|

对不合格的纠正：立即纠正□　已过时效无需纠正□　审核员/日期：
纠正情况（责任部门填写）：
　　立即按照工器具卫生检验作业指导书整改，到检验科复印每日实罐车间操作台卫生检查的微生物检查报告。
　　　　　　　　　　　　　　　　　　　部门责任人/日期：王××　2013年11月19日

对同类不合格的举一反三及纠正情况：
　　其他食品接触面的每日抽查检验报告完整。
　　　　　　　　　　　　　　　　　　　责任部门负责人/日期：王××　2013年11月19日

不合格原因分析（参加分析人员）：
　　疏忽了微生物检查报告的保存，未能及时采样。
　　　　　　　　　　　　　　　　　　　王××、林××　2013年11月19日

对应原因拟采取的防止再发生的纠正措施：
　　对王××、林××培训工器具卫生管理规程，微生物检查报告的管理方法。
　　　　　　　　　　纠正措施制定人：　　审核组长/日期：杨××　2013年11月19日

纠正措施实施的自我检查：
　　完成。
　　　　　　　　　　　　　　　　　　　负责人：王××　2013年11月19日

| 跟踪验证结论 | 原因分析是否准确 | □是 | □否 | 审核员签字 |
|---|---|---|---|---|
| | 处置是否有效 | □是 | □否 | |
| | 纠正措施是否有效 | □是 | □否 | |

**9. 审核组总结会议**

在现场审核结束、末次会议召开前，审核组要召开一次总结会议，对审核发现做一次汇总分析，讨论并确定审核中有争议的事项，整理审核结果，以便在末次会议上对审核结果发表结论性意见。会议时间大约1h，会议的目的是确定所有不符合项。

审核组总结会议首先由审核员汇报自己所审核区域的工作总结，然后对审核结果进行汇总分析。对于滚动式年度审核日程计划来说，汇总分析是针对某一个部门的或某个要素的。在年度计划完成后，应进行一次全年的总分析，并且写出一份全面的审核报告。对于集中式年度审核日程计划来说，汇总分析是针对整个体系的，应就此对整个体系的运行情况进行判断。如体系对于标准的符合程度、实施的有效程度等。

### 三、末次会议

在现场审核结束后,要召开末次会议,会议由审核组长主持,时间不超过1h。

**1. 末次会议的目的**

① 向受审核方领导介绍审核方发现的情况,以使他们能够清楚地理解审核结论。
② 宣布审核结论。
③ 提出后续工作要求(纠正措施、跟踪、监督)。
④ 宣布结束现场审核。

**2. 末次会议的内容和程序**

(1) 会议开始　参加会议的人员在签到单上签到。审核组长宣布开会。
(2) 致谢　审核组长以审核组名义感谢受审核方的配合与支持。
(3) 重申审核的目的和范围。
(4) 说明抽样的局限性。
(5) 对不符合报告的说明　说明不符合报告的数量和分类;按重要程度依次宣读不符合报告(选择重要部门);提交书面不符合报告。
(6) 提出纠正措施要求　包括:受审核方对纠正措施计划的答复时间;完成纠正措施的期限;验证的要求。
(7) 宣读审核结论　审核结论是审核组考虑了审核目标和所有审核发现后得出的最终审核结果。由审核组长宣读根据审核发现所得出的审核结论,并且说明发布审核报告的时间、方式及后续工作的要求。
(8) 受审核方领导讲话　首先受审核方领导要对此次的内审工作表示感谢,其次受审核方领导要对审核结论和纠正措施做出简单的表态,并对改进做出承诺。
(9) 末次会议结束　审核组长再次表示感谢,并宣布末次会议结束。

末次会议参加人员包括受审核方领导、受审核方部门负责人、代表、陪同人员、管理者代表、最高管理者(必要时)、审核组全体人员等。末次会议应做好记录并保存,记录包括与会人员签到表;使受审核方了解审核结论。

### 四、审核报告

**1. 审核报告**

审核组在审核结束后,要向受审核组织的最高管理者提交审核报告。审核报告的内容包括:审核日期、审核目的、审核范围、审核依据、受审核部门、审核组成员姓名、不符合项描述、质量管理体系运行有效性的结论性的结论、审核报告分发清单等。

**2. 审核结论**

审核结论是在审核组系统分析和研究了所有的审核发现后,对食品安全管理体系或环境管理体系总体运行情况做出的综合性评价。审核结论应包括如下内容。

(1) 管理体系的符合性　即管理体系是否符合审核准则(如:ISO 9001标准、ISO 14001标准、ISO 22000标准、管理手册、程序文件及其他相关文件、组织适用的食品安全法律法规、环境法规及其他要求等)。
(2) 管理体系的有效性　体系的方针是否得到贯彻;体系的目标是否得到落实;体系中的主要过程、关键活动、CCP是否得到有效的控制;整体食品安全绩效及持续改进情况等。
(3) 内部审核结论常常需要指出采取纠正、预防或改进的措施。

以下为罐头企业质量管理体系内部审核报告实例。

**实例9-6　内审审核报告**

1. 审核目的
对ISO 22000/ISO 9001体系的符合性、有效性进行审核。
2. 审核范围
质量/食品安全管理体系涉及的所有部门。
3. 审核依据
(1)GB 14881—2013《食品安全国家标准　食品生产通用卫生规范》。(A)
(2)GB/T 27303—2008《食品安全管理体系　罐头食品生产企业要求》。(B)
(3)GB/T 20938—2007《罐头食品企业良好操作规范》。(C)
(4)体系文件。
4. 受审核部门
办公室/生产技术部/品管部/人力资源部/研发部/供销部/工程部。
5. 审核日期
2013年7月10日。
6. 审核组长
陈××　　　审核员：高××。
7. 审核计划实施情况综述
基本按照审核计划进行。
8. 不符合描述
实罐车间操作台的卫生检查不全面，无计划。未提供操作台每日的微生物检查报告。
不符合GB/T 27303—2008　标准条款号：5.2
9. ISO 22000/ISO 9001体系总体评价
ISO 22000/ISO 9001体系策划完善，组织架构合理。各文件策划合理，具有一定的可操作性，符合国家法律、法规、标准要求。各相关部门能够认真执行职责内操作性文件。
建立了工艺流程图、工艺操作规程、作业指导书和检验规程等文件，指导生产和检验。
厂区及车间现场卫生环境、人流、物流符合罐头食品生产企业要求，配备的生产设备能够满足生产需要。
公司所用原辅料均来自具有资质的企业，查验了检验报告，有效地进行了控制，符合质量管理体系控制要求，产品的安全性持续稳定。
方针目标合理。
体系运行能够控制食品安全危害。
10. 审核结论
不符合项经过整改后，体系符合ISO 22000/ISO 9001体系要求，并且能够有效运行。
11. 发送部门
办公室、生产技术部、品管部、人力资源部、研发部、供销部、工程部。

| 审核组长：杨×× | 审核：林×× | 批准： |
| --- | --- | --- |

## 五、纠正措施的实施跟踪

审核组在现场审核中发现不符合项时，除要求受审核部门负责人确认不符合项事实外，还应要求他们调查分析造成不符合项的原因，并且提出纠正措施的建议，其中包括完成纠正措施的期限。

**1. 纠正措施的提出**

受审核部门负责人提出的纠正措施的建议首先要经过审核组的认可，经过审核员认可的纠正措施还要经过管理者代表的批准，经批准后，纠正措施建议变成正式的纠正措施计划。

内审员可以提出纠正措施的方向，但不能代替责任部门制定纠正措施。

**2. 纠正措施计划的实施**

责任单位按纠正措施计划实施纠正措施。内部质量体系审核中对纠正措施计划的实施期限规定视各单位情况而定，一般为15天。

纠正措施实施过程中如发生问题不能按期完成，须由受审核部门向管理者代表说明原因，请求延期，管理者代表批准后，应通知管理部门修改纠正措施计划。若在实施中发生困难，一个部门难以解决，应向管理者代表提出，请最高领导解决。若在实施中，几个有关部门之间对实施问题有争执，难以解决也应提请管理者代表协调或仲裁。应保存纠正措施实施中的有关记录。

**3. 纠正措施的跟踪和验证**

纠正措施的跟踪是审核的继续，即对受审核方的纠正措施进行评审。审核组应对纠正措施实施情况进行跟踪，当纠正措施完成后，审核员应对纠正措施完成情况进行验证。

验证内容包括：计划是否按规定日期完成；计划中的各项措施是否都已完成；完成后的效果如何，是否还有类似不符合项发生；实施情况是否有记录可查、记录是否按规定编号保存；如果引起了程序的修改，是否通知了管理部门，按文件控制规定办理了修改批准和发放手续，并加以记录，该程序是否已坚持执行。

纠正措施的跟踪和验证方式分为书面跟踪和现场跟踪两种。书面跟踪是以书面文件的形式提供给审核员作为已进行了纠正和预防措施的证据。现场跟踪是审核员到现场进行跟踪验证。

如果某些效果要更长时间才能体现，可保留问题待下一次例行审查时再检查。

审核员验证并认为纠正措施计划已完成后，在不符合项报告验证一栏中签名，此不符合项就得到了纠正，内部审核工作至此全部完成。

## ※【学习引导】

1. 审核是什么意思？
2. 食品企业管理体系的审核类型通常可分为哪两种？
3. 内部审核和外部审核有什么区别？
4. 内部审核的特点是什么？
5. 内部审核的目的是什么？
6. 请叙述内部审核的流程。
7. 审核方案的内容包括哪几个方面？
8. 审核方式通常分为哪几种？
9. 集中式年度审核日程计划有什么特点？适合什么样的企业？
10. 滚动式年度审核日程计划有什么特点？适合什么样的企业？
11. 审核组由哪些人员组成？
12. 审核组长要承担什么职责？
13. 在内部审核时，审核员起什么作用？
14. 内部审核员应具备什么条件？
15. 审核员有什么职责？
16. 现场审核计划包含哪些要素？

17. 内部审核时，有哪些审核技巧？
18. 编写检查表时，要注意哪些事项？
19. 首次会议的目的、任务是什么？请讲述"首次会议"的会议程序。
20. 不符合项报告的内容、确定原则是什么？
21. 为什么要召开审核组总结会议？
22. 末次会议的目的、内容是什么？请讲述"末次会议"的会议程序。
23. 审核报告应包括哪些要素？
24. 内部审核与外部审核的最大差别是什么？内部审核最重要的目的是什么？

## ※【思考问题】

1. 在什么情况下，食品企业要进行内部审核？为什么？
2. 内部审核的重点任务是什么？

## ※【实训项目】

### 实训一　编写食品企业内部审核的《年度审核日程计划》

【实训准备】
1. 学习本任务中与《年度审核日程计划》编写有关的内容。
2. 利用各种搜索引擎，查找阅读"年度审核日程计划"案例。

【实训目的】
通过食品企业内部审核的《年度审核日程计划》编写，让学生学习内部审核前的计划准备过程，了解食品企业内部审核的实际情况。

【实训安排】
1. 根据班级学生人数进行分组，一般每组5～8人。
2. 根据食品企业内部审核的《年度审核日程计划》编写要求，通过企业实习和网络查找资料，每组分别编写出一份集中式和滚动式的《年度审核日程计划》。
3. 分组汇报和讲评本组的《年度审核日程计划》，学生、老师共同进行模拟评审提问。
4. 教师和企业专家共同点评《年度审核日程计划》的编写质量。

【实训成果】
提交一份食品企业内部审核的《年度审核日程计划》。

【实训评价】
由学生、教师和企业专家共同评价，权重建议分别为20％、40％、40％。具体评价表格和权重，请各位老师自行设计。

### 实训二　编写食品企业内部审核的《实施计划》

【实训准备】
1. 学习本任务中与《实施计划》编写有关的内容。
2. 利用各种搜索引擎，查找阅读"实施计划"案例。

【实训目的】
通过食品企业内部审核的《实施计划》编写，让学生学习内部审核前的计划准备过程，了解食品企业内部审核的实际情况。

【实训安排】
1. 根据班级学生人数进行分组,一般每组5~8人。
2. 根据食品企业内部审核的《实施计划》编写要求,通过企业实习和网络查找资料,每组编写出一份食品企业内部审核的《实施计划》。
3. 分组汇报和讲评本组编写的食品企业内部审核的《实施计划》,学生、老师共同进行模拟评审提问。
4. 教师和企业专家共同点评食品企业内部审核的《实施计划》的编写质量。

【实训成果】
提交一份食品企业内部审核的《实施计划》。

【实训评价】
由学生、教师和企业专家共同评价,权重建议分别为20%、40%、40%。具体评价表格和权重,请各位老师自行设计。

## 实训三　编制食品企业内部审核某一部门的《部门审核检查表》

【实训准备】
1. 学习本任务中与《部门审核检查表》编写有关的内容。
2. 利用各种搜索引擎,查找阅读"部门审核检查表"案例。

【实训目的】
通过食品企业内部审核的《部门审核检查表》编写,让学生学习内部审核前的计划准备过程,了解食品企业内部审核的实际情况。

【实训安排】
1. 根据班级学生人数进行分组,一般每组5~8人。
2. 根据食品企业内部审核的《部门审核检查表》编写要求,通过企业实习和网络查找资料,每组分别编写出一份集中式和滚动式的《部门审核检查表》。
3. 分组汇报和讲评本组的《部门审核检查表》,学生、老师共同进行模拟评审提问。
4. 教师和企业专家共同点评《部门审核检查表》的编写质量。

【实训成果】
提交一份食品企业内部审核的《部门审核检查表》。

【实训评价】
由学生、教师和企业专家共同评价,权重建议分别为20%、40%、40%。具体评价表格和权重,请各位老师自行设计。

## 实训四　模拟食品企业内部审核的"首次会议"

【实训准备】
1. 学习本任务中与食品企业内部审核"首次会议"有关的内容。
2. 利用各种搜索引擎,查找阅读食品企业内部审核"首次会议"相关案例。

【实训目的】
通过模拟食品企业内部审核"首次会议",让学生学习内部审核的过程,了解食品企业内部审核的实际情况。

【实训安排】

1. 将班级学生分成 2 大组，一组当观众，另一组同学扮演某一食品公司内部审核的各类相关人员。

2. 参照本任务的相关知识及利用网络资源，编写"首次会议"的表演脚本。

3. 让学生扮演"首次会议"中审核员和被审核的对象等不同角色，按内部审核"首次会议"的程序，进行"现场"表演。

4. 组织学生对首次会议的程序、首次会议的内容进行讨论，评价表演组同学的表现情况。

5. 教师和企业专家共同点评"首次会议"。

【实训成果】

完成一场食品企业内部审核"首次会议"的角色扮演活动。

【实训评价】

由学生、教师和企业专家共同评价，权重建议分别为 20%、40%、40%。具体评价表格和权重，请各位老师自行设计。

## 实训五　撰写食品企业内部审核的《不符合项报告》

【实训准备】

1. 学习本任务中与《不符合项报告》有关的内容。
2. 利用各种搜索引擎，查找阅读"不符合项报告"的格式要求。

【实训目的】

通过食品企业内部审核《不符合项报告》的撰写，让学生学习内部审核后要做的工作，了解食品企业内部审核的实际情况。

【实训安排】

1. 根据班级学生人数进行分组，一般每组 5~8 人。

2. 根据食品企业内部审核的《不符合项报告》的格式要求，通过企业实习和网络查找资料，每组分别撰写出一份《不符合项报告》。

3. 分组汇报和讲评本组的《不符合项报告》，学生、老师共同进行模拟评审提问。

4. 教师和企业专家共同点评《不符合项报告》的撰写质量。

【实训成果】

提交一份食品企业内部审核的《不符合项报告》。

【实训评价】

由学生、教师和企业专家共同评价，权重建议分别为 20%、40%、40%。具体评价表格和权重，请各位老师自行设计。

## 实训六　模拟食品企业内部审核的"末次会议"

【实训准备】

1. 学习本任务中与食品企业内部审核"末次会议"有关的内容。
2. 利用各种搜索引擎，查找阅读食品企业内部审核"末次会议"相关案例。

【实训目的】

通过模拟食品企业内部审核"末次会议"，让学生学习内部审核的过程，了解食品企业内部审核的实际情况。

【实训安排】

1. 将班级学生分成 2 大组，一组当观众，另一组同学扮演某一食品公司内部审核的各类相关人员。

2. 参照本任务的相关知识及利用网络资源，编写"末次会议"的表演脚本。

3. 让学生扮演"末次会议"中审核员和被审核的对象等不同角色，按内部审核"末次会议"的程序，进行"现场"表演。

4. 组织学生对末次会议的程序、末次会议的内容进行讨论，评价表演组同学的表现情况。

5. 教师和企业专家共同点评"末次会议"。

【实训成果】

完成一场食品企业内部审核"末次会议"的角色扮演活动。

【实训评价】

由学生、教师和企业专家共同评价，权重建议分别为 20%、40%、40%。具体评价表格和权重，请各位老师自行设计。

## 实训七　撰写食品企业内部审核的《内部审核报告》

【实训准备】

1. 学习本任务中与《内部审核报告》编写有关的内容。

2. 利用各种搜索引擎，查找阅读"内部审核报告"案例。

【实训目的】

通过食品企业内部审核的《内部审核报告》的撰写，让学生学习内部审核后要做的工作，了解食品企业内部审核的实际情况。

【实训安排】

1. 根据班级学生人数进行分组，一般每组 5～8 人。

2. 根据食品企业内部审核的《内部审核报告》格式要求，通过企业实习和网络查找资料，每组分别撰写出一份《内部审核报告》。

3. 分组汇报和讲解本组的《内部审核报告》，学生、老师共同进行讨论提问。

4. 教师和企业专家共同点评《内部审核报告》的撰写质量。

【实训成果】

提交一份食品企业内部审核的《内部审核报告》。

【实训评价】

由学生、教师和企业专家共同评价，权重建议分别为 20%、40%、40%。具体评价表格和权重，请各位老师自行设计。

## 实训八　模拟食品企业内部现场审核

【实训准备】

1. 学习本任务中与食品企业内部审核"现场审核"有关的内容。

2. 利用各种搜索引擎，查找阅读食品企业内部审核"现场审核"相关案例。

【实训目的】

通过模拟食品企业内部审核"现场审核"，让学生学习内部审核的过程，了解食品企业内部审核的实际情况。

【实训安排】

1. 将班级学生分成2大组，一组当观众，另一组同学扮演某一食品公司内部审核的各类相关人员。

2. 参照本任务的相关知识及利用网络资源，编写"现场审核"的表演脚本。

3. 让学生扮演"现场审核"中审核员和被审核的对象等不同角色，按内部审核"现场审核"的模拟场景，进行"现场"表演。

4. 组织学生对"现场"表演的形式和内容进行讨论，评价表演组同学的表现情况。

5. 教师和企业专家共同点评"现场审核"表演。

【实训成果】

完成一场食品企业内部审核"现场审核"的角色扮演活动。

【实训评价】

由学生、教师和企业专家共同评价，权重建议分别为20%、40%、40%。具体评价表格和权重，请各位老师自行设计。

---

**学习拓展**

通过各种搜索引擎查阅"食品生产许可审查通则"，根据2010年版本的要求，针对某一具体食品企业进行申请QS前的内部审核。

# 参 考 文 献

[1] 冯叙桥. 食品质量管理学. 北京：中国轻工业出版社，2005.
[2] 翁鸿珍，周春田. 食品质量管理. 北京：高等教育出版社，2007.
[3] 马长路. 食品企业管理体系建立与认证. 北京：中国轻工业出版社，2009.
[4] 黄小祥. 质量、环境、职业健康安全和食品安全管理体系认证指南. 北京：中国轻工业出版社，2011.
[5] 张智勇，何竹筠. ISO 22000：2005 食品安全管理体系认证实践指南. 北京：化学工业出版社，2006.
[6] 贝惠玲. 食品安全与质量控制技术. 北京：科学出版社，2011.
[7] 宫智勇，刘建学，黄和. 食品质量与安全管理. 郑州：郑州大学出版社，2011.
[8] 彭珊珊，朱定和. 食品标准与法规. 北京：中国轻工业出版社，2011.
[9] 季建刚. 食品安全卫生质量管理体系实施指南. 北京：中国医药科技出版社，2008.
[10] 陈宗道，刘金福，陈绍军. 食品质量管理. 北京：中国农业大学出版社，2003.
[11] 陆兆新. 食品质量管理学. 北京：中国农业出版社，2004.
[12] 周菲，杨启善. HACCP 食品安全管理体系和 ISO 9000 质量管理体系共同建立与实施——企业实用指南. 北京：中国标准出版社，2005.
[13] 张晓燕. 食品安全与质量管理. 北京：化学工业出版社，2010.
[14] 朱明. 食品安全与质量控制. 北京：化学工业出版社，2008.
[15] 梁毅著. 新版 GMP 教程. 北京：中国医药科技出版社，2011.
[16] 张晓燕. 食品安全与质量管理. 北京：化学工业出版社，2010.
[17] 翁长江，杨明爽. 山羊饲养与羊肉加工. 北京：中国农业科学技术出版社，2008.
[18] 魏恒远. ISO 9001 质量管理体系及认证概论. 北京：化学工业出版社，2011.
[19] 刘志强. 农资规范化经营管理与质量监督实务手册（中）. 长春：吉林音像出版社，2003.
[20] 奚晏平. 基于 ISO 9000 国际质量标准的：酒店质量管理系统设计. 北京：中国旅游出版社，2004.
[21] 张智勇. ISO 9001：2008 食品行业内审员实战通用教程. 北京：化学工业出版社，2010.
[22] 严凡高，史星际. 管理体系简单讲. 广州：广东经济出版社，2009.
[23] 汤高奇，石明生. 食品安全与质量控制. 北京：中国农业大学出版社，2013.
[24] 张妍. 食品安全认证. 北京：化学工业出版社，2008.
[25] 华夏认证中心有限公司. ISO 14001：2004 环境管理体系的建立、实施与认证. 北京：中国标准出版社，2005.
[26] 艾兵，刘国旗，张泳琪. ISO 14001：2004 环境管理体系建立简明教程. 北京：中国标准出版社，2007.
[27] 曹斌. 食品质量管理. 北京：中国环境科学出版社，2006.
[28] 陈宗道，刘金福，陈绍军. 食品质量管理. 北京：中国农业大学出版社，2003.
[29] 刘雄，陈宗道. 食品质量与安全. 北京：化学工业出版社，2009.
[30] 丁忠浩. 环境策划与管理. 北京：机械工业出版社，2006.
[31] 夏青，于洁，徐成. 环境管理体系 ISO 14001 国际环境管理标准. 北京：中国环境科学出版社，2002.
[32] 王蕾，刘晓艳. 环境管理体系最新标准应用实例. 北京：化学工业出版社，2009.
[33] 王顺祺. 环境管理体系审核与体系的持续改进. 北京：中国标准出版社，2005.
[34] 刁恩杰. 食品质量管理学. 北京：化学工业出版社，2015.
[35] 裴山. 最新国际标准 ISO 22000：2005 食品安全管理体系建立与实施指南. 北京：中国标准出版社，2006.
[36] 柯章勇. 组织如何实施 ISO 14001：2004 标准及内审指南. 北京：中国标准出版社，2005.
[37] 郭仁惠，刘宏. ISO 14001：2004 环境管理体系建立与实施. 北京：化学工业出版社，2006.
[38] 贺国铭. 农业及食品加工领域：ISO 9000 实用教程. 北京：化学工业出版社，2004.